宝宝编织物全集

张 翠 主编

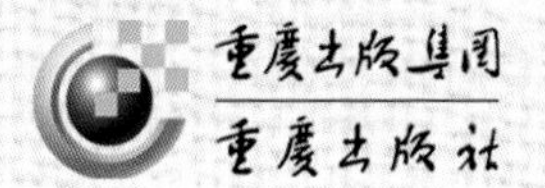

图书在版编目（CIP）数据

宝宝编织物全集 / 张翠主编. -- 重庆 : 重庆出版社，2016.6
ISBN 978-7-229-10936-3

Ⅰ. ①宝… Ⅱ. ①张… Ⅲ. ①童服—绒线—编织 Ⅳ. ①TS941.763.1

中国版本图书馆CIP数据核字(2016)第004494号

宝宝编织物全集
BAOBAO BIANZHIWU QUANJI
张翠　主编

责任编辑：刘　喆 赵仲夏
责任校对：何建云
装帧设计：深圳市织美堂文化发展有限公司
出版统筹：深圳市织美堂文化发展有限公司

重庆出版集团 重庆出版社 出版
重庆市南岸区南滨路162号1幢　邮政编码：400061　http://www.cqph.com
中华商务联合印刷（广东）有限公司印刷
重庆出版集团图书发行有限公司发行
邮购电话：023-61520646
全国新华书店经销

开本：889mm×1194mm　1/16　印张：13　字数：180千
2016年6月第1版　2016年6月第1次印刷
ISBN 978-7-229-10936-3
定价：39.80元

如有印装质量问题，请向本集团图书发行有限公司调换：023-61520678

目录 CONTENTS

精灵童趣宝宝帽

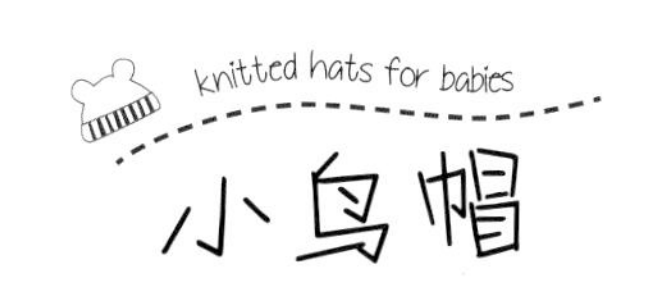

小鸟帽

简单漂亮的一款小鸟帽，眼睛鼻子均为钩好的单元花片缝合而成，家中有零碎线的妈咪们快动起手来吧！

制作方法：P113

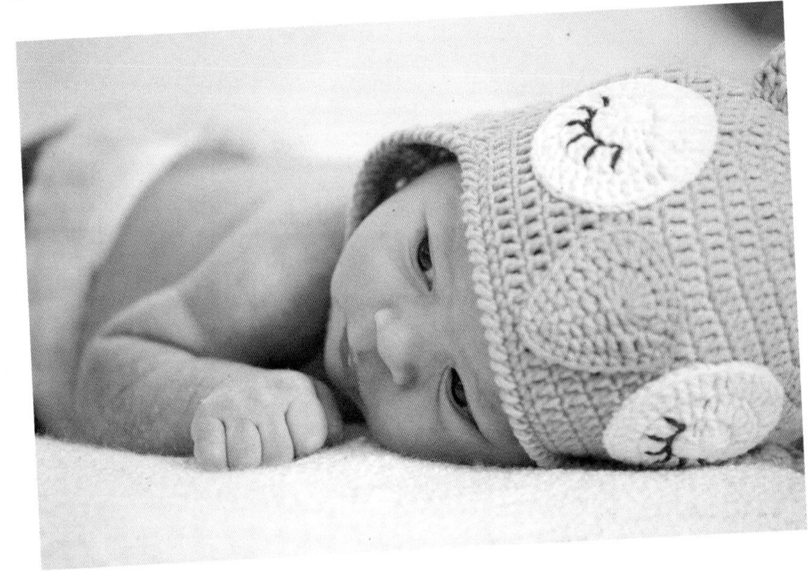

knitted hats for babies

幸运狗狗帽

这是一款棒针编织的宝宝帽子，织法很简单，妈咪们可圈织到自己想要的长度后再将两个小耳朵编织好，缝合上去就完成了！

注意：眼部编织细节

Lucky puppy knitted hat

02

制作方法：P113~114

03

制作方法：P114

knitted hats for babies

大耳老鼠帽

这款帽子的针法极为简单哦！只要学会钩针入门针法，钩出漂亮的大耳老鼠帽就是这么简单！

knitted hats for babies

俏皮青蛙帽A

想给宝宝钩出漂亮的帽子，颜色搭配很重要，这里向各位美妈介绍有两款可爱逗趣的青蛙帽，为宝宝们的穿搭打扮加分哦！

制作方法：P115

Details of the site

knitted hats for babies

俏皮青蛙帽B

与款式A缝合方式相同，只是换了一个颜色，是不是就有了耳目一新的感觉呢？

制作方法：P115

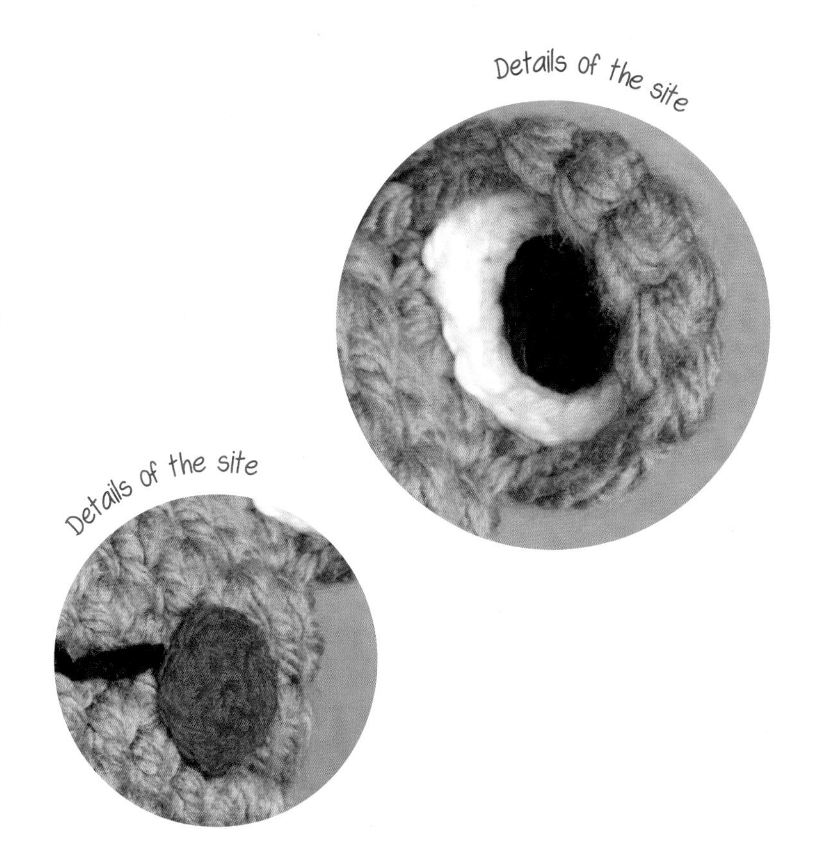

knitted hats for babies

可爱兔耳帽A

看，我萌吗？兔耳帽是小女孩们的最爱哦！这款作品所需要的线很少，简单易做，妈咪们快动手给小公主们钩一顶吧！

Rabbit ears knitted hat

06

制作方法：P116

knitted hats for babies

可爱兔耳帽B

与款式A的缝合方法相同。可利用彩色丝带装饰，效果就截然不同了！

制作方法：P116

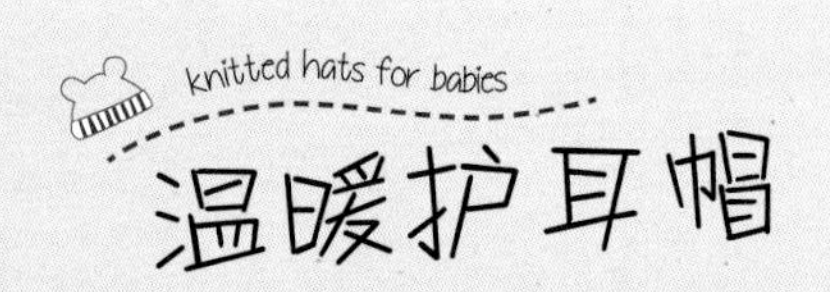

温暖护耳帽

本款帽子可使用家中闲置的零碎毛线，不但样式别致，制作成本也超低哦！

制作方法：P117

08

哈哈，看我可爱吗？本款帽子可最大限度利用零线，快将平时派不上用场的线头拾起来吧！

制作方法：P117~118

11

制作方法：P118

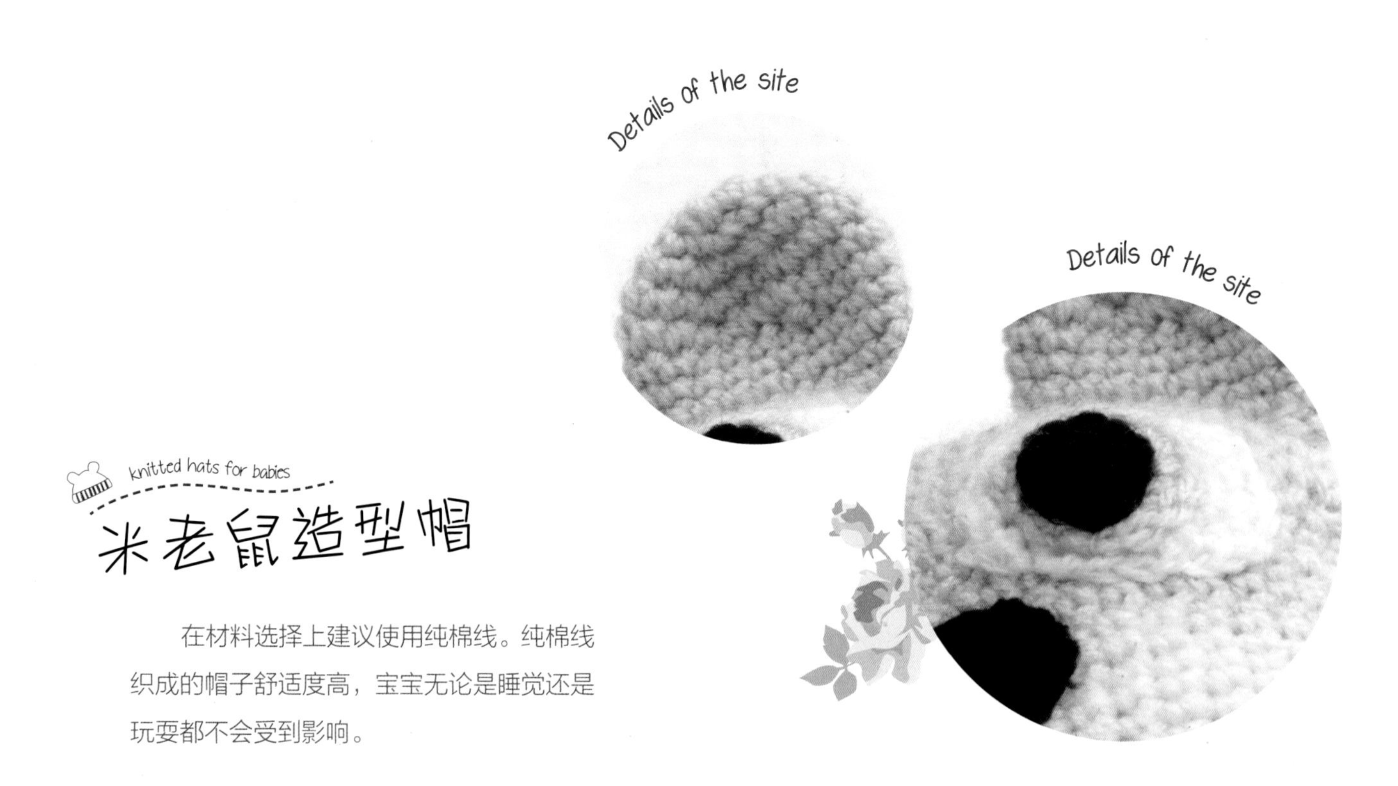

knitted hats for babies

米老鼠造型帽

在材料选择上建议使用纯棉线。纯棉线织成的帽子舒适度高，宝宝无论是睡觉还是玩耍都不会受到影响。

knitted hats for babies

可爱小熊帽

大部分帽子织法基本类似，只是在款式上稍做了些变化。编织过一顶帽子之后，再想编织第二顶时就会很简单了！

制作方法：P119

Details of the site

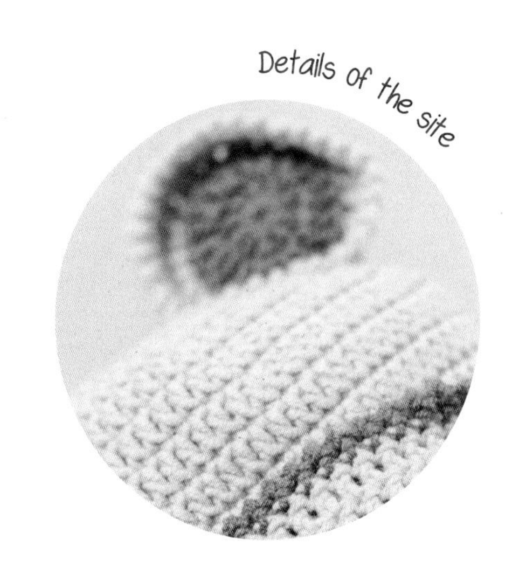

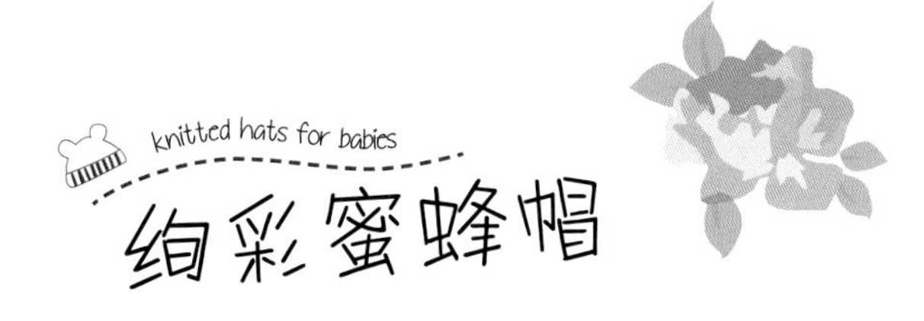

绚彩蜜蜂帽

这款帽子颜色搭配鲜艳绚丽，妈咪们可以根据宝宝的肤色自由搭配颜色哦！

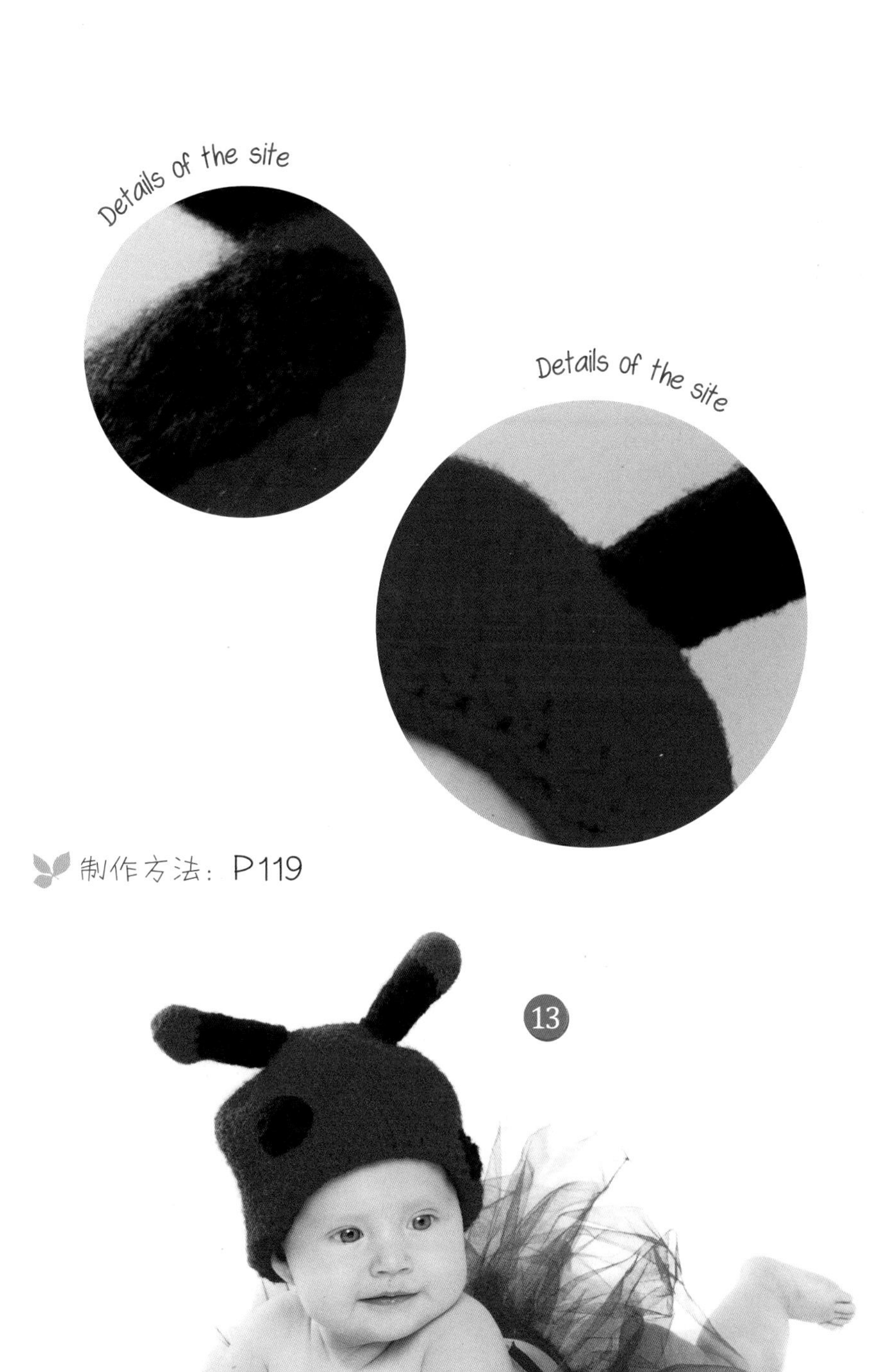

制作方法：P119

knitted hats for babies

大绒线球帽

家里有粗毛线的妈咪们可以选择这款，特别之处在于两个可爱的绒绒球。造型萌萌哒，妈咪们心动了吗？

制作方法：P120

knitted hats for babies

长耳朵灰兔帽

本款帽子用线少，妈咪们可以尝试换个颜色。试着织上眼睛，嘴巴，感觉又会不同哦！

制作方法：P120

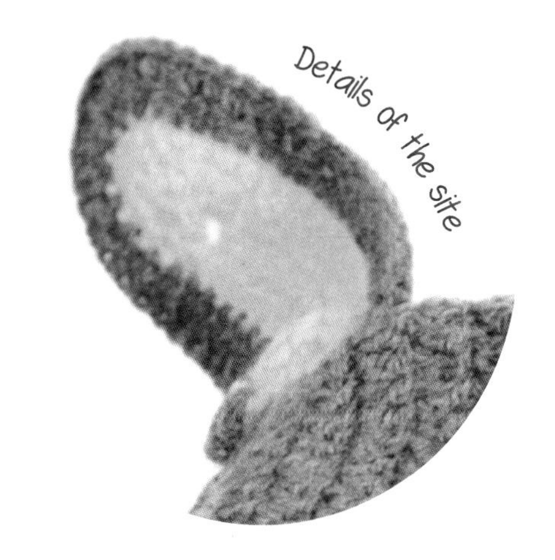

15

knitted hats for babies

小灰兔套装

可爱小兔子造型永远是宝宝的最爱，搭配绒线球小裤子，给宝宝最贴心的呵护。

制作方法：P121

knitted hats for babies

超萌精灵帽

夸张的小象耳朵，配上可爱的长尾巴，暖和又漂亮。

制作方法：P121

Details of the site

knitted hats for babies

萌宝尖尖草帽

乍一看，尖尖的帽子像是魔术师的道具，适合宝宝拍摄纪念照用。造型又萌又可爱！

制作方法：P122

knitted hats for babies

猫头鹰绒线帽

这款帽子的色彩鲜艳，适用于搭配各种衣服。

制作方法：P122

knitted hats for babies

萌萌宝宝帽

冬季来临,一款漂亮的手工编织帽子不仅能保暖，还能起到很好的装饰作用，每款戴起来的效果都不同，各位美妈可以尝试不同风格的帽子，把自家宝贝秀起来哦！

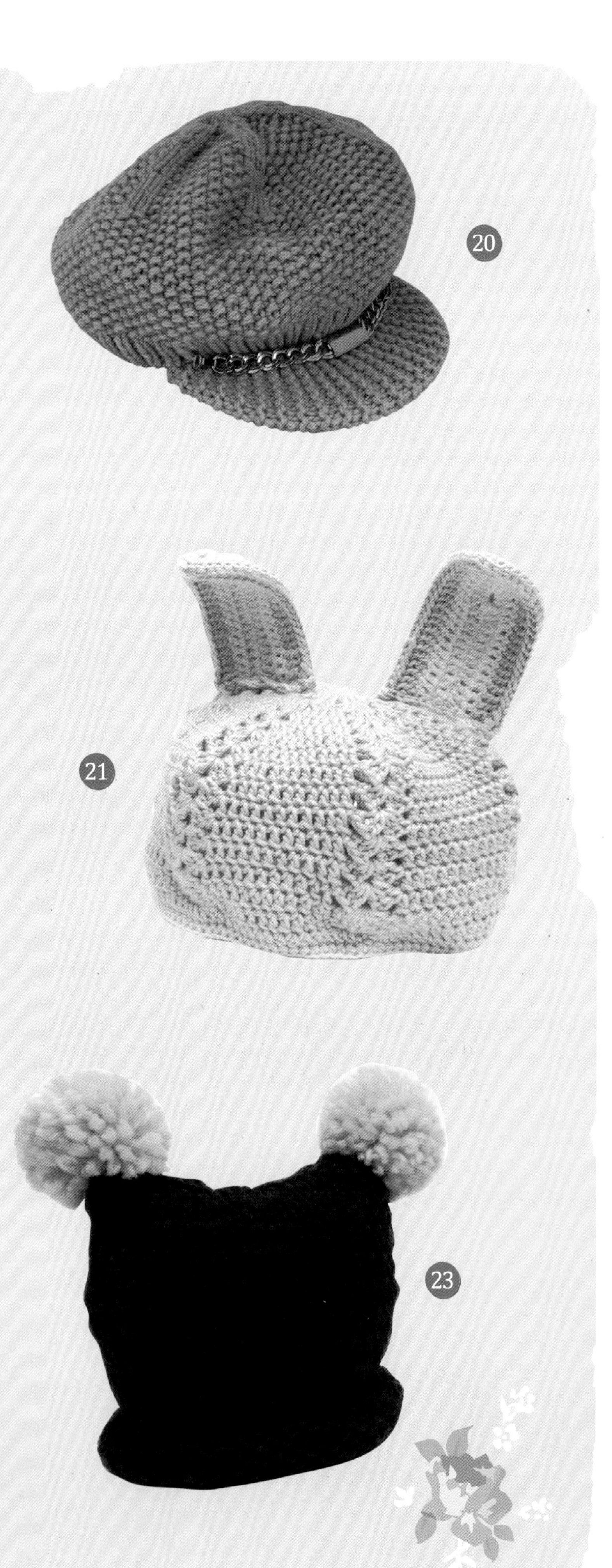
20 21 23

22

24

制作方法：P123~124

Cool boys knitted beret
25
knitted hats for babies
帅气贝雷帽
这款帽子小裤子搭配非常可爱！小裤子也是很实用的哦！既保暖，又可以为宝宝们遮挡尿不湿。
制作方法：P125

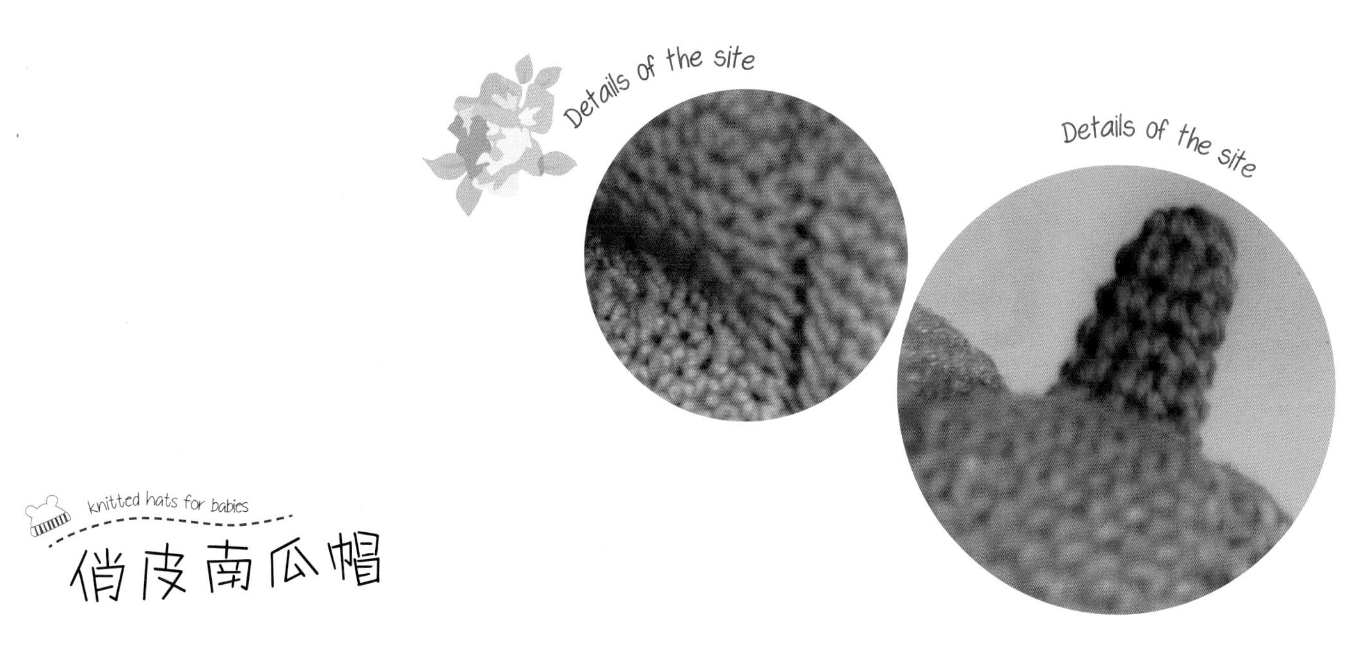

knitted hats for babies

俏皮南瓜帽

这是一款用棒针编织而成的小帽子，使用的是最基本的针法，美妈们一定要好好看看这款作品的结构图哦！清楚结构后织起来就不会太困难了！

制作方法：P125~126

温暖贝雷帽

这是一款最为常见的贝雷帽，没有复杂的针法和构造，新手妈咪们轻松即可织成！

制作方法：P126

这款帽子造型非常简单，妈咪们只需要掌握长针的钩法及帽子的结构即可完成。

制作方法：P126

knitted hats for babies

蝴蝶结贝雷帽

同样是贝雷帽，但加了蝴蝶结后效果完全不一样了，是不是更漂亮一些呢？

制作方法：P127

Details of the site

30

knitted hats for babies

超萌护耳帽

这款帽子适合0~4岁宝宝，款式及颜色都是很百搭的。是很实用的一款帽子哦！

制作方法：P127~128

knitted hats for babies
可爱英伦帽
这款帽子和小裤子主要的特点在毛线颜色的选择，美妈们一般比较喜欢给宝宝穿戴艳丽的颜色，其实换换这种冷色系也是很不错的哦！
31
制作方法：P128

knitted hats for babies

小瓢虫精灵帽

钩花造型很多，主要看妈咪们如何来使用了。这款帽子首先需织好帽围，然后再将钩花和钩好的小瓢虫缝合在帽子上。如果想钩出更多花样，不妨买一本钩花的教学图书哦！

注意：
钩花部分编织

32

制作方法：P129

knitted hats for babies

钩针小花帽

这款钩花帽子和前面一款类似，但使用的针法和钩花款式不一样，这样钩出来也很漂亮吧！

制作方法：P129

Details of the site

knitted hats for babies

可爱花朵帽

这款帽子做法和前面几款帽子类似，但加上这朵大钩花后，整体的造型风格就完全不一样了！美妈们不妨试试吧！

34

制作方法：P130

knitted hats for babies

流苏钩花帽

流苏钩花帽特别适合爱美的小公主们。这款花样简单易学，在选择材料上，美妈们需要花些功夫哦！

制作方法：P130

knitted hats for babies

大红草莓帽

这款帽子使用的是最常用的上针编织法，妈咪们需要注意的是帽顶收针的方法，叶子和茎是最后缝合上去的。

制作方法：P131

植物精灵帽

这款帽子主要的特点是帽顶叶子的钩法，采用的是现比较流行的爱尔兰钩花，美妈们如果不会可先搜索有关爱尔兰钩花的书籍哦！

38

knitted hats for babies

超萌钩花头巾

这款作品妈咪们只需要学会基本的钩针针法就可完成了，是非常简单实用的款式。

制作方法 P132

knitted hats for babies

清新太阳花帽

钩花的造型百变，换个颜色就会有不同的效果，这款黄白搭配的钩花是不是很有太阳花的感觉呢？

制作方法：P132

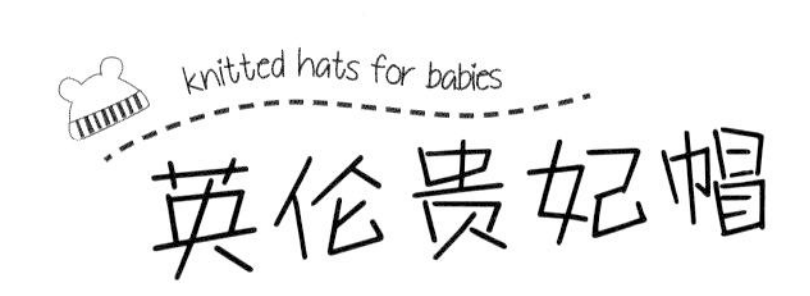

英伦贵妃帽

这款帽子主要使用长针钩法，再加几朵小钩花点缀，别有一番淑女气质哦！

制作方法：P132~133

knitted hats for babies

雪白花朵帽

这款帽子造型简单随意，特别之处主要在于花朵的钩法。妈咪们可试着搭配不同的花朵，会有不同的感觉哦！

制作方法：P133

Details of the site

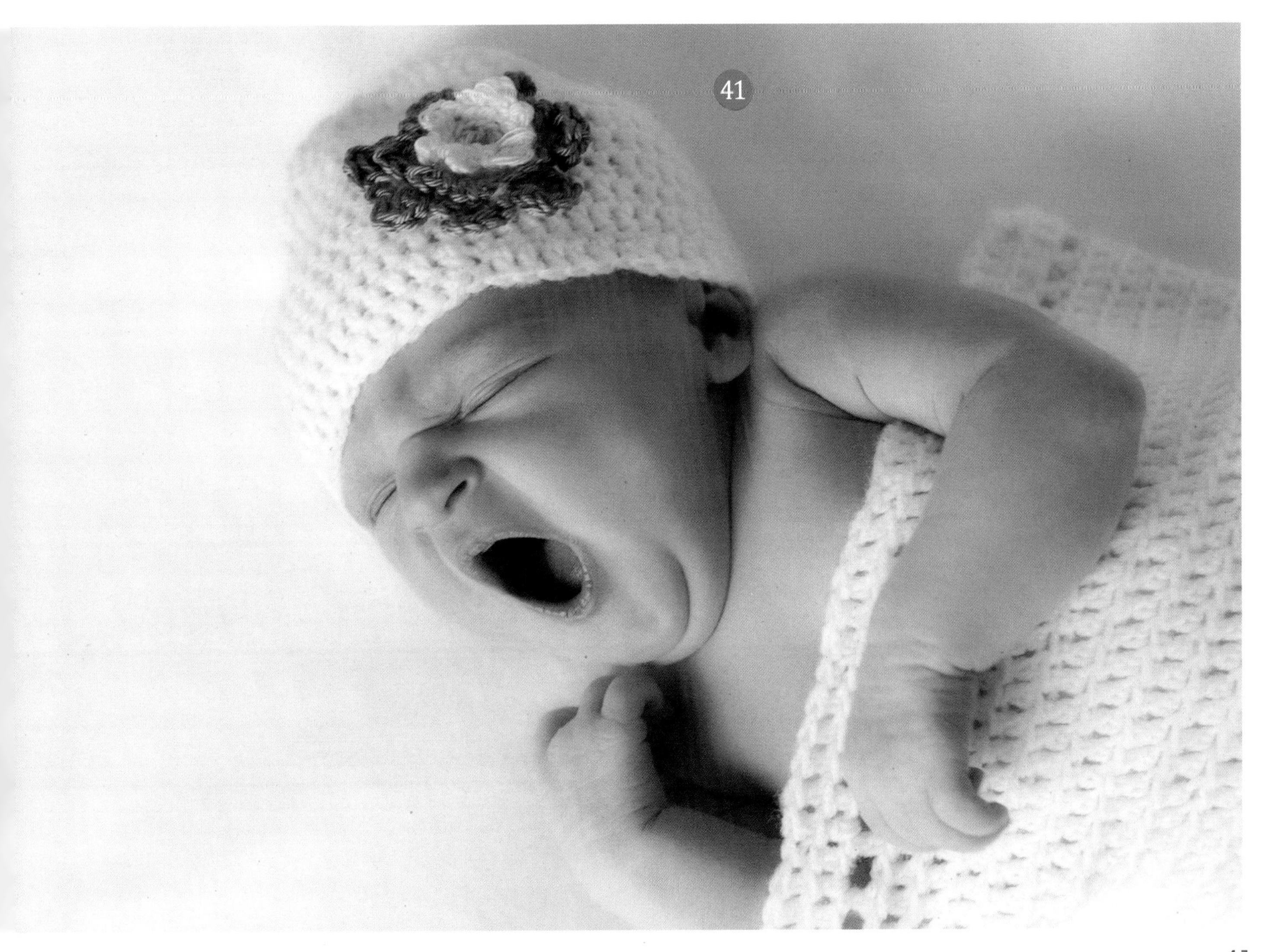

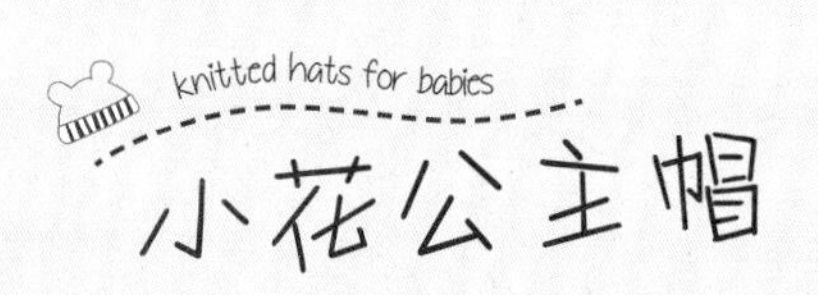

小花公主帽

这些造型各异的花朵帽是不是特别漂亮？搭配不同装饰，风格也会不同哦，有编织基础的妈咪们可以自创各种花朵配饰。

制作方法：P133~136

流苏毛球帽

宝宝帽子加一点流苏是不是更萌了呢？这样还可以遮住宝宝耳朵，非常适合冬天戴哦!

制作方法：P136~140

knitted hats for babies

条纹长尾巴帽A

此款帽子帽尖的设计十分独特，造型简单易织，看图解即可独立完成。

制作方法：P140

55

56

制作方法：P141

knitted hats for babies

条纹长尾巴帽B

这两款的不同之处是帽围起针处不同的针法，看看哪种更适合自己的宝宝吧！

knitted hats for babies

英伦长尾巴帽

喜欢钩针的妈咪就快动起手来吧，同样的款式，不同的织法，效果也会很不一样哦！

制作方法：P142

制作方法：P142~143

knitted hats for babies

温暖睡袋帽

这款帽子使用了段染毛线编织，宝宝洗完澡后戴起来温暖又舒适！

59 制作方法：P142~143

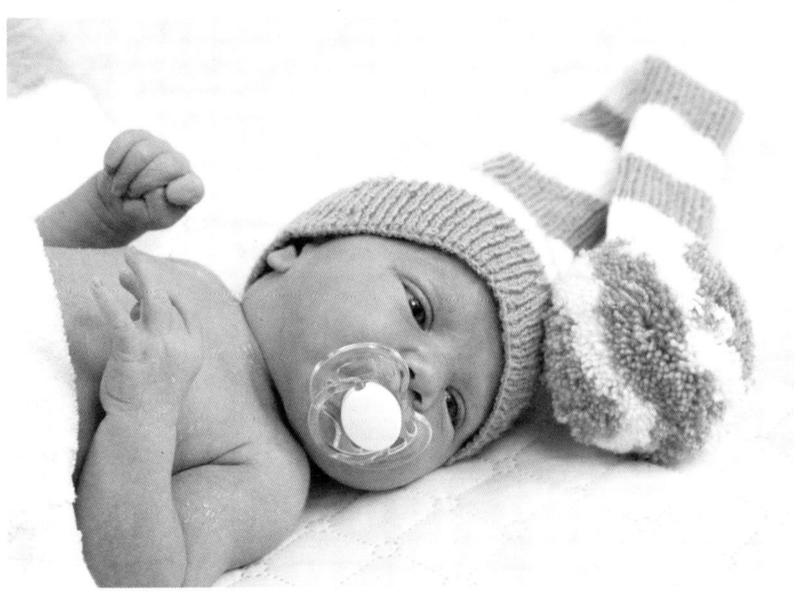

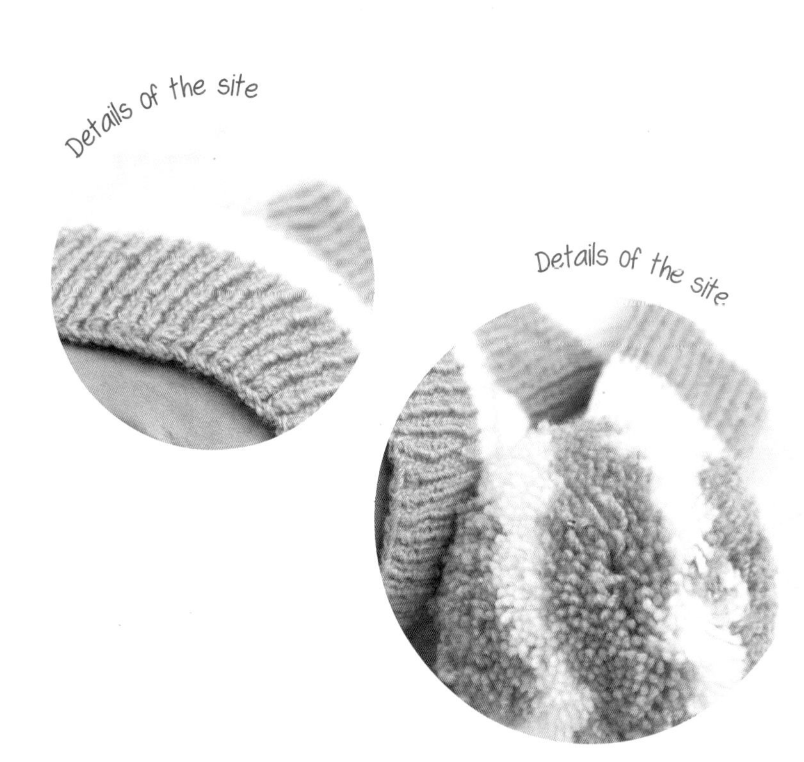

长尾巴大绒球帽A

作者为您选择了两款颜色不一样的帽子，家中有双胞胎宝宝的话，用这两个色系搭配很可爱哦！

制作方法：P143

60

knitted hats for babies

长尾巴大绒球帽B

钩针织成的粉色系帽子，家里的小公主戴上会很漂亮哦！

61

制作方法：P144

knitted hats for babies

大气咖啡色帽

咖啡色系配搭任何一款衣服都很适合，只会上下针的美妈们不妨在毛线颜色上多下些功夫，变换花色给宝宝多织些帽子哦！

制作方法：P142

62

knitting hats for babies

靓丽长尾巴帽

[illegible]于喜欢给宝宝的拍照的妈妈们来说，这款会是不错的选择！钩法简单，色彩亮丽，男女宝宝都适合。

制作方法：P144

63

knitted hats for babies

超变机灵造型帽

蓝色充满了生命的活力，简单的帽子和鞋子搭配起来就很时尚。

圣诞节日帽

圣诞节快到了，快给宝宝准备一件圣诞礼物吧！作品中无论是帽子还是护肚围巾，都是很不错的选择，适合新手妈咪编织。

制作方法：P145

65

制作方法：P145

knitted hats for babies

帅气护耳帽

蓝色一直是男宝宝们的最爱，两边的护耳宽大又柔软，能更好地给宝宝温暖哦！

66

制作方法：P146

Details of the site

Details of the site

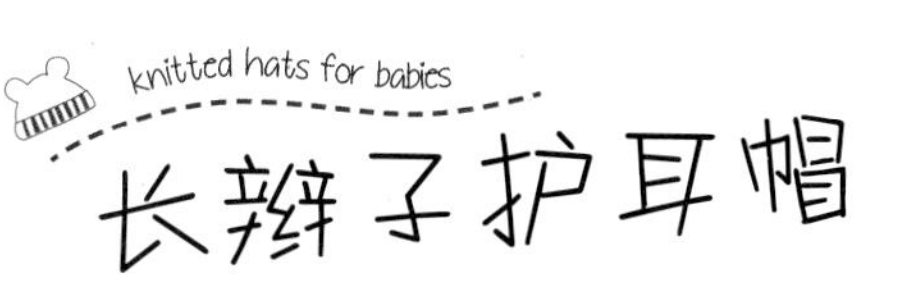

knitted hats for babies

长辫子护耳帽

这款帽子最大的特点是帽沿上点缀的扣子，看看是不是更可爱呢！

knitted hats for babies

影楼道具帽

这款帽子非常适合拍照，小宝贝裹在大大的帽子里，看起来是不是格外可爱呢？喜欢就动手织吧！很简单的哦！

制作方法：P146~147

67

制作方法：P147

68

knitted hats for babies

可爱毛球帽A

这款毛线帽使用长针钩织。妈咪们一定要注意缝合部分哦！缝合时稍留些重合位会让帽子看起来更俏皮些。

69

制作方法：P147~148

knitted hats for babies

可爱毛球帽B

本款和前款类似，只是在毛线颜色上做了变化，妈咪们可根据自己的喜好来选择。

70

knitted hats for babies

小猫咪长辫帽

造型简单的帽子，换了棒针编织，再加上小猫咪图案和长辫子，可爱度满分！

制作方法：P148

71

制作方法：P149

knitted hats for babies

英伦绅士帽

这款帽子款式简洁耐看，最能衬托宝宝纯净天真的气质。

72

knitted hats for babies

酷帅海盗帽

本款作品选择了红、黑、白三种经典色作搭配，看起来酷帅又抢眼！

制作方法：P149

超萌宝宝手套鞋袜

knitted accessories for babies

婴儿必备手套袜子

这样的手套和袜子无论是送人还是给自己宝宝戴都是很不错的选择，妈咪们在选择线的颜色时需注意，如果是送给男宝宝建议选择淡蓝色线，如果是女宝宝，图中的颜色就很适合了。

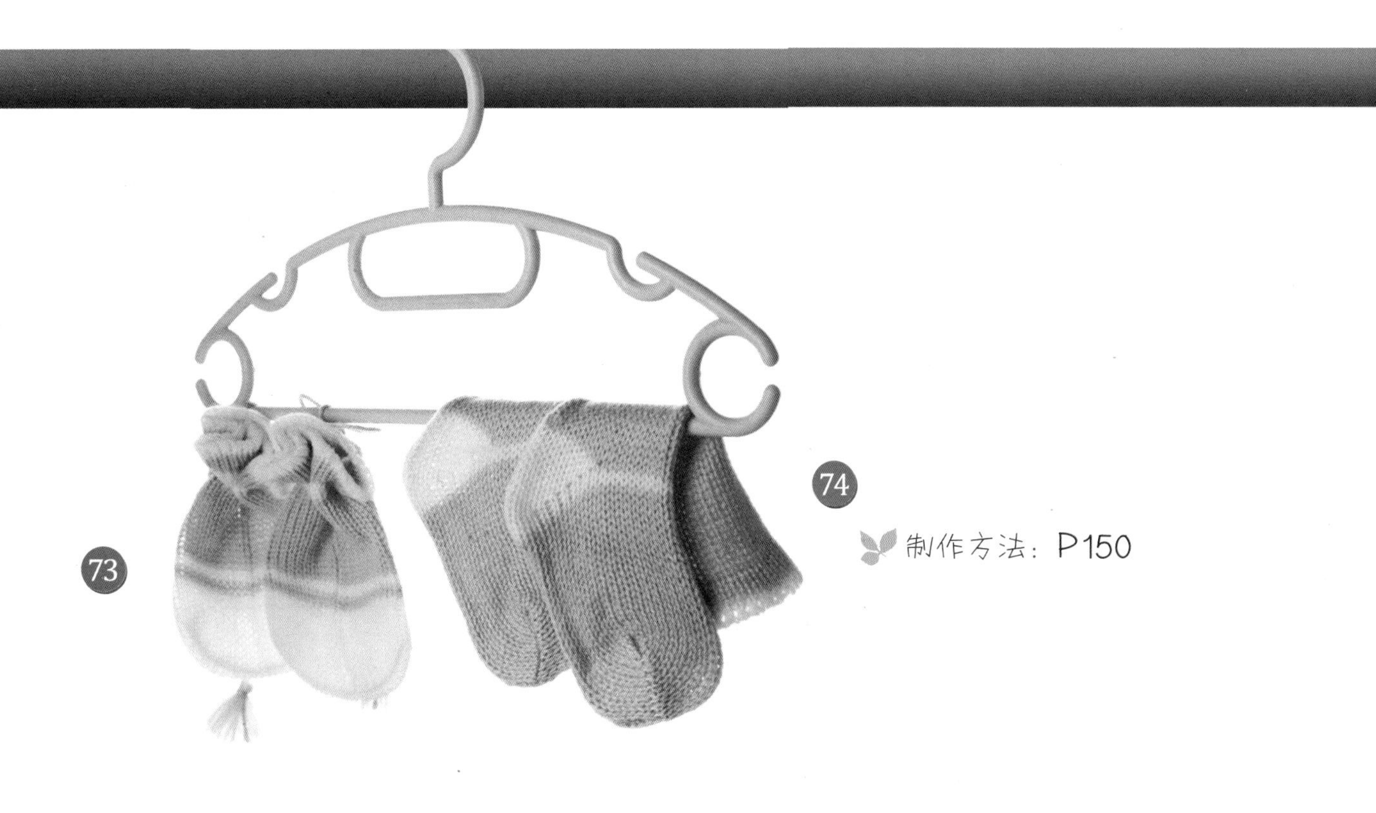

制作方法：P150

knitted accessories for babies

宝宝实用手套袜子

无论是袜子还是手套，只要掌握了关键位置的织法，其他部位都是非常简单的，想编织漂亮的作品，那就一定要在毛线颜色上多下功夫选择了。

制作方法：P150~151

这种小袜子特别暖和，适合北方天气，织法也非常简单，妈妈们其实只要看看图中作品，自己数数针数便可研究清楚编织方法了。

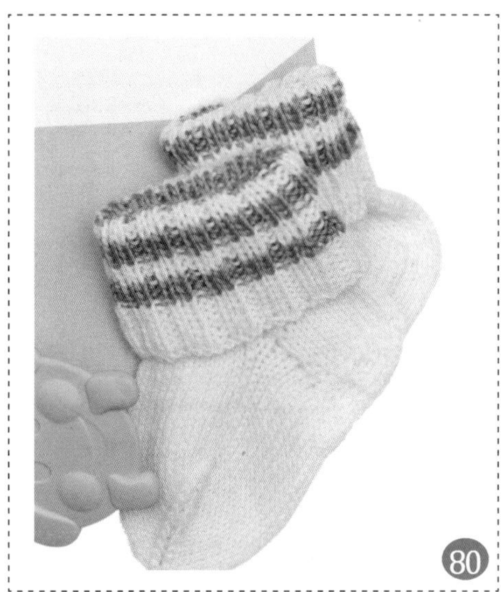

温暖宝宝鞋

每次去逛婴儿店，都会看到许多可爱又漂亮的宝宝毛绒鞋，各位妈妈心里是不是也想为自己的宝宝编织一双可爱的鞋子？赶快动起手来吧！

制作方法：P153~154

百变宝宝鞋

掌握了毛线鞋的基本织法，鞋子就可以千变万化了。

87

85

88

制作方法：P154~156

86

89

knitted accessories for babies

时尚长款宝宝鞋

妈咪们织鞋子时，可以随自己喜好加上配饰，让鞋子看起来更加精致可爱。

制作方法：P157

knitted accessories for babies

柔软手编鞋袜

当宝宝还不会走路的时候，可以不穿鞋子，但是袜子不能缺少哦，它们是保护宝宝柔嫩小脚的第一道防线，下面让我们来学习织宝宝袜吧！

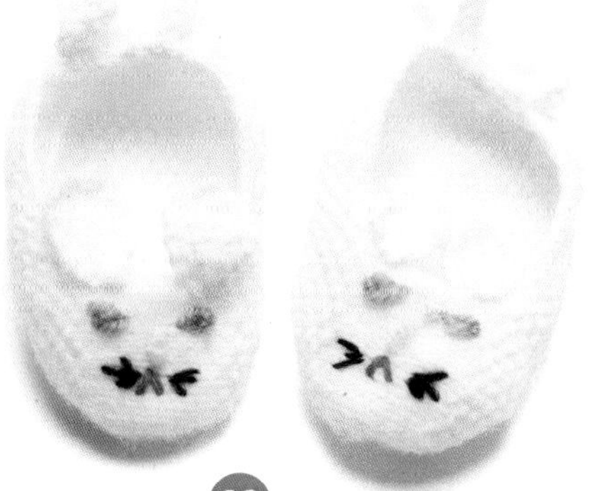

92

95

93

96

94

制作方法：P158~159

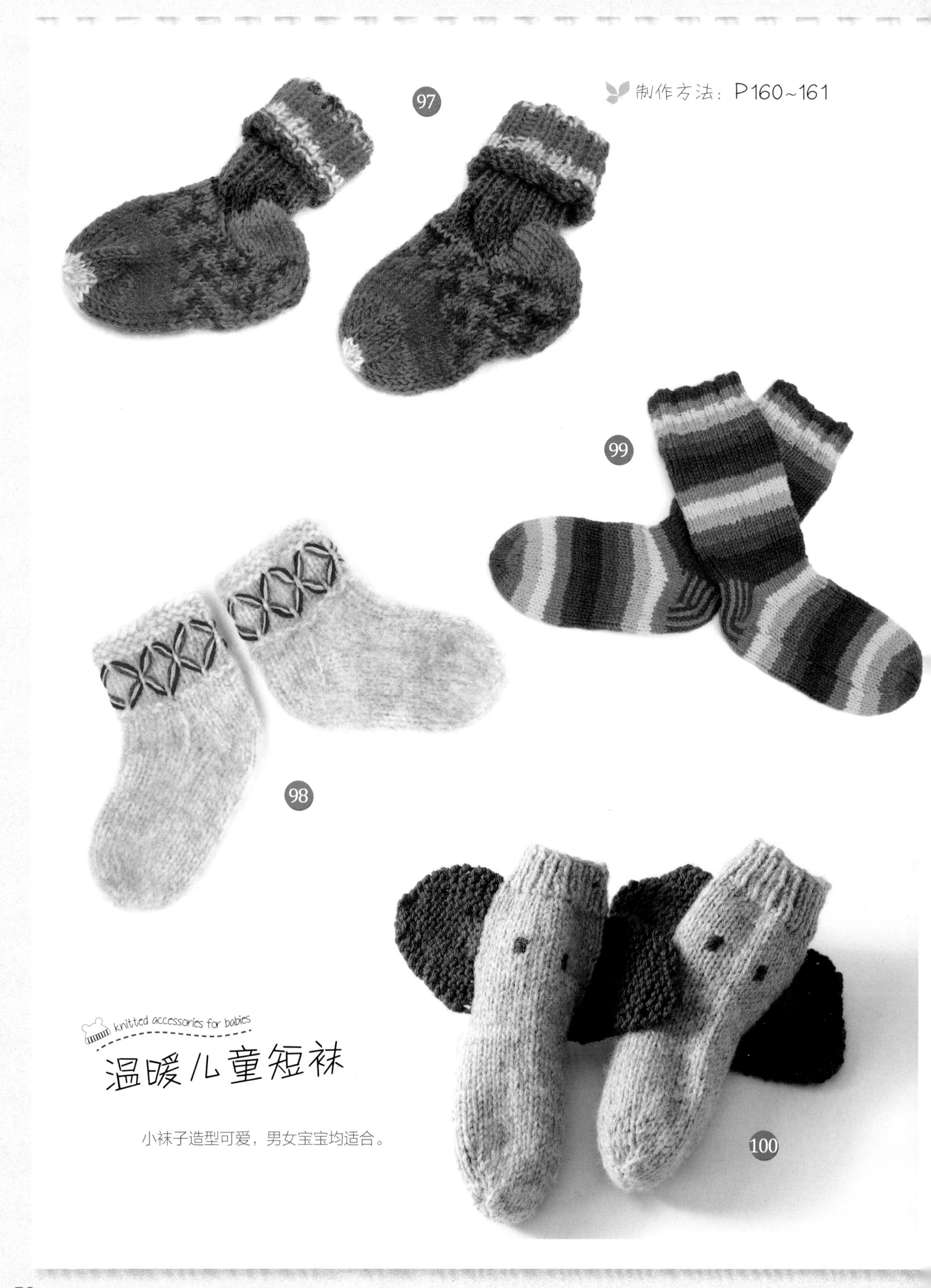

制作方法：P160~161

knitted accessories for babies

温暖儿童短袜

小袜子造型可爱，男女宝宝均适合。

knitted accessories for babies

百搭儿童袜

毛线袜子织法多样，简单易学。还可根据自己的喜好搭配颜色，给宝宝带去妈咪温暖的爱，快来一起试试吧！

制作方法：P162~163

制作方法：P163

knitted accessories for babies

简单毛线凉鞋

小编收集了几款简单实用的宝宝凉鞋，赶快收集身边的线，参照图解织起来吧！

knitted accessories for babies

舒适学步鞋

天气凉了，宝宝活泼好动，系带鞋是一个不错的选择哦！

106

107

制作方法：P164

精致宝宝鞋

这几款宝宝鞋样式精致，一针一线都是妈咪的一片心，快动手给宝贝编织一双吧！

109

108

110

制作方法：P164~166

111

112

休闲百搭毛线鞋

好看且容易编织的毛线鞋，款式简单，休闲百搭，比买来的实惠很多呢！

制作方法：P166~167

knitted accessories for babies

雅致圆头毛线鞋

鲜艳明亮的颜色，是宝宝的最爱哦！

制作方法：P167~168

knitted accessories for babies

宝宝长筒鞋

宝宝毛线鞋不宜太紧，但宝宝好动，一蹬就会掉。这时妈咪们可以把鞋筒织得高一点，这样就不容易掉了哦！

制作方法：P169~170

121

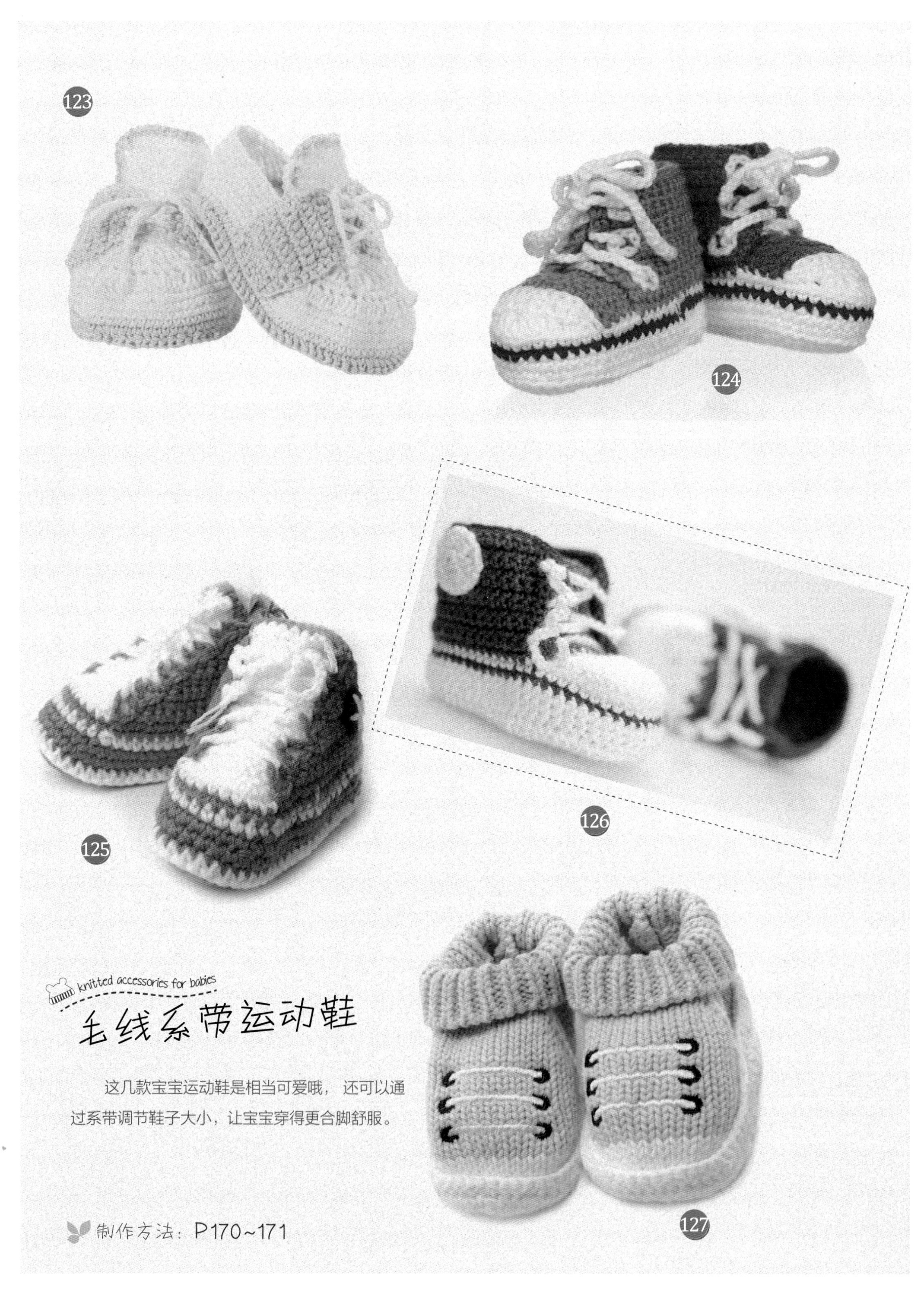

knitted accessories for babies

毛线系带运动鞋

这几款宝宝运动鞋是相当可爱哦，还可以通过系带调节鞋子大小，让宝宝穿得更合脚舒服。

制作方法：P170~171

knitted accessories for babies

轻便实用宝宝鞋

很多妈咪们喜欢亲手为宝宝织毛线鞋，这样能保证选用上等质量的毛线，织成的鞋子质量好，也寄托了妈咪的浓浓爱心呢。新妈妈们也赶紧来学学宝宝毛线鞋的编织法吧！

129

制作方法：P171~172

knitted accessories for babies

可爱宝宝船鞋

宝宝光着脚丫来到这个世界，不妨亲手为他做一双小鞋子，让他穿着妈妈的爱走出人生的第一步。

制作方法：P172~173

knitted accessories for babies

俏皮可爱宝宝毛线鞋

手工编织鞋的鞋底柔软，最适合还不会走路的宝宝穿，好看又舒服，注意要采用优质绒线钩编，才能不伤害宝宝幼嫩的皮肤。

制作方法：P173

knitted accessories for babies

简单实用毛线船鞋

妈咪们在闲暇时，可以收集家里的零散绒线给宝宝织几双毛线鞋，款式简单实用，经济又实惠，更充满了贴心的温暖。

制作方法：P174~175

knitted accessories for babies

纯白系带宝宝毛线鞋

纯手工钩编而成的小鞋子，每针每线都承载着妈咪对宝宝满满的爱！

139

制作方法：P175

knitted accessories for babies

系扣宝宝毛线鞋

翠绿的鞋面，米色的系带，虽然简单，设

却小巧精致。

140

制作方法：P175

141

制作方法：P176

142

制作方法：P176

knitted accessories for babies

漂亮婴儿毛线鞋

这两款鞋子编织方法相似，妈咪们可以自己搭配颜色，编织方法都很简单呢！

143

制作方法：P176

knitted accessories for babies

百变精致宝宝毛线鞋

145

妈咪们对宝宝鞋子的编织总是要求特别高，这几双鞋子的设计，妈咪们是否中意呢？每款都既可爱又舒适！

制作方法：P176~177

147

knitted accessories for babics

粉红小兔毛线鞋

制作方法：P177

使用了娇嫩的粉红色，鞋面上的小老鼠造型逼真可爱，适合家里的小美女。

148

149

knitted accessories for babies

精巧宝宝毛线鞋

简单的船鞋，样式好看又实用，宝宝穿在脚上就像在妈妈怀里一样温暖。

150

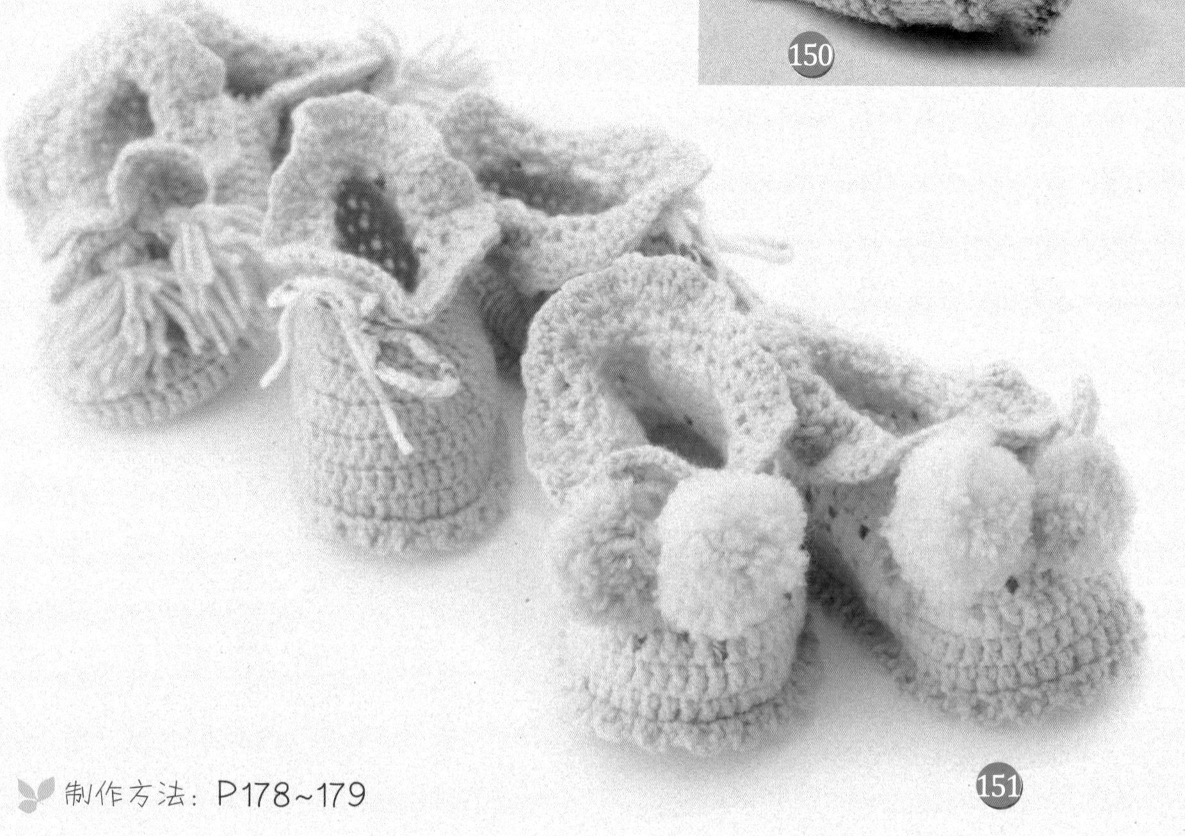

151

制作方法：P178~179

knitted clothes for babies

小兔公主款披肩

此款披肩选用柔软的白色兔毛线作，纯白的颜色，时尚大气的公主款，一定能吸引大家的目光。

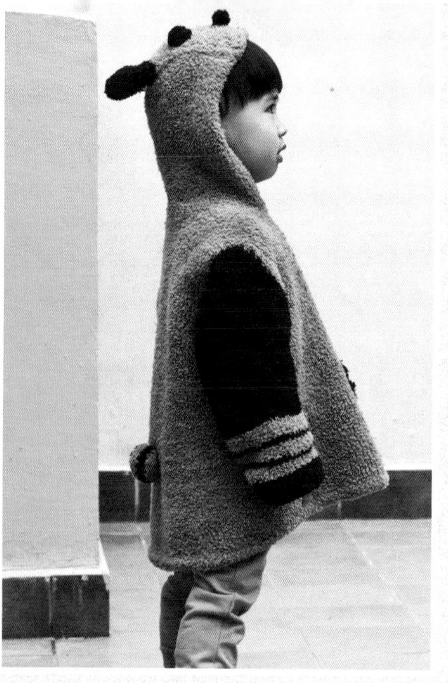

knitted clothes for babies

可爱浣熊毛衣

此款毛衣用毛巾线编织而成，简单易织，造型也是相当的可爱！

153

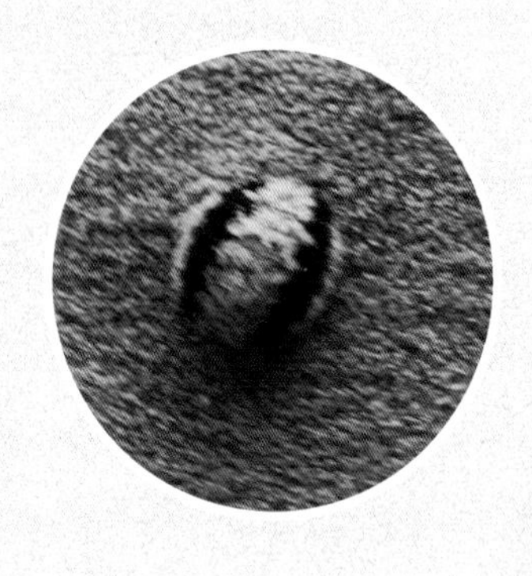

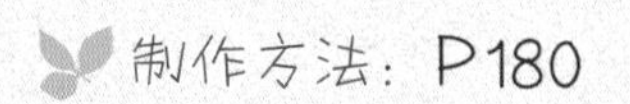

制作方法：P180

knitted clothes for babies

可爱熊宝宝毛衣

这款毛衣用毛巾线编织而成，款式非常可爱，适合想把宝宝装扮成卡通动物的妈妈哦！

154

制作方法：P180~181

knitted clothes for babies

圣诞树宝宝毛衣

经典的套头款毛衣，配色图案简洁漂亮，男女宝宝都适合。

155

制作方法：P181

knitted clothes for babies

小老虎连体裤

这款配色连体裤非常别致，帽子上绣了一个“王”字，最萌的要属那条老虎尾巴，给虎头虎脑的小帅哥们穿再合适不过了。

156

制作方法：P182

knitted clothes for babies

灰黑猫咪毛衣

此款毛衣采用简单的上下针织成，掌握了编织过程中的配线方法就可以轻松完成。

knitted clothes for babies

小斑马毛衣

此款毛衣采用了简洁的V领编织，特别之处在于精心设计的斑马图案美观大方，小朋友们一定喜欢！

knitted clothes for babies

小狗套头毛衣

此款毛衣配色温暖，使用的编织方法也简单易学。作者在毛衣肩部别出心裁地设计了一双可爱的小耳朵，编织出小狗的造型，非常独特。

制作方法：P185~186

160

knitted clothes for babies

龙猫毛衣

此款毛衣以宝石蓝为主，衣身前后面分别为黄白配色编织的动物图案，显得十分抢眼。这样的一款毛衣搭配休闲牛仔裤是很不错的选择。

制作方法：P186~187

161

knitted clothes for babies

英伦风别致连帽衫

蓝色的连帽套头衫，选用高档线材，质地柔软，帽子的设计很别致，具有很好的保暖效果。

制作方法：P187

knitted clothes for babies

温暖套头毛衣

简单的V领款式，褐色和米白色相间条纹，衬托宝宝的调皮可爱。

162

制作方法：P188~189

knitted clothes for babies

高领套头毛衣

163

高领毛衣具有很好的保暖效果，精致的花样，鲜艳的颜色，高档的线材，厚实保暖又好看。

164

制作方法：P189~190

knitted clothes for babies

火红温暖套头衫

套头高领毛衣精致百搭，配什么衣服都适合，是宝宝们冬天的必备品。

褐色V领开衫外套

褐色V领外套款式经典，花样素雅精致，具有很好的保暖效果。

165

制作方法：P190~192

knitted clothes for babies

拼色开衫套装

墨绿色和黑色的搭配大气美观，花纹也相当别致。搭配的裤子是开裆的，方便冬季穿脱。

制作方法：P192~194

knitted clothes for babies

灰色套头毛衣

此款毛衣使用基础的上下针编织即可完成，花样也比较简单，是一款特别衬托宝宝气质的毛衣。

制作方法：P195

制作方法：P196

168

knitted clothes for babies

鲜艳套头毛衣

经典的麻花设计，错落有致的花样，为沉闷的冬季添了一抹亮色。

制作方法：P197

169

knitted clothes for babies

白色V领开衫外套

本款毛衣色彩百搭，清新淡雅，春秋季特别实用。早晚天凉的季节，给宝宝加上一件就不怕感冒了。

素雅小套装

米白色的小衣裤十分素淡雅致，简单的花纹设计，亲肤的颜色，妈妈们是否心动了呢？

制作方法：P200~20

knitted clothes for babies

拼色条纹套装

经典条纹设计永远是妈咪们的最爱，此款宜选择全棉线，呵护宝宝娇嫩的皮肤。

制作方法：P201~202

172

knitted clothes for babies

经典翻领开衫

韩风十足的毛衣，妈咪们可自行选择喜欢的线材和颜色哦！

制作方法：P202~203

173

knitted clothes for babies

V领开衫外套

口袋的设计给这款毛衣添色不少，搭配休闲的牛仔裤是不错的选择！

knitted clothes for babies

简约圆领宝宝套装

174

此款毛衣颜色鲜艳，给人一种暖暖的感觉，非常适合宝宝冬季穿哦！

制作方法：P203~204

童趣条纹毛线裤

这两条毛裤采用了经典的条纹配色，色彩引人注目，俏皮可爱的图案更是点睛之笔。

制作方法：P204~205

knitted clothes for babies

开裆裤

开裆裤的织法大同小异，掌握关键部位的织法，就可以举一反三了。冬天天气冷，给宝宝织一条开裆毛裤作内衬是不错的选择哦！

制作方法：P205

knitted clothes for babies

仿牛仔纹裤装

本款毛裤配色独特，配有腰带，可以随意调整裤腰大小。

制作方法：P205

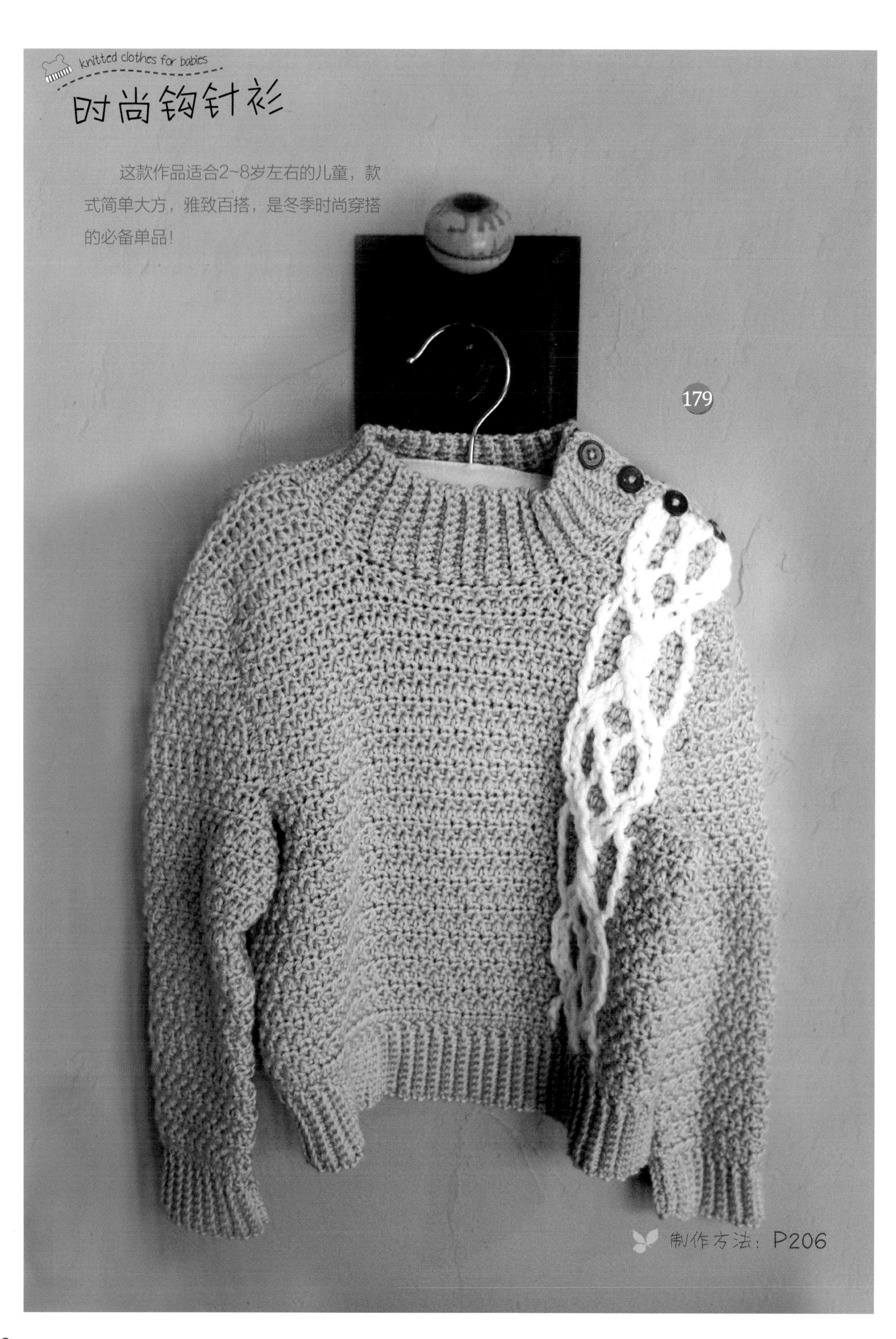
knitted clothes for babies
时尚钩针衫
这款作品适合2~8岁左右的儿童，款式简单大方，雅致百搭，是冬季时尚穿搭的必备单品！
179
制作方法：P206

制作图解

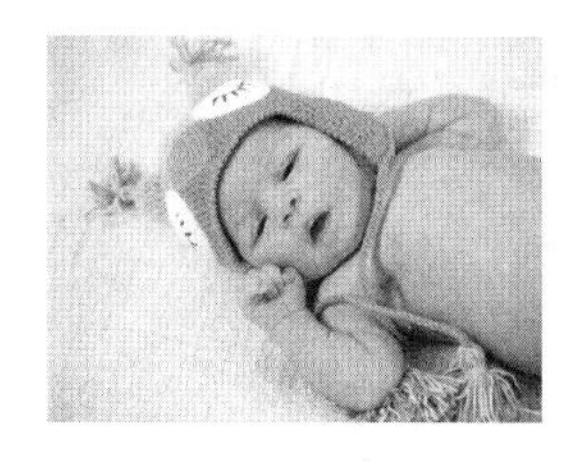

作品01

【成品规格】帽子高15cm，头围40cm

【工　　具】3.0mm可乐钩针

【材　　料】绿色和蓝色毛线各80g，黑色、白色和橙色毛线各少许

【编织要点】

1.参照帽子图解，用绿色毛线从帽顶起针，第1行钩10针长针，分10等份加针，每等份加1针，逐层加针到第9行，第10行到第18行不加减针。在第12行换蓝色线。第18行圈钩1行逆短针。

2.参照帽子护耳图解，用蓝色毛线从帽子第18行对折，钩左右对称14针，逐层减针钩7行。

3.参照帽子耳朵图解，钩耳朵2个，在帽顶穿流苏。

4.参照眼睛图解，用白色毛线钩三行长针，用黑色毛线缝眼睫毛。

5.参照鼻子图解，钩鼻子1个。

6.护耳尖端编织2条彩色绑带。

结构图：

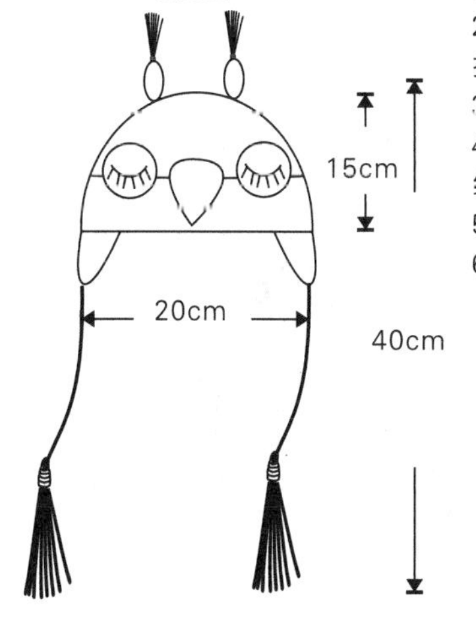

帽子护耳图解：

左右护耳对称

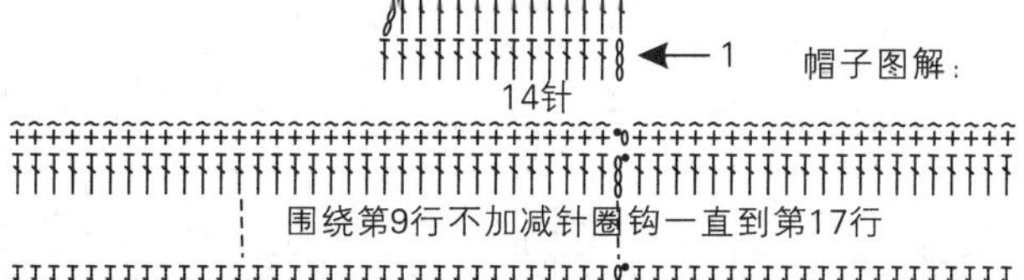

鼻子图解：

橙色（1个）

帽子图解：

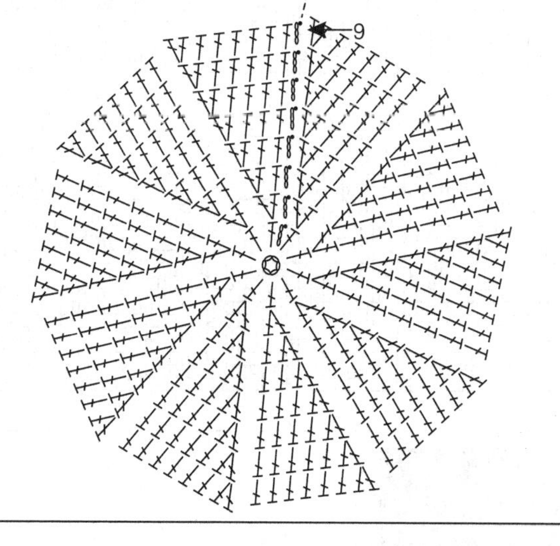

眼睛图解：

白色（2个）

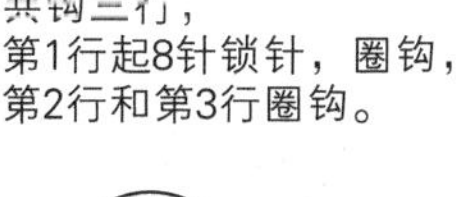

用黑色毛线缝成眼睫毛

帽子耳朵图解：

（2个）
绿色

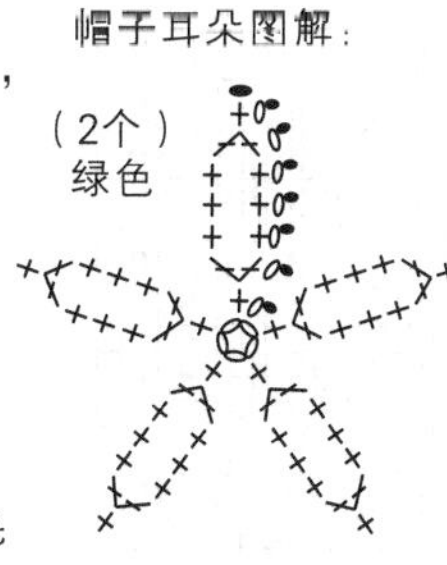

最后1行收成1针，加流苏

作品02

【成品规格】帽子高15cm，头围40cm

【工　　具】3号棒针

【材　　料】棕色奶棉80g

【编织要点】

1.帽片主体从帽口起136针，圈状编织58行，再依帽片编织示意图进行减针，每2行减1针，共减16针编织32行。

2.依照耳朵编织示意图编织4片耳朵，每2片缝合成1片。

3.缝合耳朵、眼睛及鼻子。

结构图：

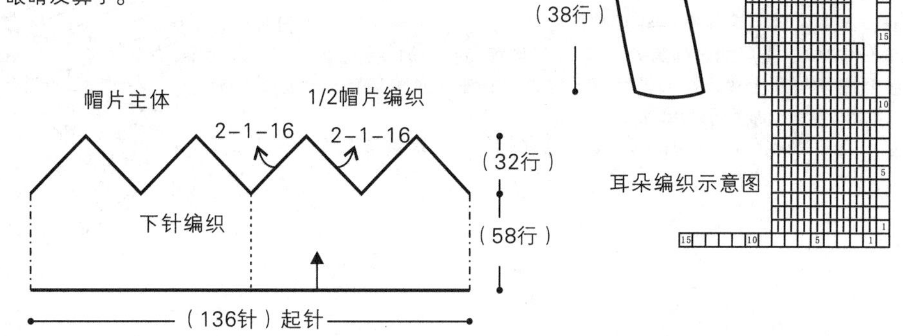

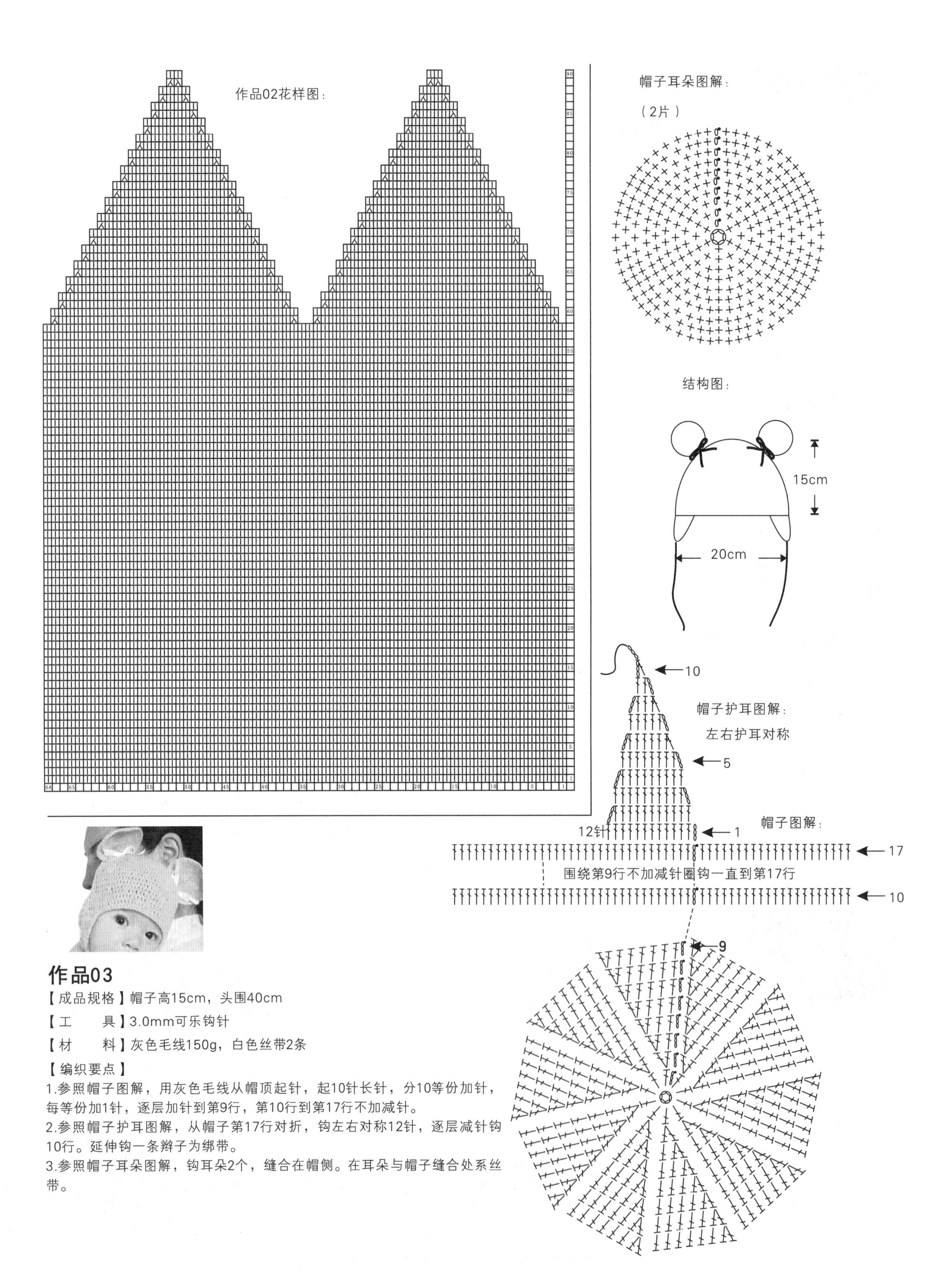

作品03

【成品规格】帽子高15cm，头围40cm

【工　　具】3.0mm可乐钩针

【材　　料】灰色毛线150g，白色丝带2条

【编织要点】

1.参照帽子图解，用灰色毛线从帽顶起针，起10针长针，分10等份加针，每等份加1针，逐层加针到第9行，第10行到第17行不加减针。

2.参照帽子护耳图解，从帽子第17行对折，钩左右对称12针，逐层减针钩10行。延伸钩一条辫子为绑带。

3.参照帽子耳朵图解，钩耳朵2个，缝合在帽侧。在耳朵与帽子缝合处系丝带。

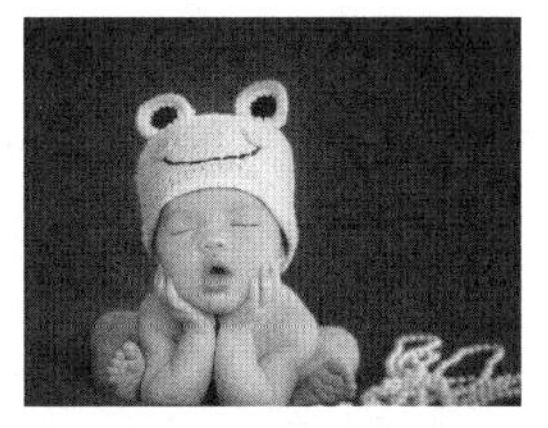

作品04

【成品规格】帽子高15cm，头围40cm

【工　　具】5.0mm可乐钩针，12号棒针一副

【材　　料】黄色毛线100g，黑色、白色和粉色毛线少许

【编织要点】

1.参照帽子图解，从帽檐起针，起56针，正面下针，一直编织到第12行，开始每5针减针一直到第18行，在帽顶合成一针。

2.参照帽子耳朵图解，钩耳朵2个，注意每行颜色变化，缝合在帽顶左右。

3.参照帽子腮红图解，钩10针长针缝合在帽身左右为腮红装饰。

4.用黑色毛线缝合青蛙嘴巴。

黄色　白色　黑色　粉色

黑色毛线缝成

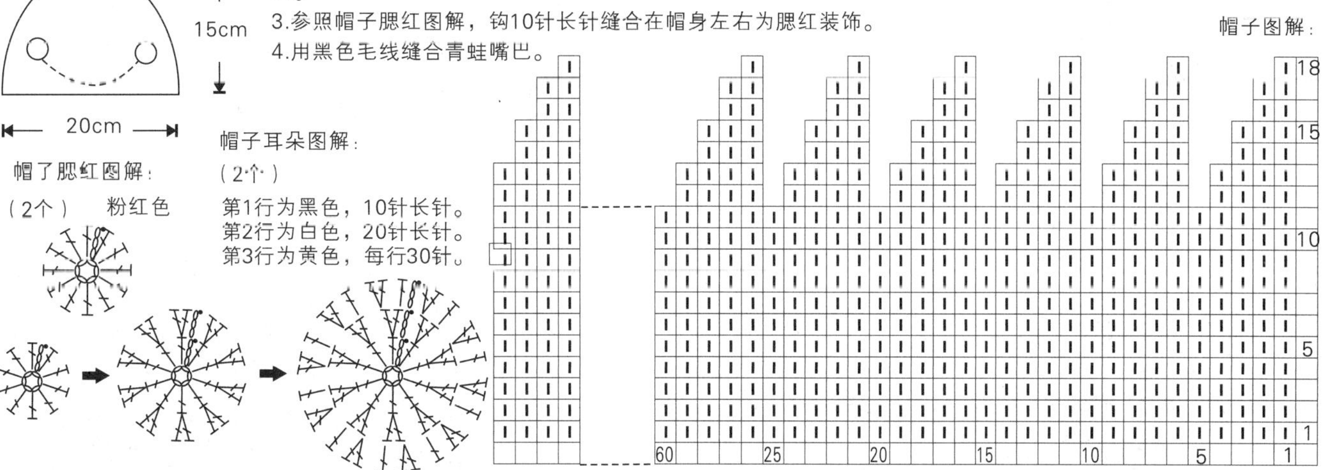

作品05

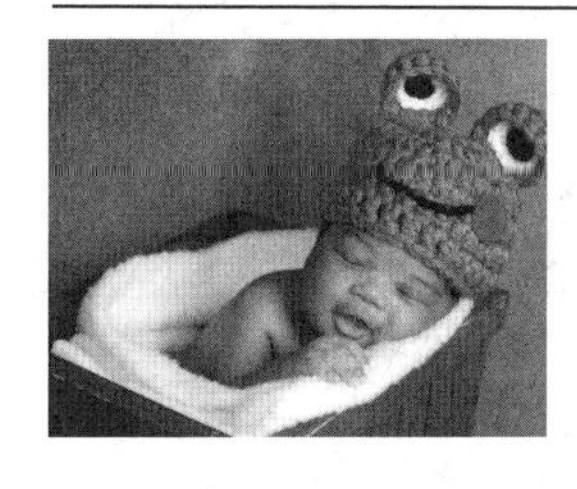

【成品规格】帽子高15cm，头围40cm

【工　　具】5.0mm可乐钩针

【材　　料】绿色毛线100g，黑色、白色和红色毛线各少许

【编织要点】

1.参照帽子图解，从帽顶起针，起9针长针，分9等份加针，每等份加1针，逐层加针到第5行，第6行到第8行不加减针。

2.参照帽子耳朵图解，钩耳朵2个，注意每行颜色变化，缝合在帽顶左右。

3.参照帽子腮红图解，钩10针长针缝合在帽身左右为腮红装饰。

4.用黑色毛线缝合青蛙嘴巴。

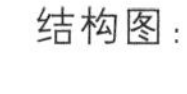

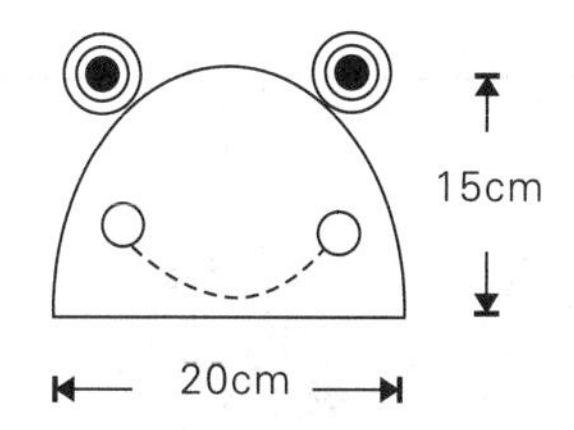

帽子耳朵图解:

(2个)

第1行为黑色，10针长针。
第2行为白色，20针长针。
第3行为绿色，每行30针。

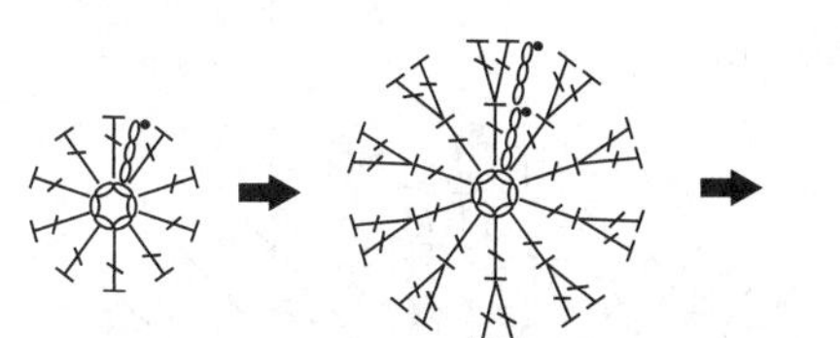

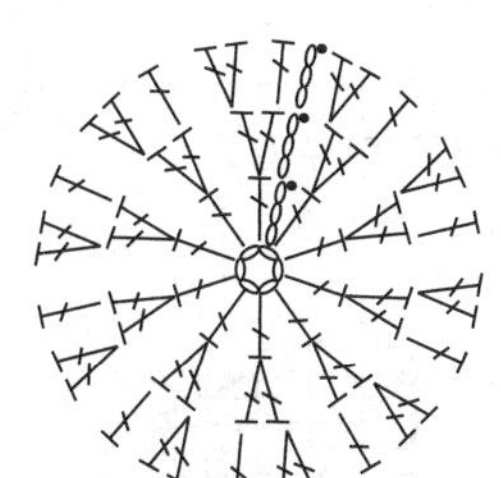

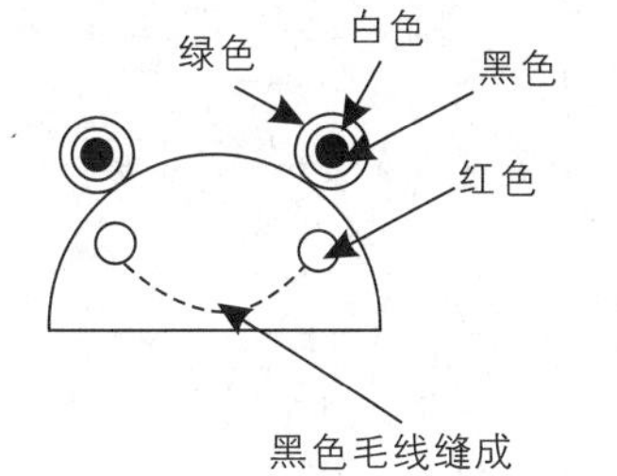

帽子腮红的图解:

(2个)　红色

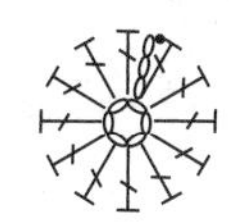

帽子图解:

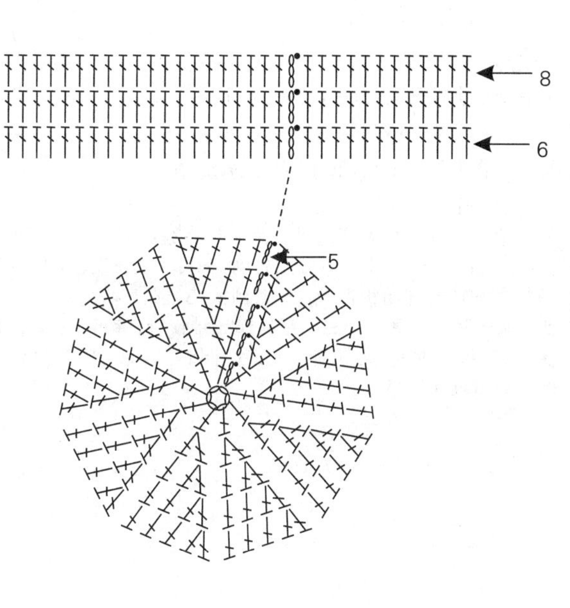

作品06

【成品规格】帽子高15cm，头围40cm

【工　　具】4.0mm可乐钩针

【材　　料】白色毛线100g，玫红色毛线少许

【编织要点】

1.参照帽子图解，用白色毛线从帽顶起针，起10针长针，分10等份加针，每等份加1针，逐层加针到第7行，第8行到第10行不加减针。第11行和第12行换玫红色毛线钩短针。

2.参照帽子左右耳朵图解，起10针锁针，用玫红色毛线第1行到第3行圈钩短针，用白色毛线第4行和第5行圈钩短针。

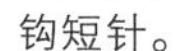

结构图：

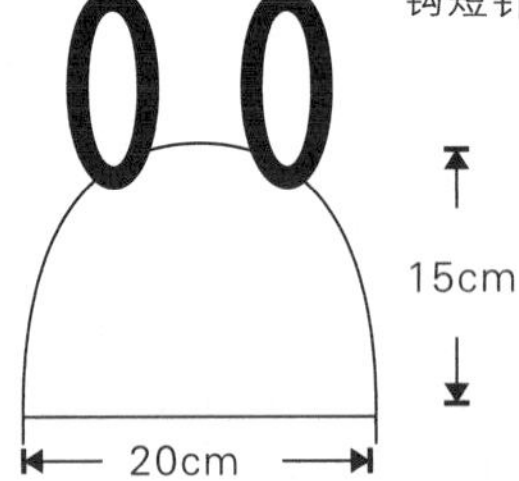
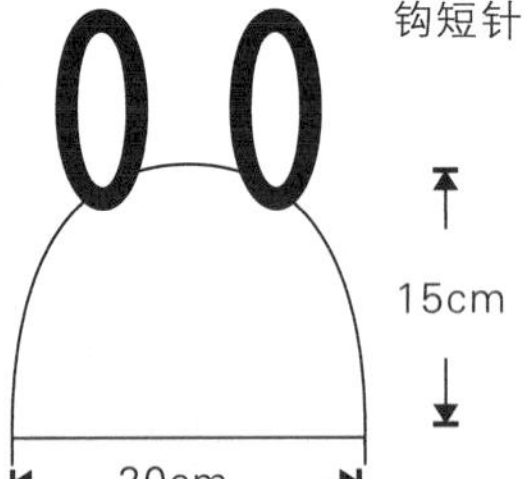

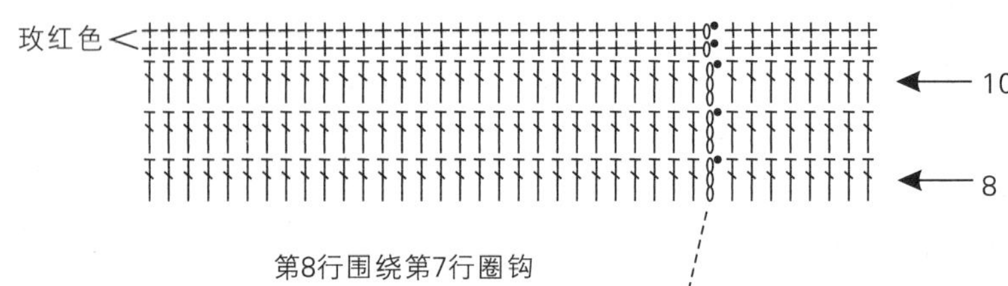

第8行围绕第7行圈钩

帽子图解：　（白色）

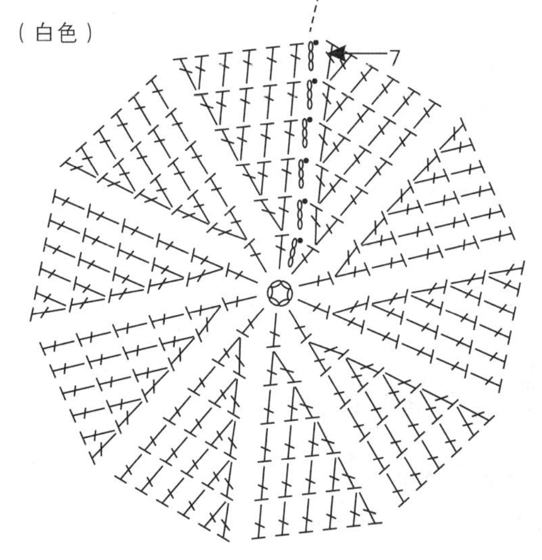

帽子左右耳朵图解：

（2片，第1行到第3行圈钩玫红色，外围2行短针圈钩白色）

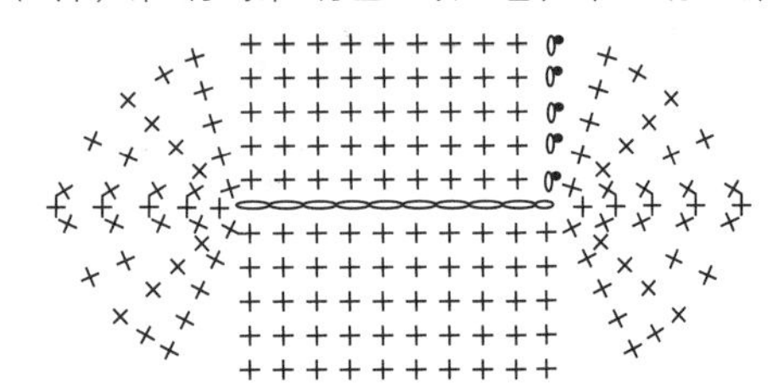

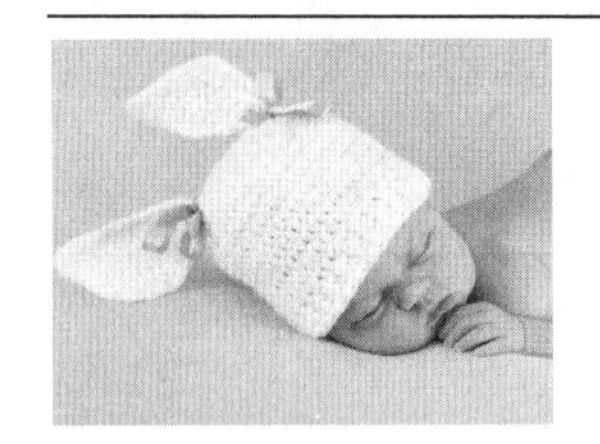

作品07

【成品规格】帽子高16cm，头围40cm

【工　　具】3.0mm可乐钩针

【材　　料】白色毛线120g，丝带2条

【编织要点】

1.参照帽子图解，从帽顶起针，用白色毛线起9针长针，分9等份加针，每等份加1针，逐层加针到第8行，第9行到第14行不加减针。第15行开始钩浮针，一直到第18行结束。

2.参照帽子耳朵图解，用白色毛线起20针锁针，钩5行长针，每行头尾减1针，共钩5行长针。钩2片耳朵。钩完与帽顶缝合。在缝合处缝丝带一条。

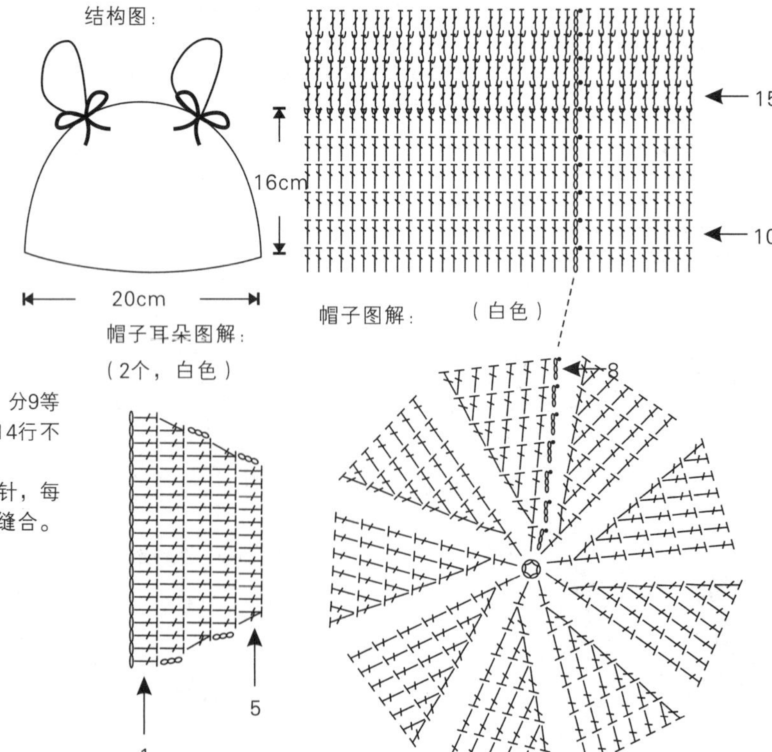

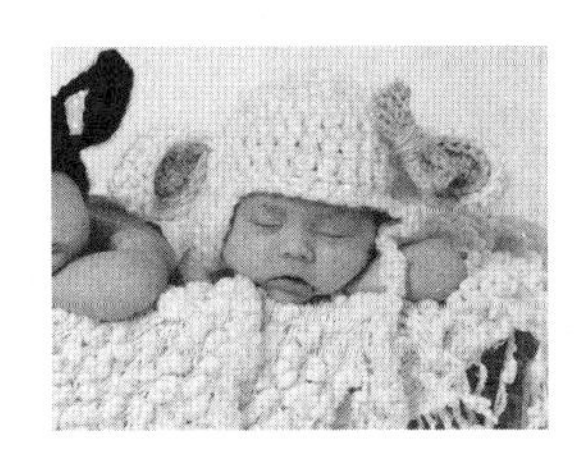

作品08

【成品规格】帽子高15cm，头围40cm

【工　　具】5.0mm可乐钩针

【材　　料】白色毛线100g，粉色毛线少许

【编织要点】

1.参照帽子图解，用白色毛线从帽顶起针，起8针长针，分8等份加针，每等份加1针，逐层加针到第7行，第8行到第10行不加减针。

2.参照帽子护耳图解，将帽子第10行对折，钩左右对称12针，逐层减针钩6行。

3.参照帽子耳朵图解，起11针长针，第1行到第3行圈钩粉色，第4行圈钩白色，将耳朵缝合在帽顶两侧。

4.参照帽子蝴蝶结图解，钩蝴蝶结一个缝合在相应位置。

5.黑色帽子钩法与白色帽子同，不钩护耳和蝴蝶结。

帽子护耳图解：左右护耳对称（白色）

帽子图解：12针

第8行围绕第7行圈钩

帽子耳朵图解：（2个）

第1行到第3行圈钩粉色
第4行圈钩白色

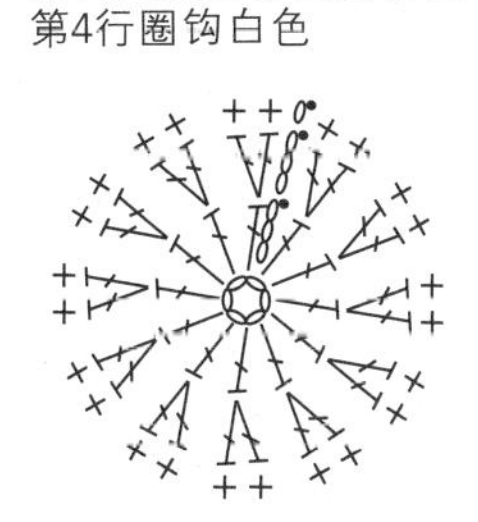

帽子蝴蝶结图解：

1个，粉色，中间对折用毛线圈住

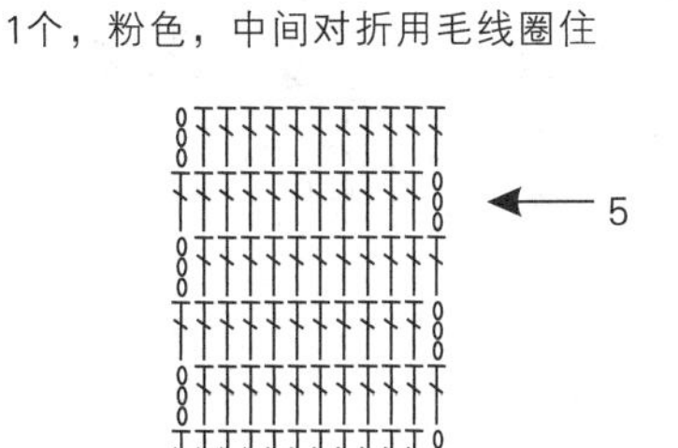

结构图：

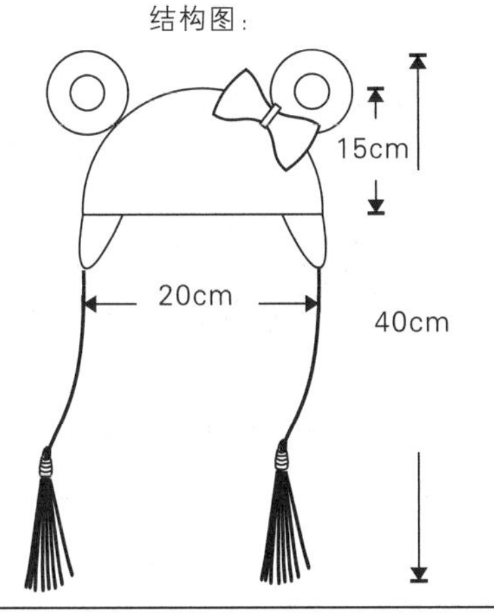

作品09

帽子耳朵图解：（2个）

第1行到第3行圈钩粉橙色
第4行圈钩白色
第5行圈钩黑色

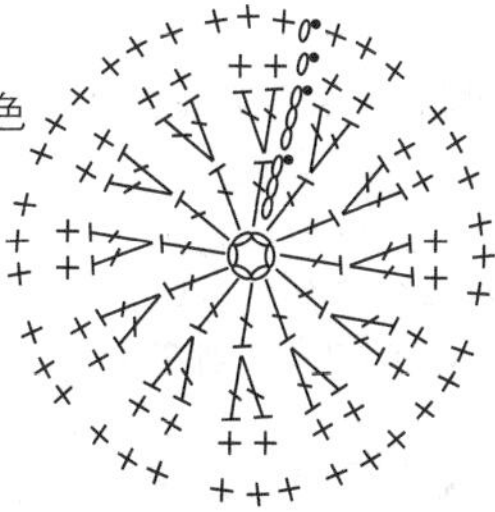

【成品规格】帽子高15cm，头围40cm

【工　　具】4.0mm可乐钩针

【材　　料】白色毛线100g，粉橙色和黑色毛线各少许，4颗黑色塑料珠子

【编织要点】

1.参照帽子图解，用白色毛线从帽顶起针，起10针长针，分10等份加针，每等份加1针逐层加针到第7行，第8行到第11行不加减针。

2.参照帽子护耳图解，将帽子第11行对折，钩左右对称12针，逐层减针钩6行。

3.参照帽子耳朵图解，起11针长针，第1行到第3行圈钩粉橙色，第4行圈钩白色，第5行圈钩黑色。将耳朵缝合在帽顶两侧。

4.参照帽子眼睛黑斑图解，起6针短针，第2行钩12针短针，第3行钩18针单挑短针，将之缝合。

5.参照帽檐图解，钩3行短针，与帽子一起在帽子外围钩1行黑色短针。

6.参照帽子蝴蝶结图解，钩蝴蝶结一个，缝合眼睛和蝴蝶结。

帽沿贴图解：粉橙色

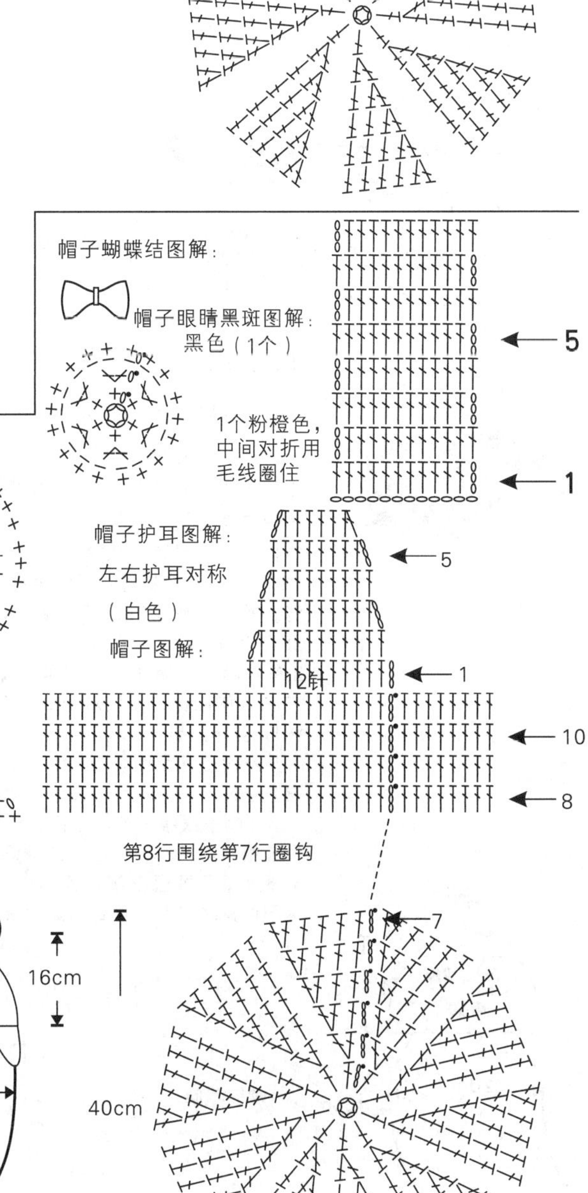

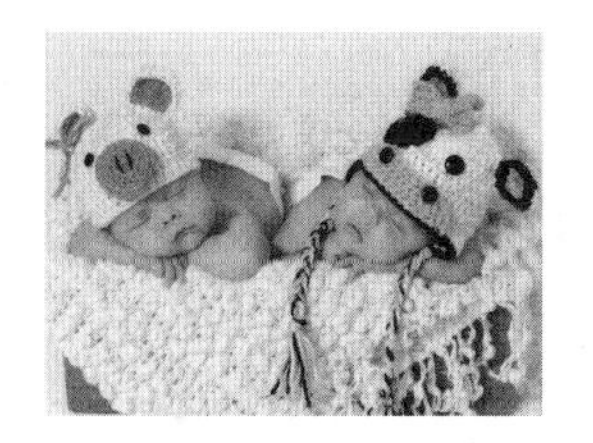

作品10

【成品规格】帽子高16cm，头围40cm

【工　　具】4.0mm可乐钩针

【材　　料】粉白色毛线100g，
粉红色和黑色毛线各少许，
丝带一条，眼睛2颗

【编织要点】

1.参照帽子图解，用粉白色毛线从帽顶起针，起10针长针，分10等份加针，每等份加1针，逐层加针到第7行，第8行到第11行不加减针。

2.参照帽子耳朵图解，起11针长针，第1行到第3行圈钩粉红色，第4行到第5行圈钩粉白色。将耳朵缝合在帽顶两侧。

3.参照帽子鼻子图解，起6针短针，第2行钩12针短针，第3行钩18针单挑短针，不加减针钩3行。将鼻子缝合。在鼻孔上缝2条黑线为鼻孔。

4.缝合眼睛和蝴蝶结。

结构图：

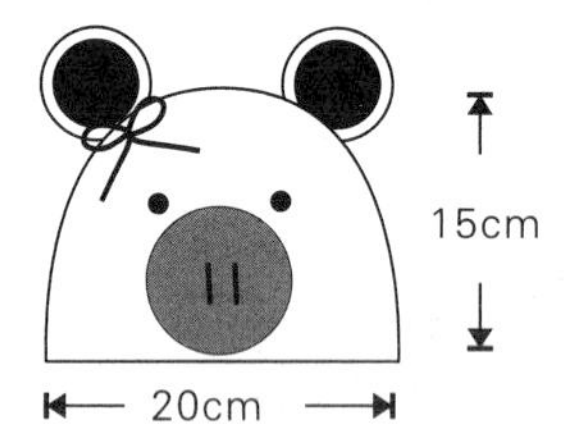

帽子耳朵图解：（2个）

第1行到第3行圈钩粉红色
第4行到第5行圈钩粉白色

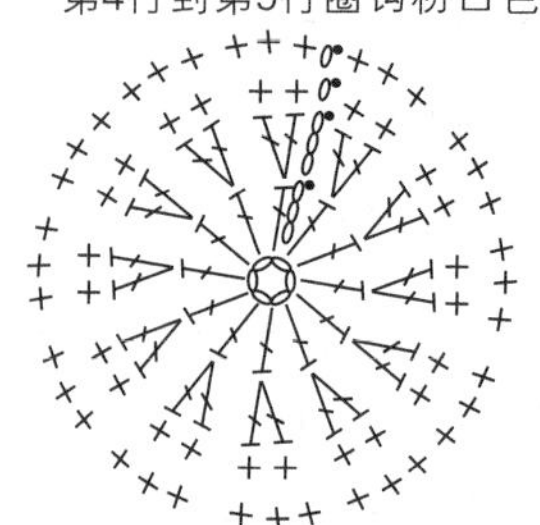

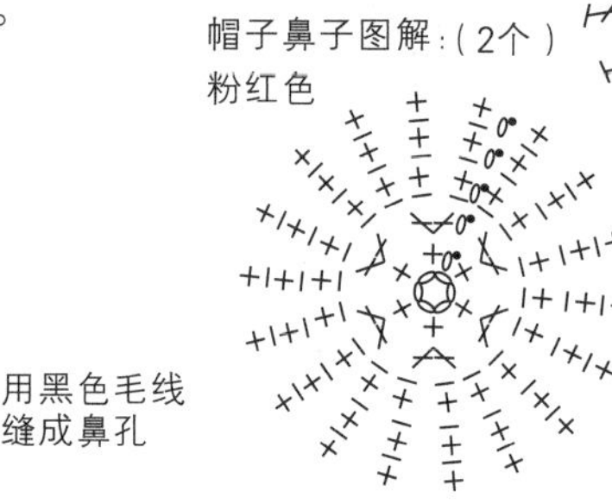

帽子图解：（粉白色）

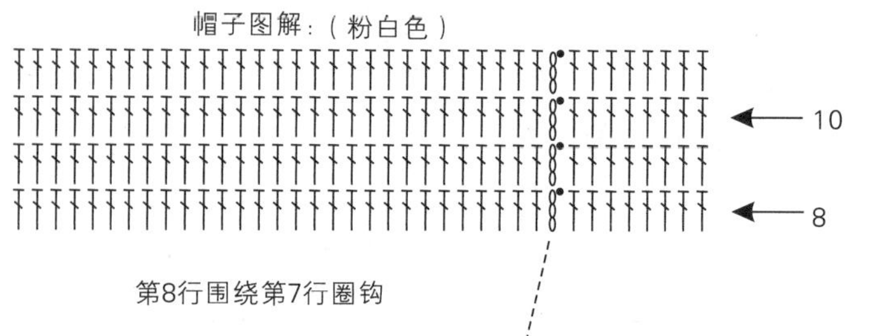

第8行围绕第7行圈钩

帽子鼻子图解：（2个）
粉红色

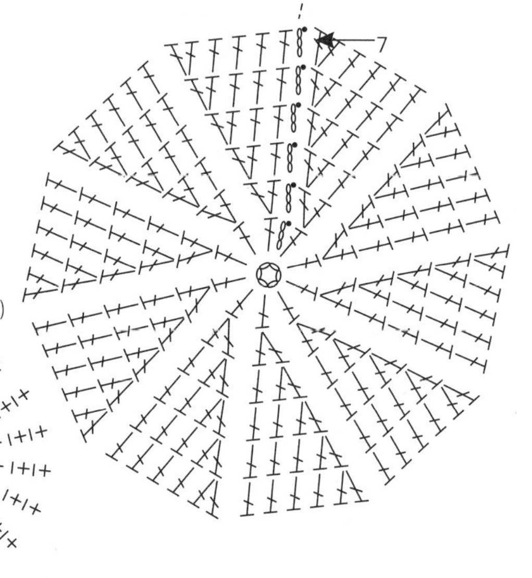

作品11

【成品规格】帽子高15cm，头围40cm

【工　　具】3.0mm可乐钩针

【材　　料】蓝色棉线120g，黑色和白色毛线各少许

【编织要点】

1.参照帽子图解，从帽顶起针，逐层加针到第14行，每行加7针短针，围绕第14行不加减针圈钩，第15行到第25行不加减针。第20行直到第25行为白色。

2.参照帽子护耳图解，将帽子第25行对折，钩左右对称12针，逐层减针钩10行。在帽子外围钩1行蓝色短针。

3.参照帽子耳朵图解，钩耳朵2个，缝合在帽顶左右。

4.参照帽子眼睛图解，各钩2片，将3片重叠缝合形成眼睛。将2只眼睛缝合在帽子上。

5.参照帽子嘴巴图解，钩嘴巴一片，缝合在结构图位置。最后在护耳尖端编织2条绑带。

眼睛图解：

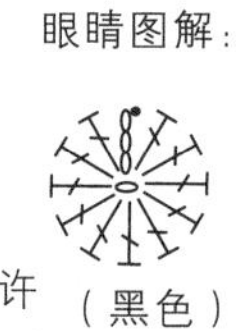

（黑色）

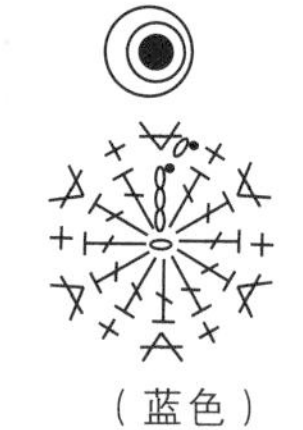

（蓝色）

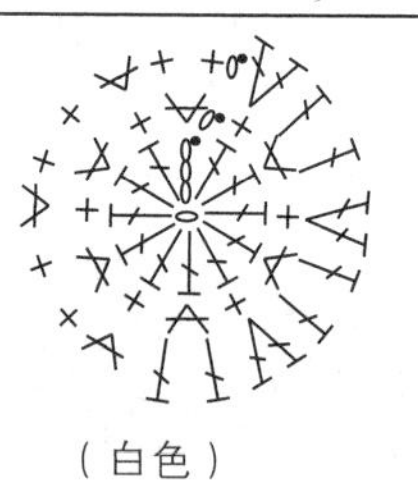

（白色）

帽子图解：

第20行直到第25行为白色

10
5
1
12
25

围绕第14行不加减针圈钩一直到第25行

15

帽子护耳图解：

左右护耳对称

（白色）

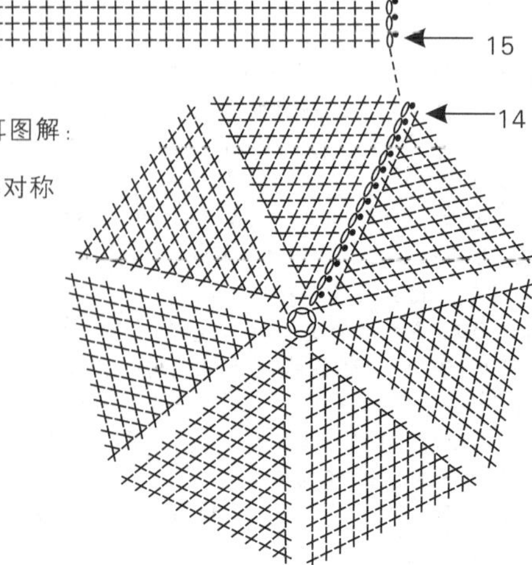

结构图：

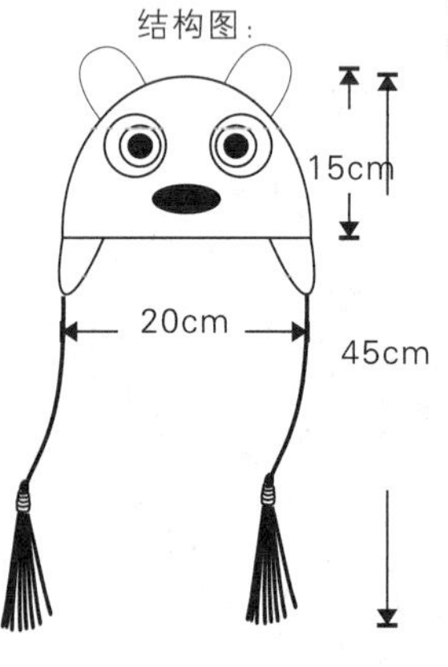

耳朵图解：

（2只，蓝色）

10
5

嘴巴图解：

（黑色）

作品12

【成品规格】帽子高16cm，头围40cm

【工　　具】3.0mm可乐钩针

【材　　料】黄色毛线120g，褐色毛线少许

【编织要点】

1.参照帽子图解，用黄色毛线从帽顶起针，分8等份，逐层加针到第10行，第11行到第22行不加减针。

2.参照帽子护耳图解，将帽子第22行对折，钩左右对称12针，逐层减针钩6行。

3.参照帽子耳朵图解，钩耳朵2个，缝合在帽顶左右。

4.围绕帽口钩1行褐色短针，并在护耳尖端编织2条绑带。

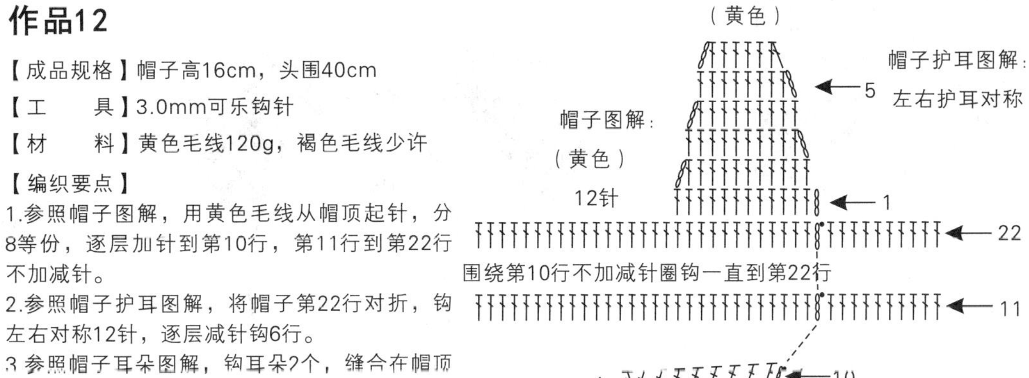

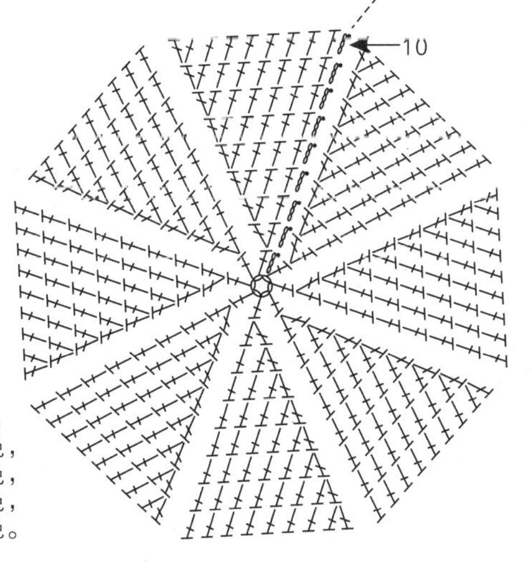

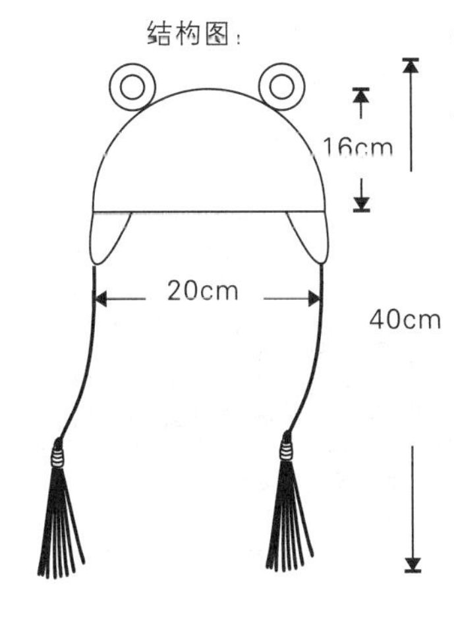

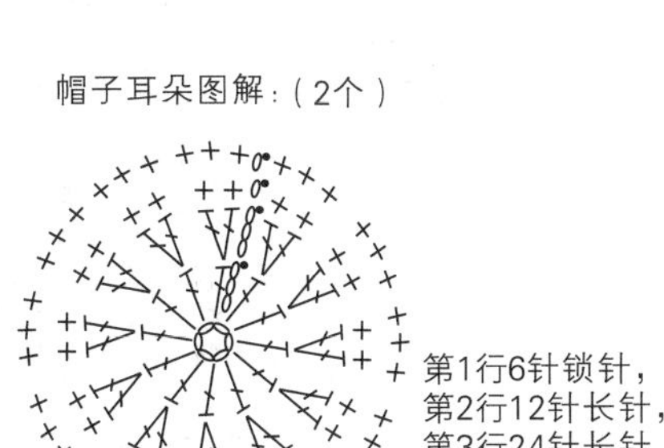

第1行6针锁针，褐色，
第2行12针长针，褐色，
第3行24针长针，褐色，
第4行24针短针，黄色，
第5行36针短针，黄色。

作品13

【成品规格】帽子高15cm，头围40cm

【工　　具】3.0mm可乐钩针

【材　　料】红色毛线150g，黑色毛线少许

【编织要点】

1.参照帽子图解，用红色毛线从帽顶起针，逐层加针到第8行，第9行到第15行不加减针。

2.参照帽子上黑色圆点图解，钩圆点2个，缝合在帽侧为装饰。

3.参照帽子上触角图解，从触角尖端起针，第1行到第5行为红色，第6行到第12行为黑色。织好后将触角缝合在帽子的左右顶端。

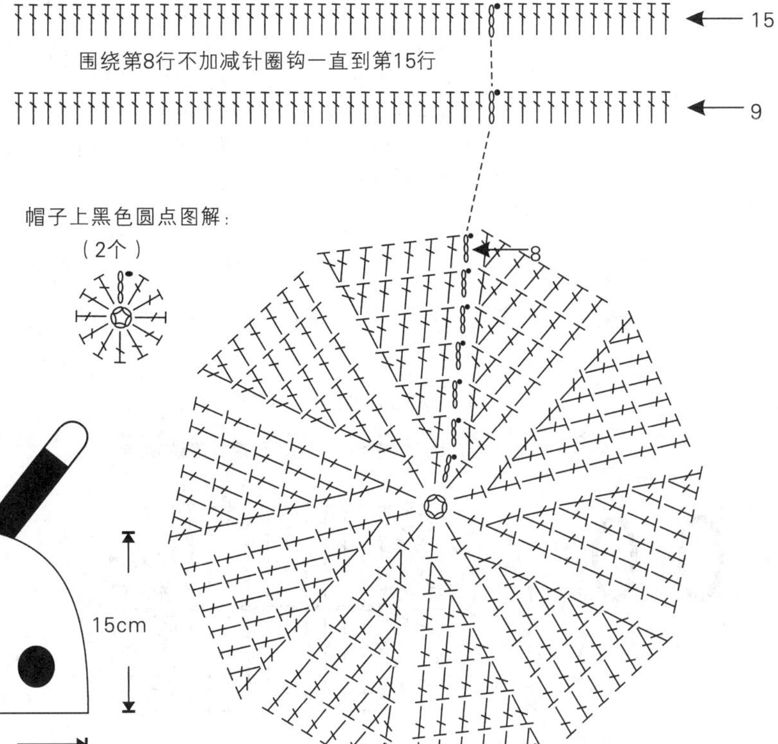

帽子上触角图解：

第1行到第5行为红色，
第6行到第12行为黑色

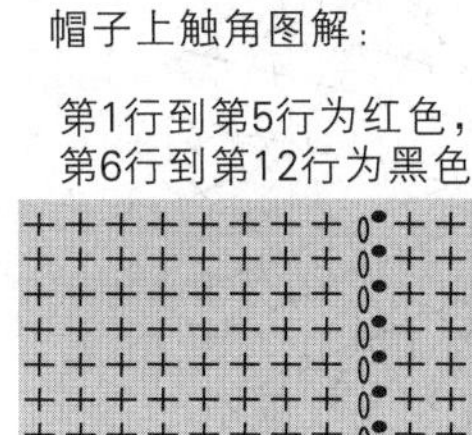

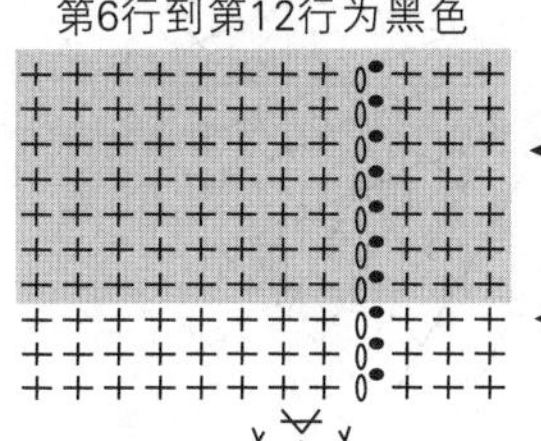

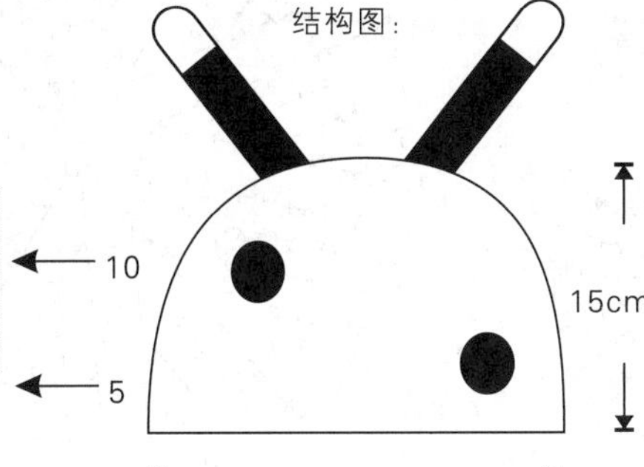

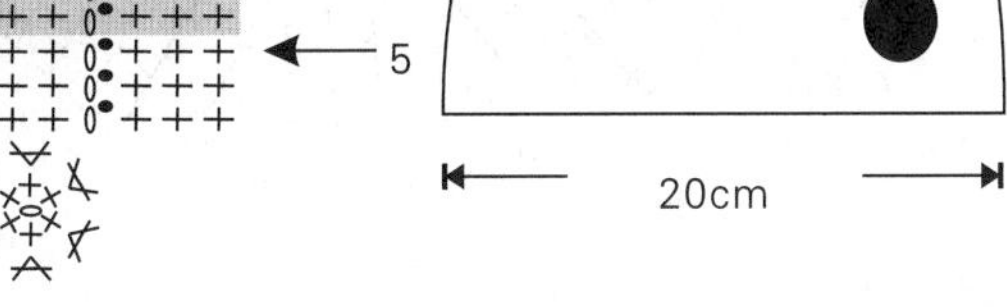

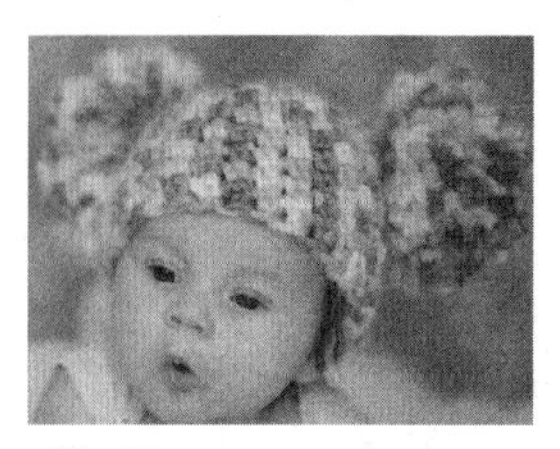

作品14

【成品规格】帽子高12cm，头围38cm

【工　　具】4.0mm可乐钩针

【材　　料】粉紫段染乐谱线50g

【编织要点】

1.使用钩针编织法编织。

2.从帽顶起钩，线绕左手食指一圈，插钩起钩1锁针，然后在圈内钩6针短针，引拔，（可不引拔，采用螺旋钩用记号扣标注第1针）。第2行加针，每个针眼钩2针，一圈共12针，第3行，隔一针，在第二个针眼里钩2针短针，一圈共18针；第4行相隔2针再加针，一圈共24针；从第5行起不加减针，钩织到第10行，引拔断线。

3.用毛线球制作方法制作两个毛线球。宽度为5cm。分别缝合在头两侧。

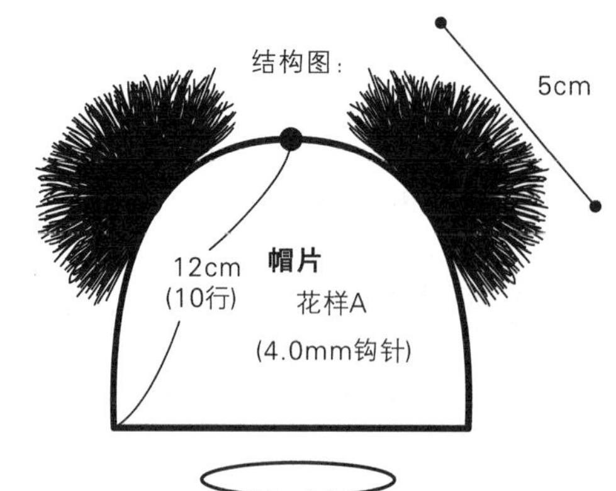

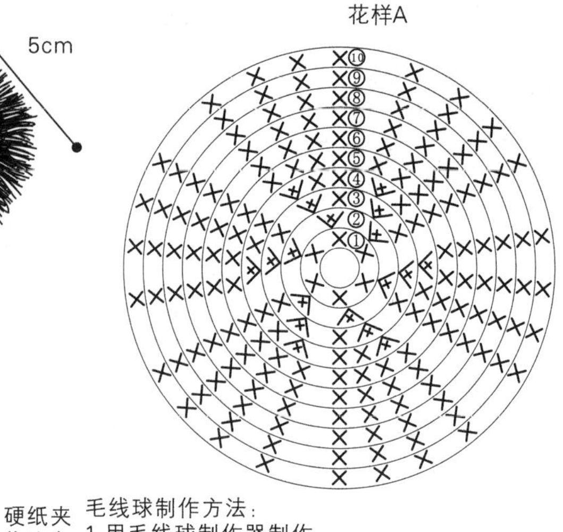

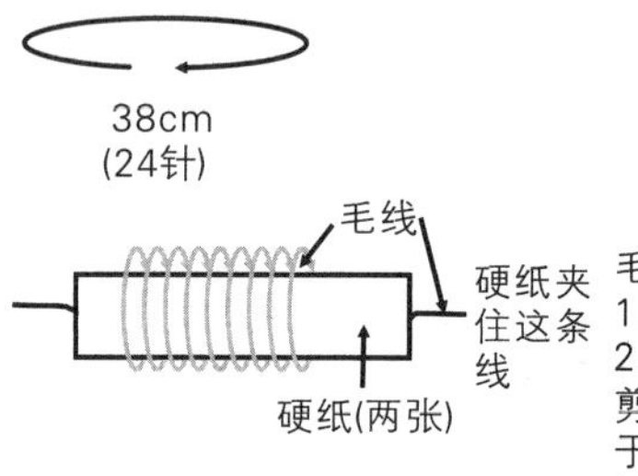

毛线球制作方法：

1.用毛线球制作器制作。

2.无制作器者，可利用身边废弃的硬纸制作。剪两块长约10cm，宽3cm的硬纸，再剪一段长于硬纸的毛线用于系毛线球，将剪好的两块硬纸夹住这段毛线（见左图）将毛线缠绕两块硬纸，绕得越密，毛线球越密实，缠绕足够圈数后，再将其余线从硬纸板夹缝将缠绕的毛线系结、拉紧，用剪刀穿过另一端夹缝，将毛线剪断，最后将散开的毛线剪圆即成。

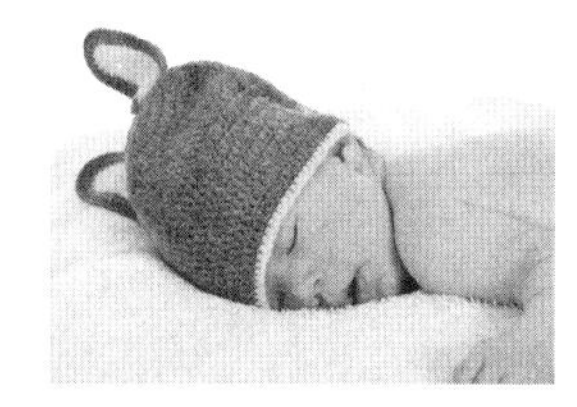

作品15

【成品规格】帽子高16cm，头围40cm

【工　　具】3.5mm可乐钩针

【材　　料】灰色毛线150g，粉红色毛线少许

【编织要点】

1.参照帽子图解，用灰色毛线从帽顶起针，第1行钩10针长针，逐层加针到第7行，第8行到第16行不加减针。第17行用粉红色毛线圈钩1行短针。

2.参照帽子左右耳朵的图解，用粉红色毛线起针钩2行长针，外围圈钩2行灰色短针。钩2片。缝合在帽子的左右顶端。

帽子图解：(灰色)

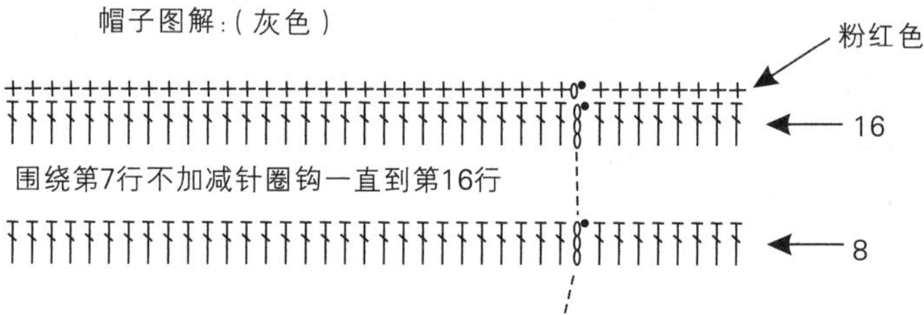

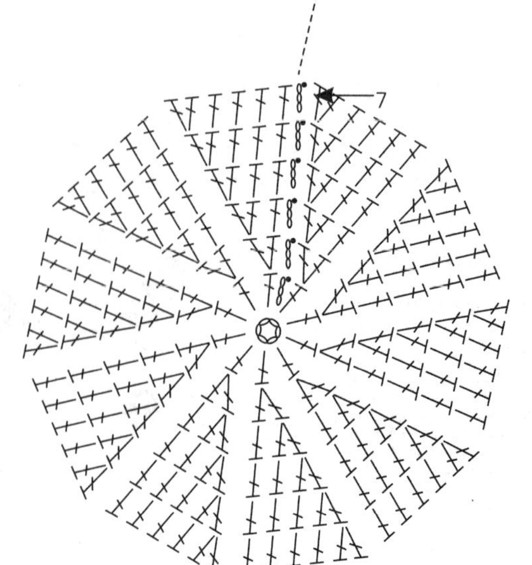

帽子左右耳朵图解：

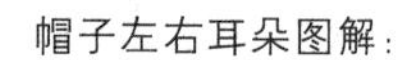

（2片，粉红色，外围2行短针圈钩灰色）

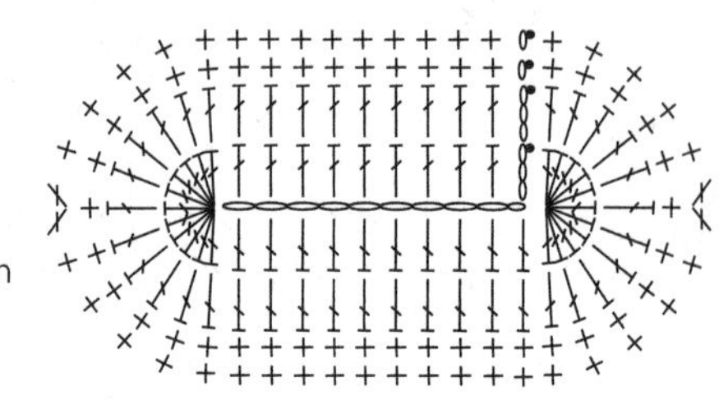

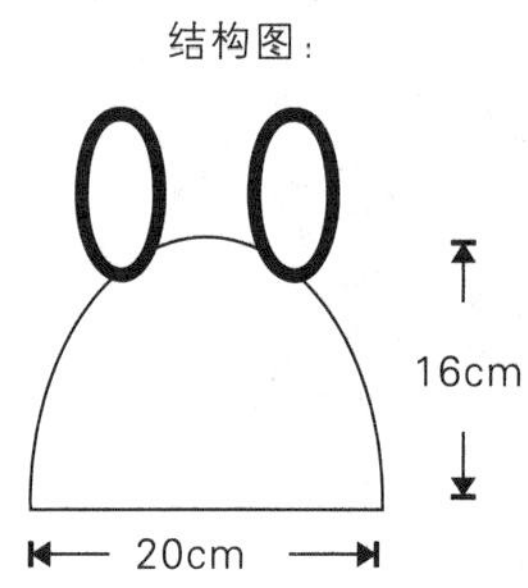

作品16

【成品规格】帽子高15cm，头围40cm，裤长15cm

【工　　具】3.5mm可乐钩针

【材　　料】灰色毛线220g，粉红色毛线少许

【编织要点】

1.参照帽子图解，从帽顶起针，逐层加针到第12行，每行加7针短针。第13行到第15行不加减针。

2.参照帽子左右耳朵图解，钩2个小兔子耳朵，在外围钩1行灰色短针。缝合在帽子左右侧的位置。

3.参照裤子图解，从中间起6针锁针，每行左右加1针长针，前片在第7行后不加针，左右各延伸5针。后片在第8片不加针，左右各延伸4针。前片第9行留扣眼。

4.在裤子后片缝合1个小毛球为兔子尾巴。

帽子左右耳朵图解：

（粉红色，外围圈钩灰色）

帽子图解：（灰色）

15

围绕第12行不加减针圈钩一直到第15行

12

结构图：

20cm

15cm

30cm

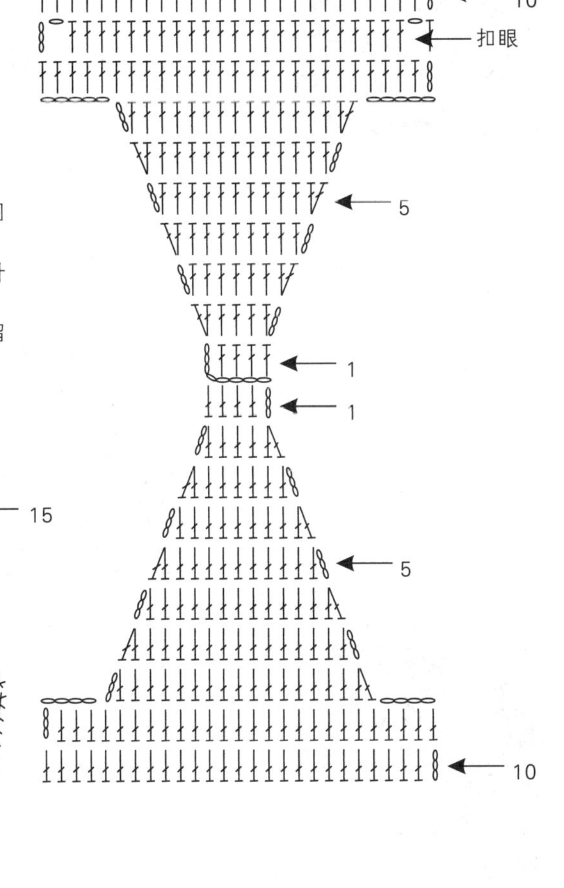

作品17

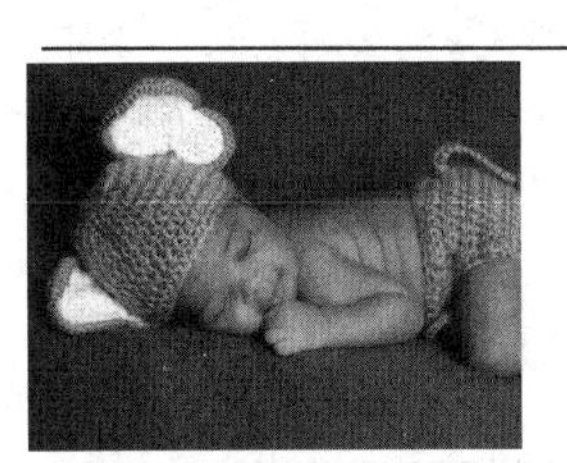

【成品规格】帽子高15cm，头围40cm，裤长15cm

【工　　具】3.5mm可乐钩针

【材　　料】灰色毛线220g，白色毛线少许

【编织要点】

1.参照帽子图解，从帽顶起针，逐层加针到第12行，每行加7针短针。第13行到第15行不加减针。

2.参照帽子左右耳朵图解，钩3个圆圈并拼合，在3个拼合的圆圈外围钩1行灰色短针。缝合在帽子左右侧的位置。

3.参照裤子图解，从中间起6针锁针，每行左右加1针长针，前片在第7行后不加针，左右各延伸5针。后片在第8片不加针，左右各延伸4针。前片第9行留扣眼。

4.在裤子后片钩一条长10针的锁针链。

帽子左右耳朵图解：

（白色，外围圈钩灰色）

帽子图解：（灰色）

15

围绕第12行不加减针圈钩一直到第15行

12

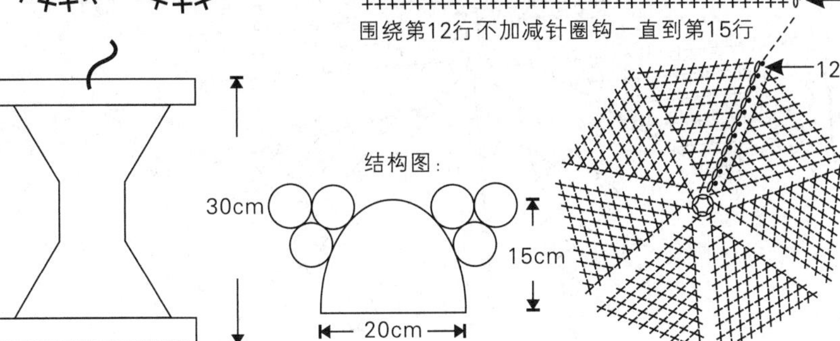

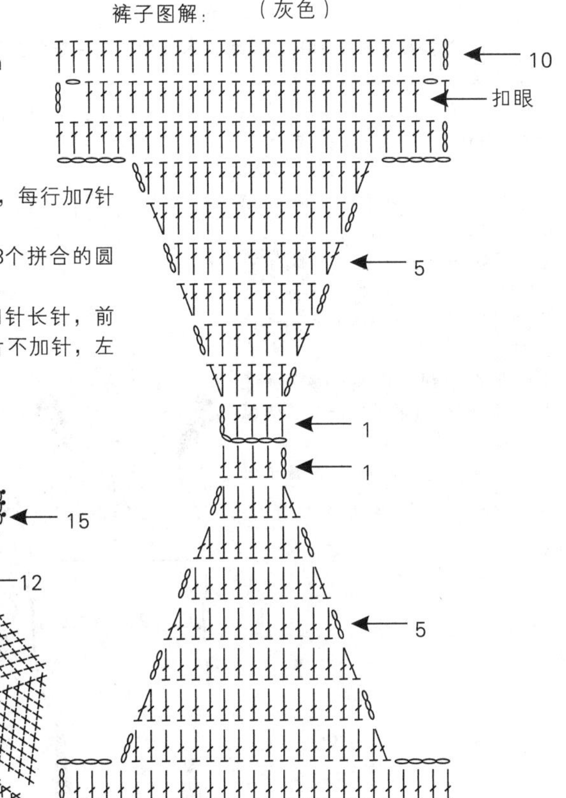

作品18

【成品规格】帽子高26cm，头围40cm

【工　　具】5.5mm可乐钩针

【材　　料】杏色毛线200g，黄色毛线少许，不织布2片

【编织要点】

1.参照帽子起针图解，用杏色毛线从帽沿起针，起36针锁针，第1行钩36针长针，然后开始参照编织帽子图解，用手编形式去完成帽子。

2.在帽顶装饰几条黄色毛线。准备2片正方形不织布，将四周剪散缝合在帽子上作为装饰，然后在帽檐系一条小绳子，然后绑蝴蝶结。

选2片正方形不织布，
将四周剪1厘米的剪口：

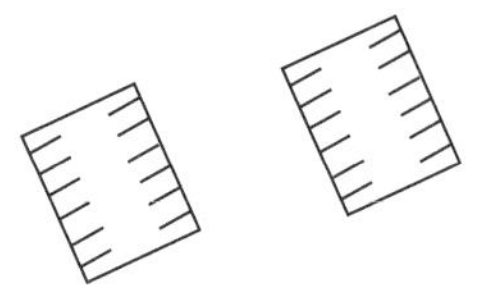

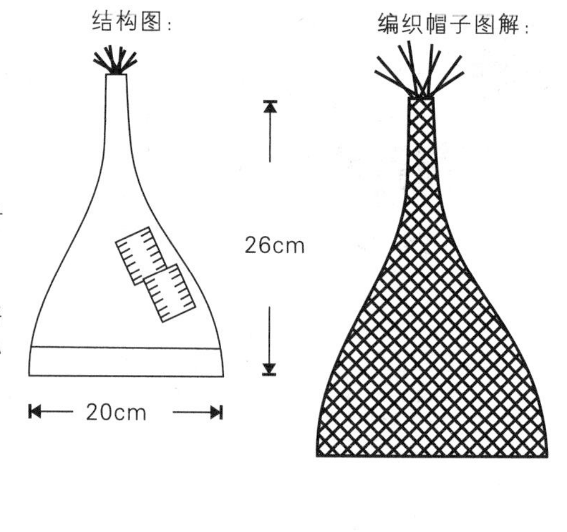

帽子起针图解：

1

作品19

【成品规格】帽子高15cm，头围40cm

【工　　具】3.0mm、4.5mm可乐钩针

【材　　料】褐色毛线100g，黄色、米色和橙色毛线各少许

【编织要点】

1.参照帽子图解，用褐色毛线采用4.5mm可乐钩针从帽顶起针，起8针长针，分8等份加针，每等份加1针，逐层加针到第8行，第9行到第12行不加减针。

2.参照帽子护耳图解，从帽子第12行对折，钩左右对称10针，逐层减针钩7行。延伸钩一条辫子为绑带。

3.参照帽子眼睛图解，钩眼睛2片，最外2行为米色，缝合。眼睛中间缝一纽扣。

4.参照帽子鼻子图解，钩鼻子一个，缝合。

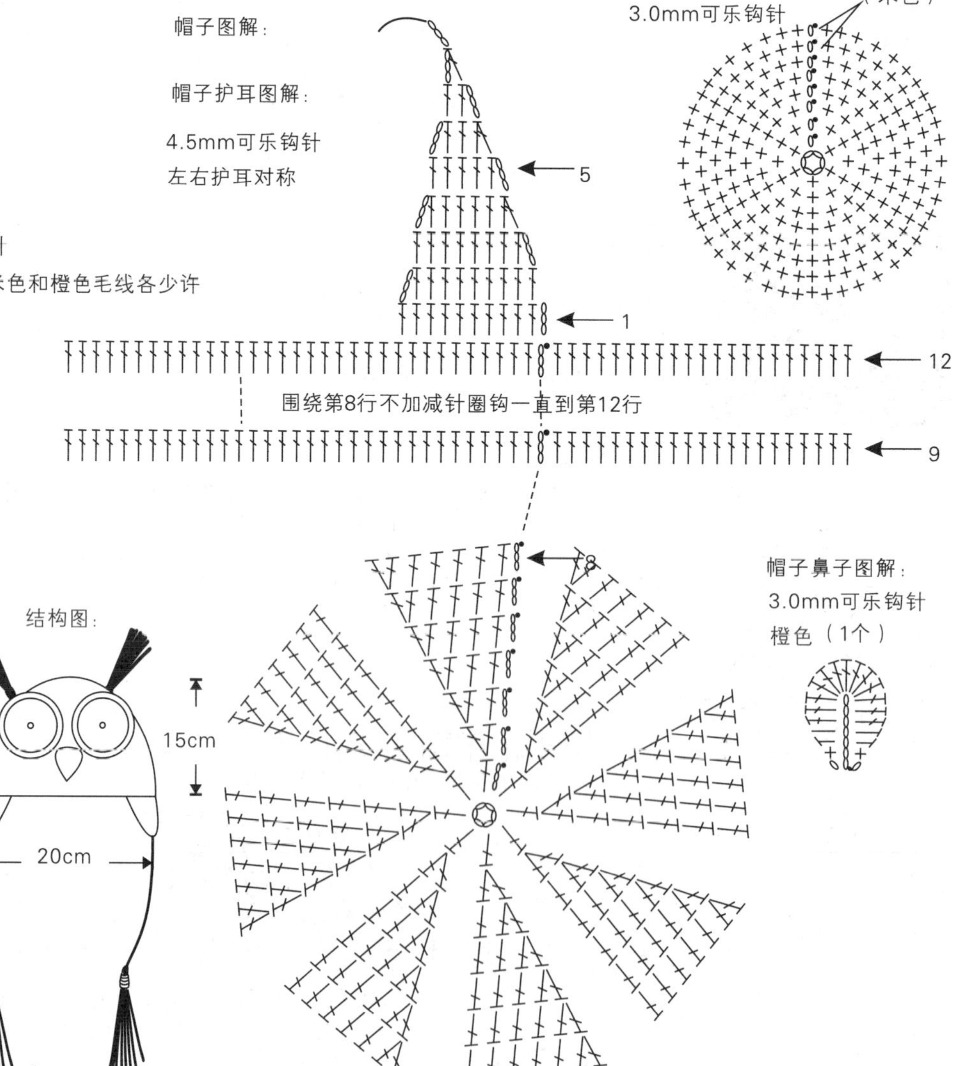

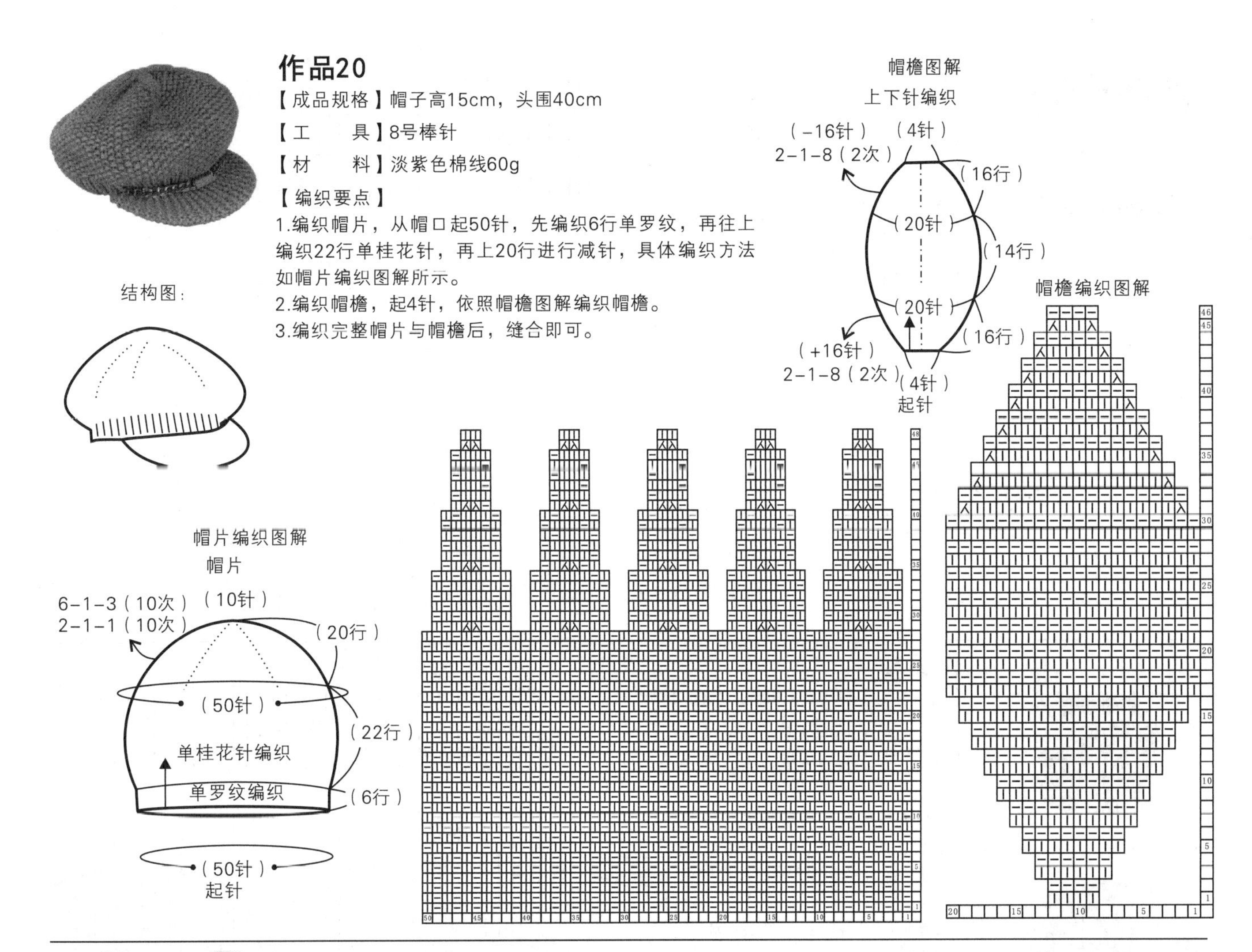

作品20

【成品规格】帽子高15cm，头围40cm

【工　　具】8号棒针

【材　　料】淡紫色棉线60g

【编织要点】

1.编织帽片，从帽口起50针，先编织6行单罗纹，再往上编织22行单桂花针，再上20行进行减针，具体编织方法如帽片编织图解所示。

2.编织帽檐，起4针，依照帽檐图解编织帽檐。

3.编织完整帽片与帽檐后，缝合即可。

【编织要点】

1.参照帽子图解，从帽顶起6针长针，分6等份加针，第2行钩12针长针，第3行2针长针和2针锁针轮流更换，第4行2针长针和4针锁针轮流更换，第5行起3针长针和2针锁针轮流更换，第6行起4针长针和2针锁针轮流更换，第7行起每等份加1针长针一直到第16行，第17行直到第24行不加减针。

2.参照帽子左右耳朵图解，第1行和第2行为粉红色，第3行和第4行为深粉色。共钩2片缝合在帽顶左右侧。

作品21

【成品规格】帽子高15cm，头围40cm

【工　　具】4.0mm可乐钩针

【材　　料】粉红色毛线120g，深粉色毛线少许

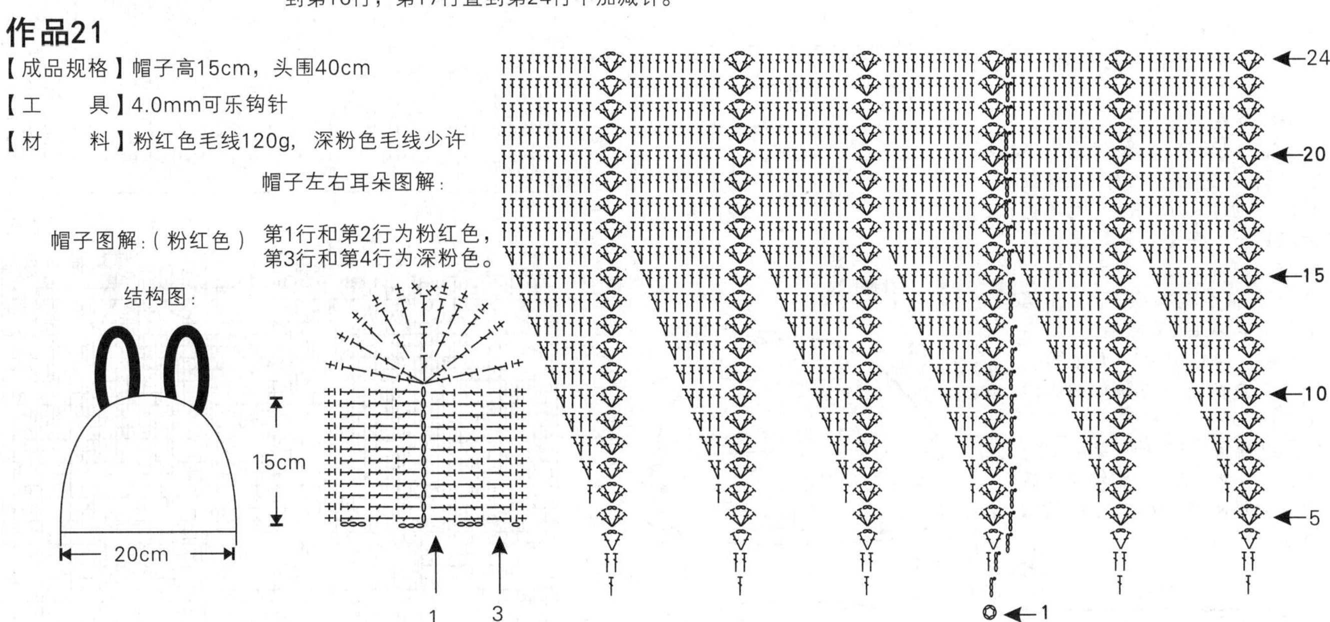

作品22

【成品规格】帽子高15cm，头围40cm

【工　　具】4.0mm可乐钩针

【材　　料】黄色毛线120g，褐色毛线少许

【编织要点】

1.参照帽子图解，用黄色毛线从帽顶起针，第1行起10针长针，逐层加针到第7行，第8行到第11行不加减针。第11行为褐色毛线。

2.参照帽子耳朵图解，钩耳朵2片，缝合在帽顶为装饰。用褐色毛线卷成蝴蝶结形状装饰在帽顶。

结构图：

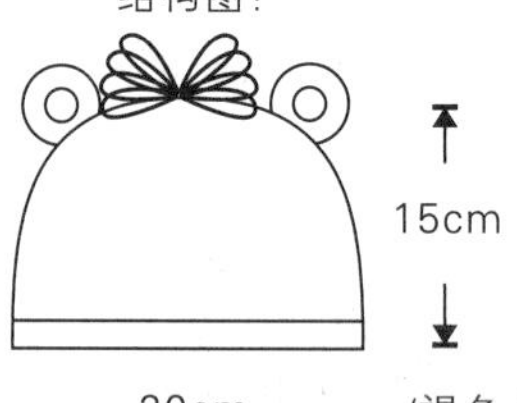

帽子图解：

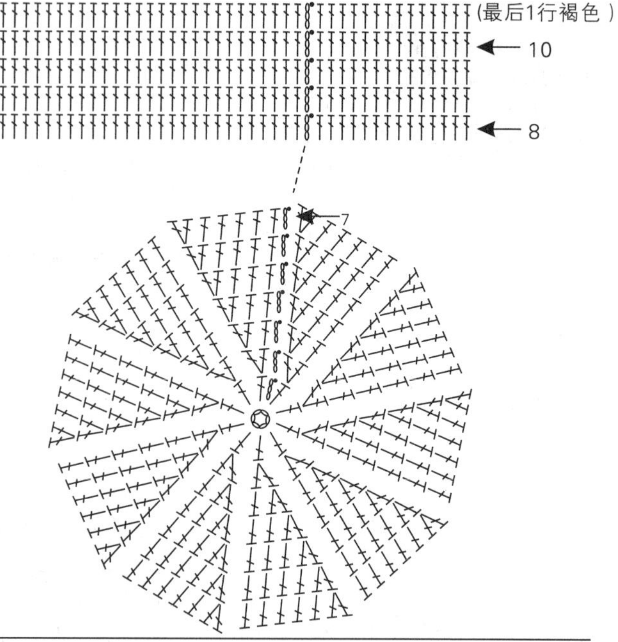

帽子耳朵图解：

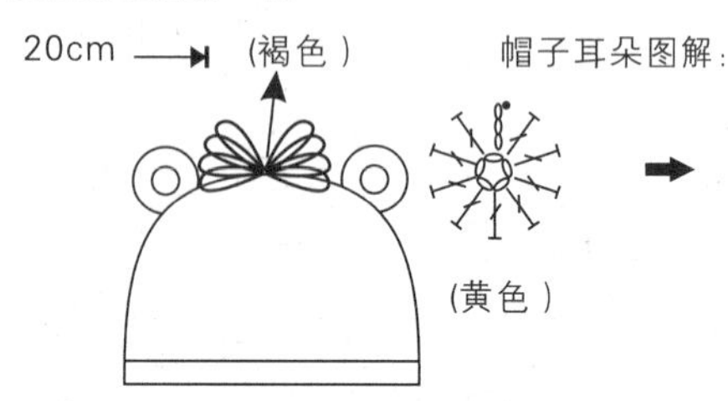

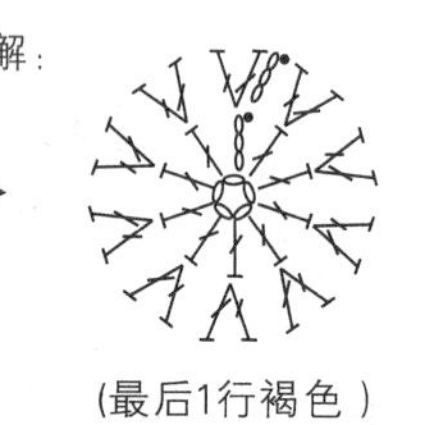

作品23

【成品规格】帽子高20cm，头围40cm

【工　　具】11号棒针

【材　　料】褐色毛线120g，黄色毛线少许

【编织要点】

1.参照帽子图解，用褐色毛线从帽檐起针，编织平针，每行36针，编织60行后，在第40行对折，将侧面钩合。

2.在帽顶两端各缝合一个小毛球。

结构图：

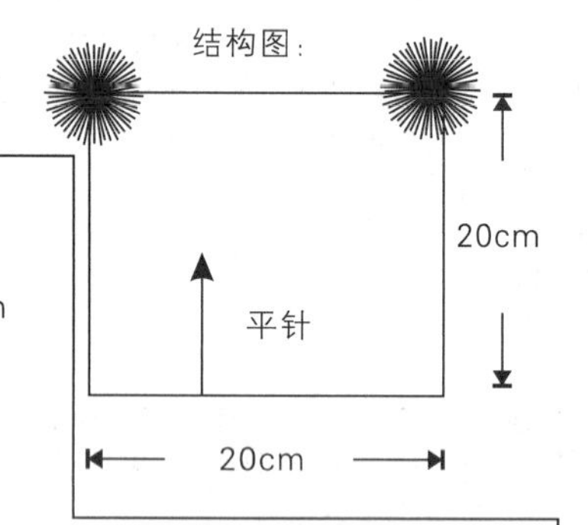

帽子图解：

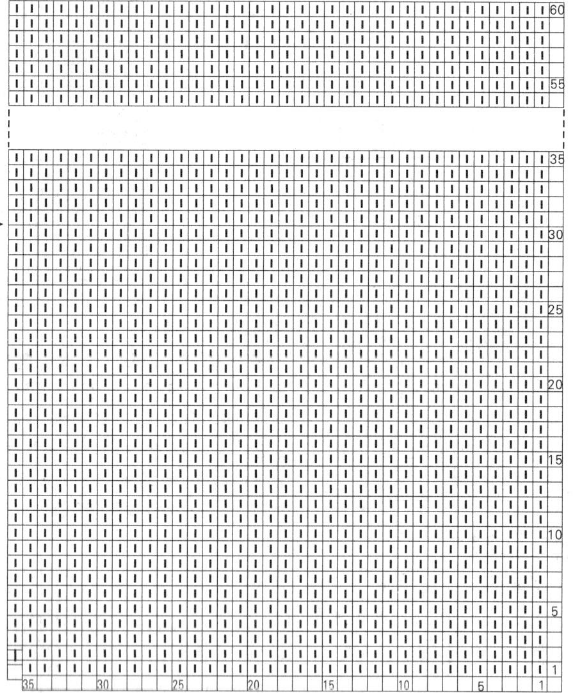

作品24

【成品规格】帽子高15cm，头围40cm

【工　　具】12号棒针

【材　　料】橙色粗奶棉60g

【编织要点】

1.从帽口起32针，圈状编织下针12行，在13行处每隔2针加1针，共加16针即48针，后平行编织17行，第31行进行减针，每2针减1针，减针后为24针，往上不加不减编织3行，在第35行时再次每2针减1针，减后为12针，平行编织1行后收拢，断线，具体编织方法如编织示意图所示。

2.编织帽檐，起6针，编织34行下针，共编织2片，编织完成后把两片帽檐分别缝合在前后帽口处。

帽檐

(6针)起针　下针编织

(34行)

结构图：

2-1-6
每2行减1针　帽子
共减6次

(12针)　(6行)

2-1-24
每2行减1针
共减24次

(24针)

(18行)

(48针)
下针编织

2-1-16
每隔2行加1针
共加16次

(12行)

(32针)起针

帽子编织示意图

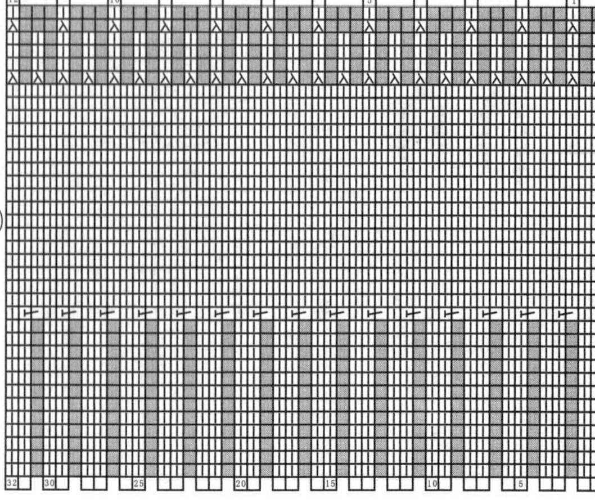

作品25

【成品规格】帽子高15cm，头围40cm

【工　　具】3.5mm可乐钩针

【材　　料】蓝色毛线220g，
红色毛线少许

【编织要点】

1.参照帽子图解，从帽顶起针，起10针长针，分10等份，每等份加1针，逐层加针到第9行，第10行直到第11行不加减针。第12行起每8针减1针，连续减2行。第14行起用蓝色毛线钩短针，每等份减1针。第15行不加减针。帽檐参照图解。

2.参照脖子蝴蝶结图解，钩红色蝴蝶结，钩一条锁针链套在脖子上。

3.参照裤子的图解，从中间起6针锁针，每行左右加1针长针，前片在第7行后不加针，左右各延伸5针。后片在第8片不加针，左右各延伸4针。前片第9行留扣眼，裤子外围钩1行蓝色短针。参照裤子吊带图解，按每条45针的长度，钩2条吊带。

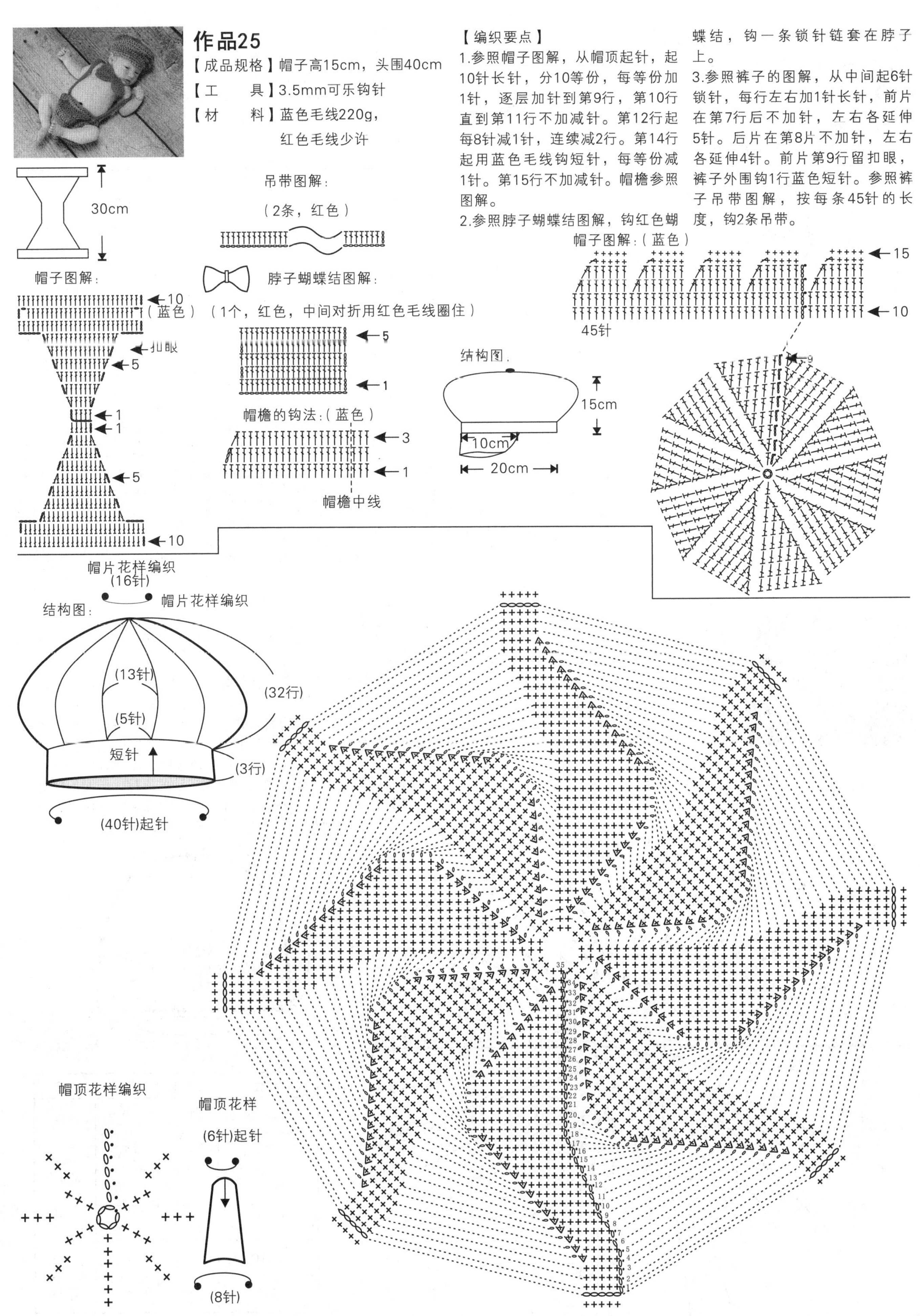

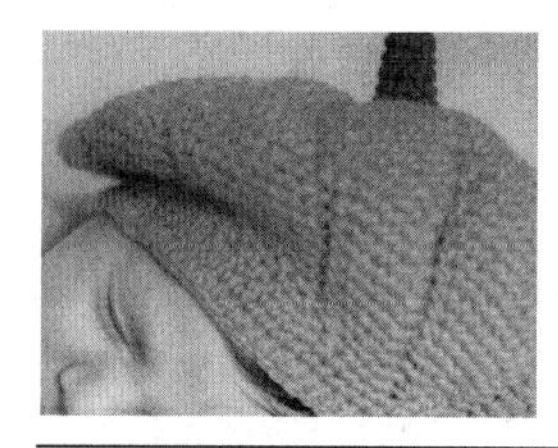

作品26

【成品规格】帽子高15cm，头围40cm

【工　　具】2.5mm可乐钩针

【材　　料】橙色棉线70g，绿色棉线少许

【编织要点】

1.首先编织帽片，从帽口起40个辫子针，圈状向上编织3行短针，再依照花样编织示意图所示进行编织。

2.编织帽顶花样，起6个辫子针，圈状编织。先编织6针短针3行，再往上加针共8针，编织3行后断线，缝合在帽顶处。

作品27

【成品规格】帽子高15cm，头围40cm

【工　　具】10号棒针

【材　　料】红色毛线120g，黑色蝴蝶结1个

【编织要点】

1.参照帽子图解，用10号棒针从帽檐起针，第1行起50针，编织单罗纹6行。第7行起编织花样，1行元宝针，1行单罗纹，不加不减针编织到第23行，从第24行起开始减针，每10针每3行减1针直到第41行结束，帽顶合成1针。

2.在帽侧缝合蝴蝶结1个。

结构图:

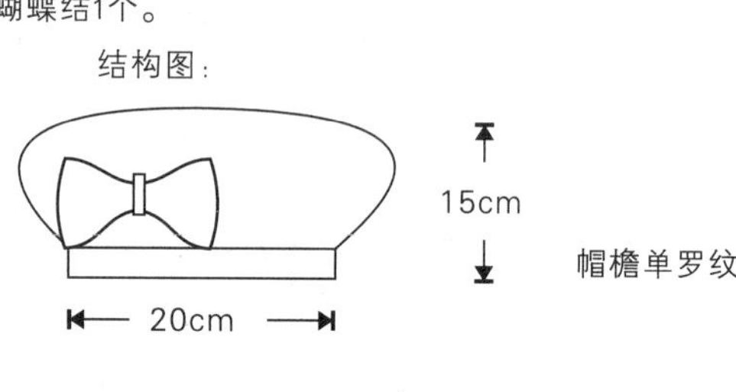

帽子图解:

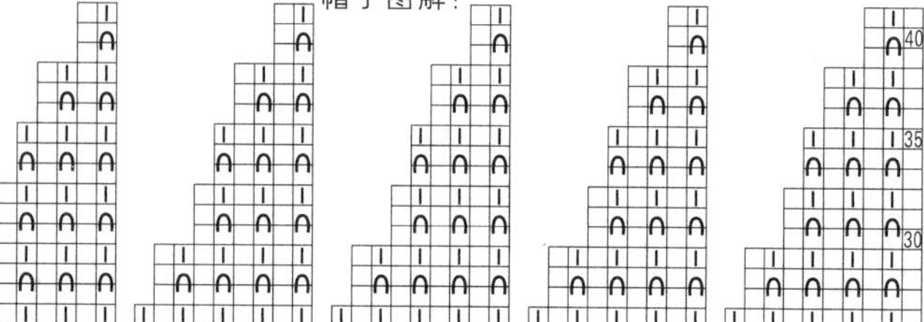

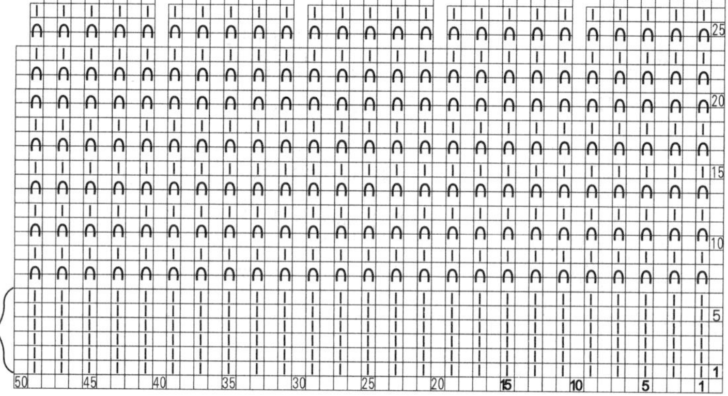

帽檐单罗纹

□=⊟

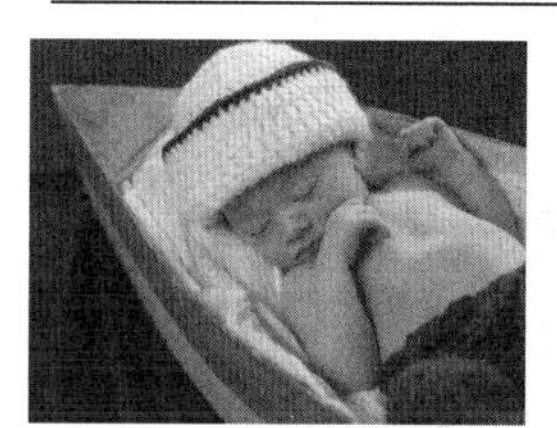

作品28

【成品规格】帽子高14cm，头围40cm

【工　　具】3.0mm钩针

【材　　料】白色羊毛线50g，蓝色羊毛线少许

【编织要点】

1.按照钩针编织法制作方法，使用3.0mm钩针，白色和蓝色毛线制作。

2.从帽顶起钩，将线绕左手食指一圈，插钩起钩1锁针，然后起3针立针，起钩长针圈，一圈钩织10针长针，开始引拔，然后起第2行的立针，3针锁针，再在1长针内加针钩织2长针，一圈后针数加倍，共20针，完成引拔，第3行起3立针，然后在第1针内加针，隔1长针再加针，一圈加针10针，总针数为30针，第4行同样在第1针位置加1针，然后隔2针再加针，一圈加10针，共40针，第5行开始不再加减针，将长针行钩织至14行，最后改用蓝色线，沿边钩织一圈短针，完成后收针。

帽子图解:

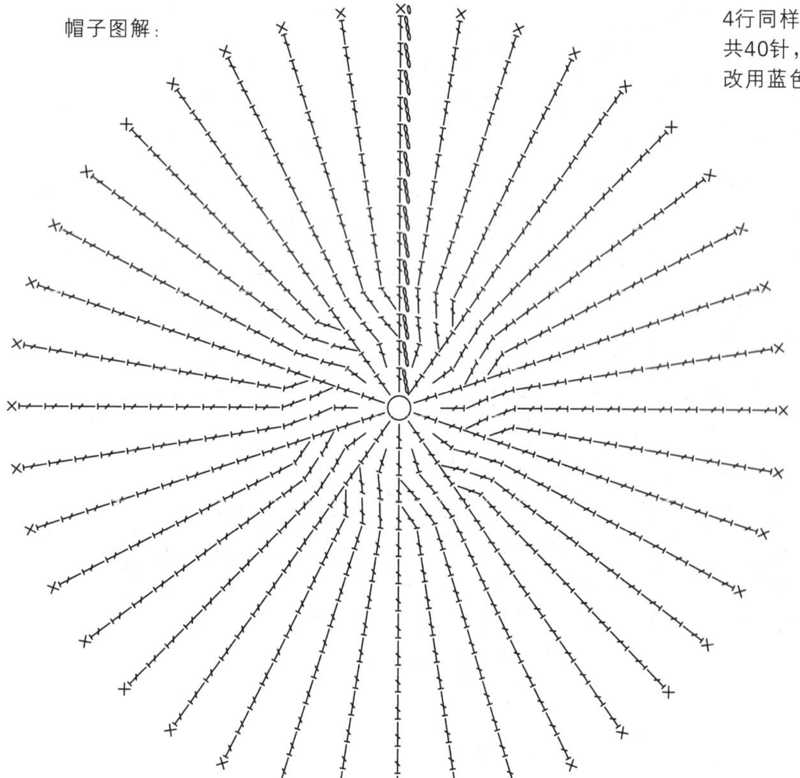

结构图:

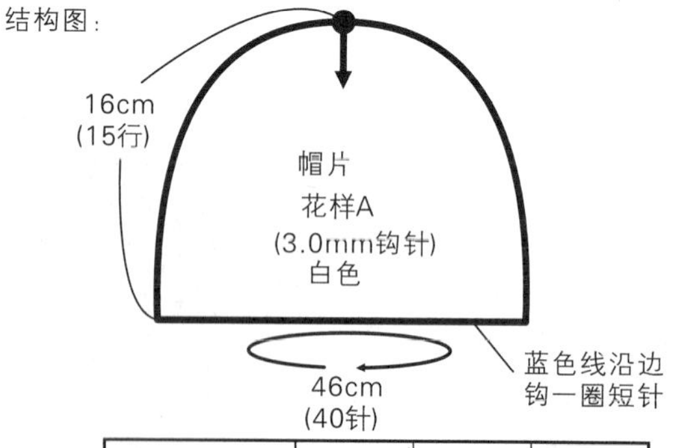

行数	总针数	加针数	颜色
1	10	0	白色
2	20	+10	
3	30	+10	
4	40	+10	
5~14(10行)	40	0	
15	40	0	蓝色

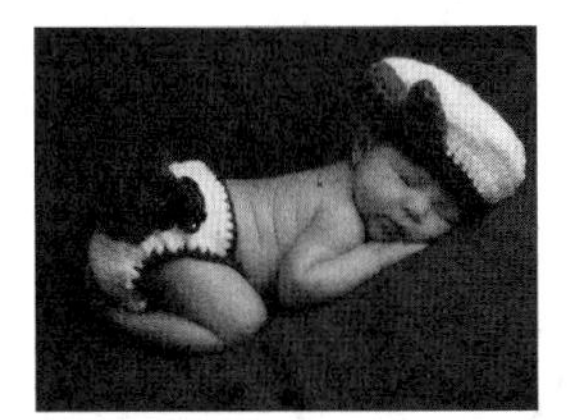

【编织要点】

1.参照帽子图解，从帽顶起针，起10针长针，分10等份，每等份加1针逐层加针到第9行，第10行直到第13行不加减针。第14行起每8针减1针，连续减2行。第15行起用蓝色毛线钩短针，每等份减1针。第16行和第17行不加减针。

2.参照帽子蝴蝶结图解，钩红色蝴蝶结一个缝合在帽侧。

3.参照裤子图解，从中间起6针锁针，每行左右加1针长针，前片在第7行后不加针，左右各延伸5针。后片在第8片不加针，左右各延伸4针。前片第9行留扣眼。在裤子外围钩1行蓝色短针。

4.用蓝色毛线在裤子后片围绕曲线钩长针，在1针上钩3针长针形成卷曲的效果。

作品29

【成品规格】帽子高15cm，头围40cm

【工　　具】2.5mm可乐钩针

【材　　料】白色毛线220g，蓝色和红色毛线少许

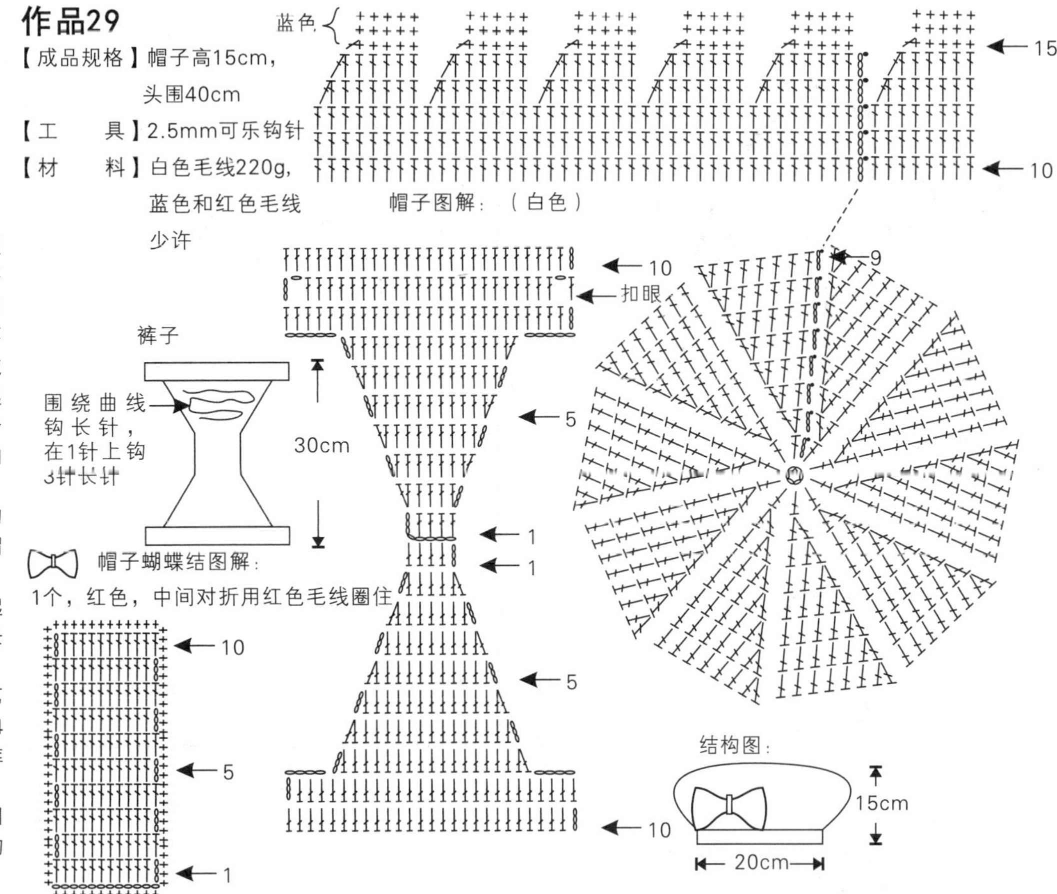

作品30

【成品规格】帽子高38cm，头围23cm

【工　　具】5.0mm棒针

【材　　料】灰色羊毛线50g，藏蓝色羊毛线40g

【编织要点】

1.按棒针编织法制作。使用5mm棒针，灰色和藏蓝色毛线。

2.从帽檐起织。单罗纹起针法，用灰色线，起64针，闭合成圈，不加减针，织20行高度，首尾两行对折缝合，在前沿部分，留空插入一块弧形帽前檐内衬，再将边缘缝紧，然后再将织片拼接完成，改用藏蓝色线，起织下针，不加减针，织6行后再改用灰色线织6行下针，在下一行开始分成6等份各自进行减针，每一等份在边上1针减针，每织6行每个颜色减1针，减完4行后，在最后一层灰色线部分，每织2行减1针，减2针，然后再织2行，将余下的8针收紧成圈。

3.护耳用细一点的毛线单独编织，再缝入帽内。使用下针起针法，用灰色线，起30针，不加减针，织20行后，将织片翻过来，依照结构图虚线所示，将一端缝合成弧形边，然后再将织片翻回正面，收针，将护耳与帽子内双罗纹花样的拼接边缝合。编织护耳系带时，先织6针下针，圈织，织20cm的长度后收针，将其缝合于护耳下端。用相同的方法制作另一边护耳。

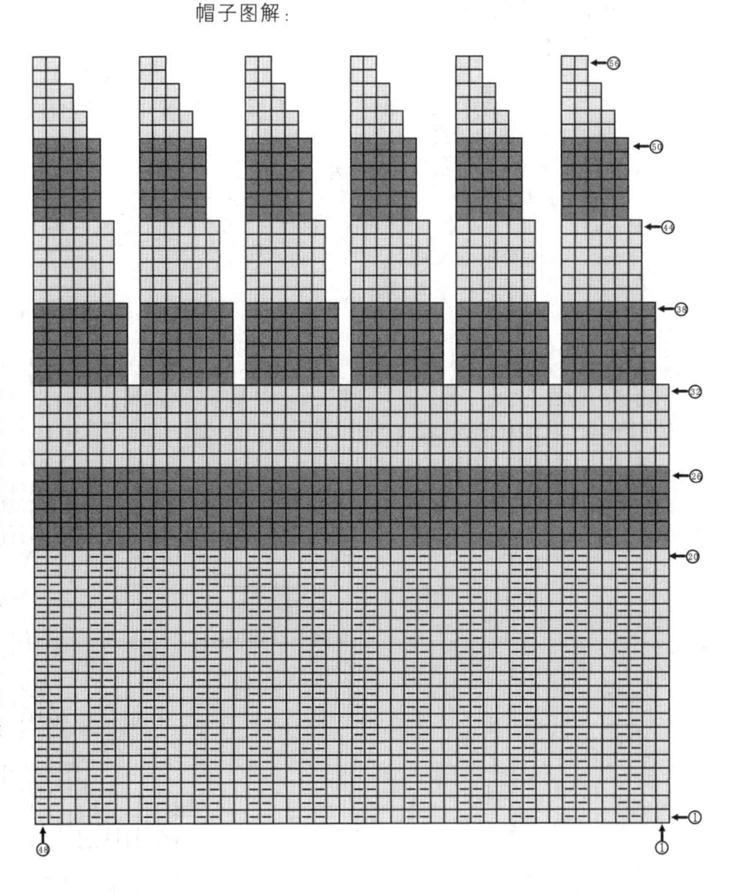

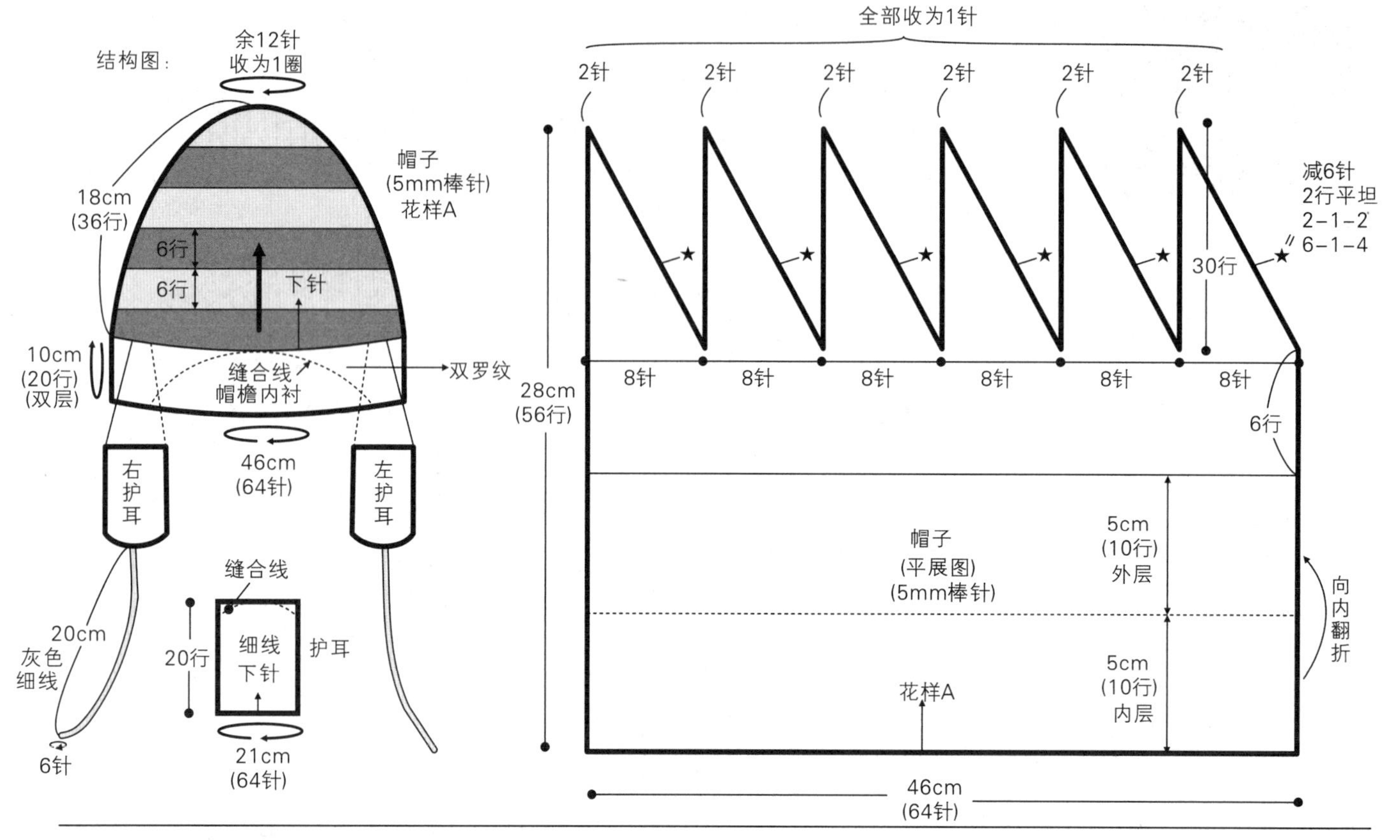

作品31

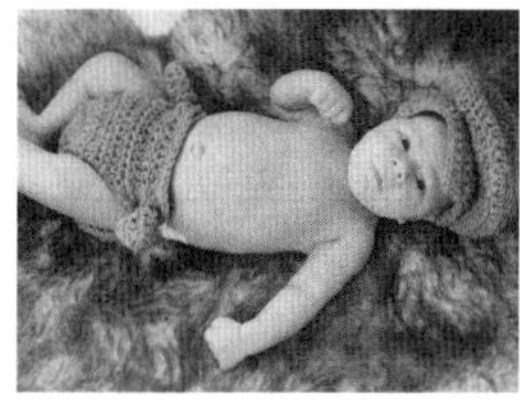

【成品规格】帽子高15cm，头围40cm，裤长15cm

【工　　具】3.5mm棒针

【材　　料】杏色毛线350g，纽扣2颗

【编织要点】

1.参照帽子图解，从帽顶起针，起10针长针，分10等份，每等份加1针，逐层加针到第9行，第10行直到第12行不加减针。第13行起每8针减1针，连续减2行。

2.参照帽檐图解，用杏色毛线钩帽檐4行。

3.参照裤子图解，从中间起6针锁针，每行左右加1针长针，前片在第7行后不加针，左右各延伸5针。后片在第8片不加针，左右各延伸8针。前片第9行留扣眼。

4.在裤子前片钉纽扣左右各1颗。

帽子图解:（杏色）

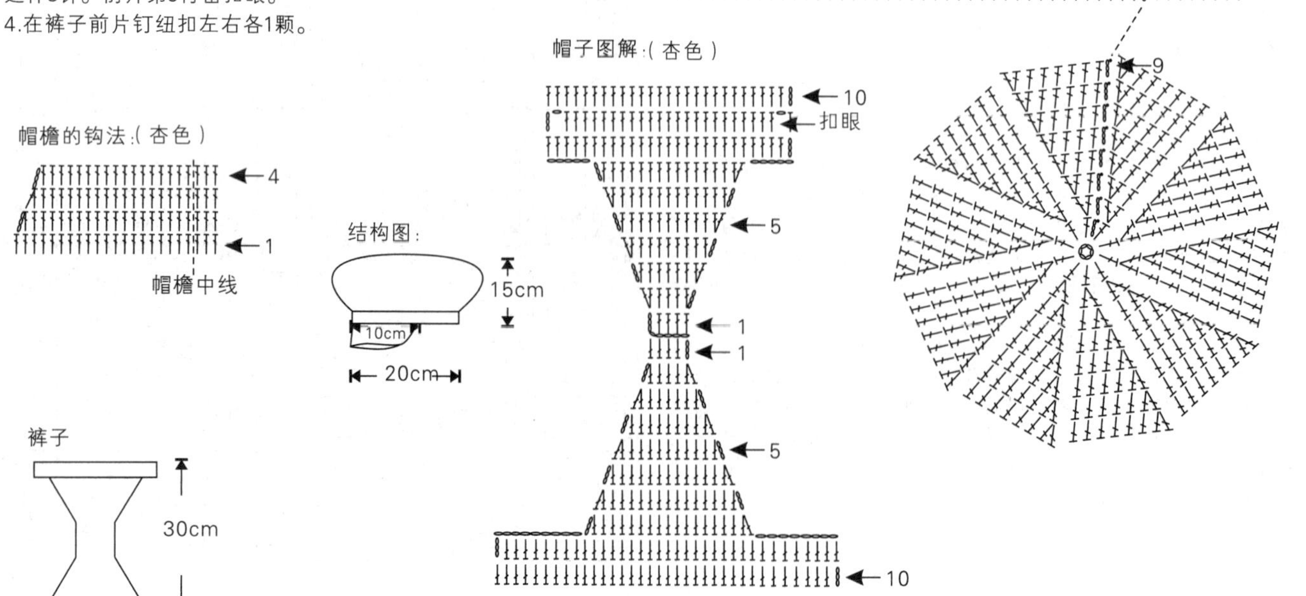

作品32

【成品规格】帽子高15cm，头围40cm

【工　　具】3.0mm可乐钩针

【材　　料】白色毛线100g，黑色、红色、绿色和黄色毛线各少许

【编织要点】

1.参照帽子图解，用白色毛线从帽顶起13针长针，分13等份加针，每等份加1针，逐层加针到第4行，第5行开始钩花样，不加减针直到第15行。第14行换绿色毛线。

2.参照瓢虫图解，钩一只瓢虫与帽侧缝合。

3.参照花朵图解，钩一朵花与帽侧缝合。

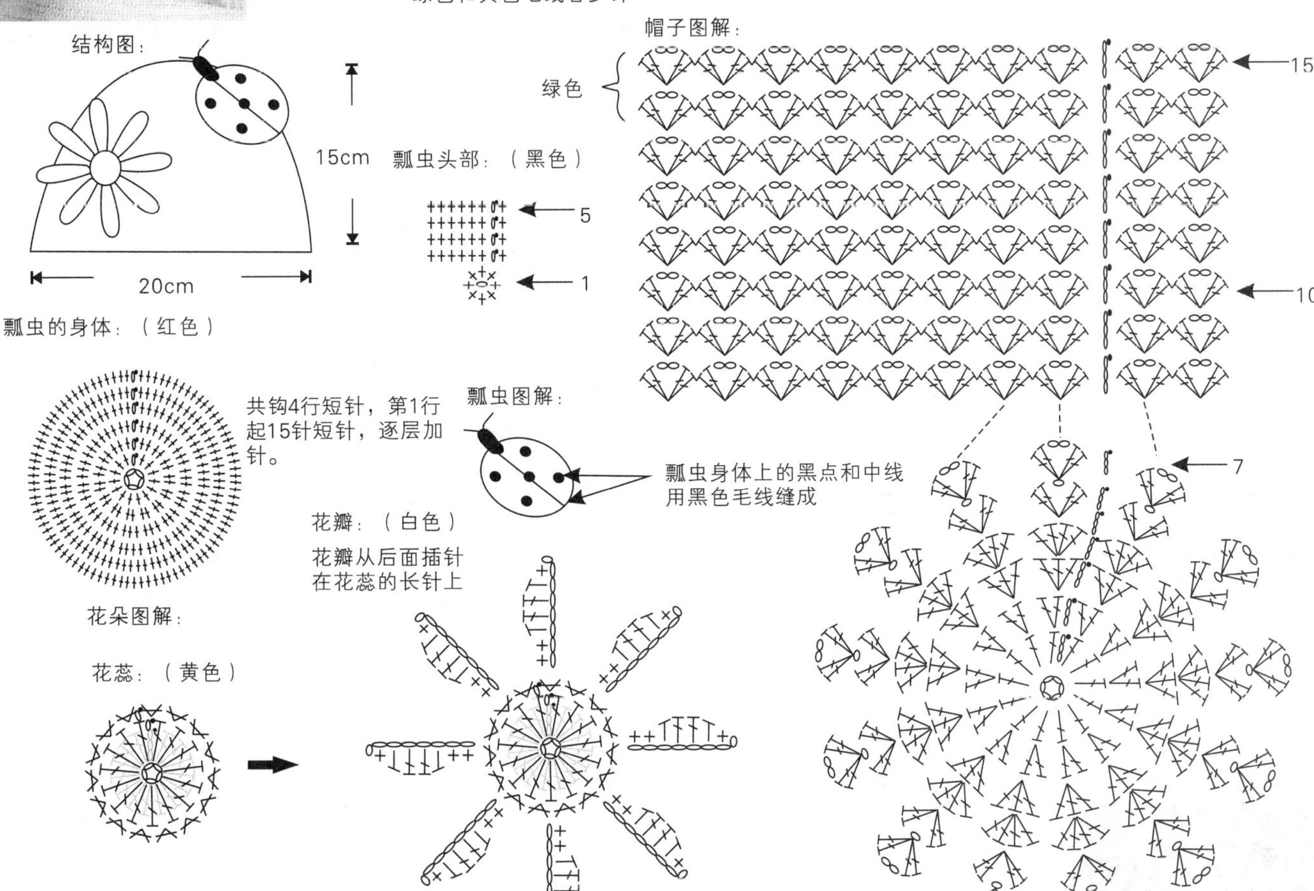

作品33

【成品规格】帽子高16cm，头围40cm

【工　　具】3.0mm可乐钩针

【材　　料】白色毛线100g，红色毛线少许，1枚粉色纽扣

【编织要点】

1.参照帽子图解，用白色毛线从帽顶起针，逐层加针到第10行，第11行到第17行不加减针。第12行换红色毛线钩浮针，直到第16行。第17行换白色毛线钩1行短针。

2.参照帽子装饰花朵图解，花朵分3层钩织，共钩3朵，钩完后从小到大重叠并用毛线缝合，最上面缝合1枚粉红色纽扣。

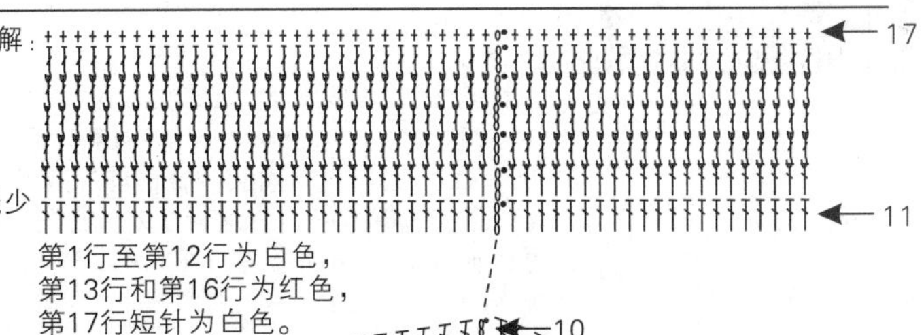

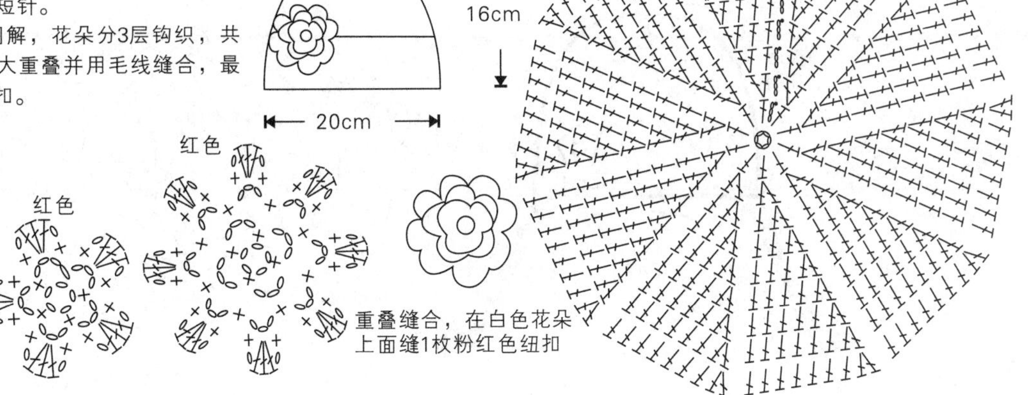

作品34

【成品规格】帽子高15cm，
头围40cm

【工　　具】3.0mm可乐钩针

【材　　料】褐色毛线120g，
红色和绿色毛线少许

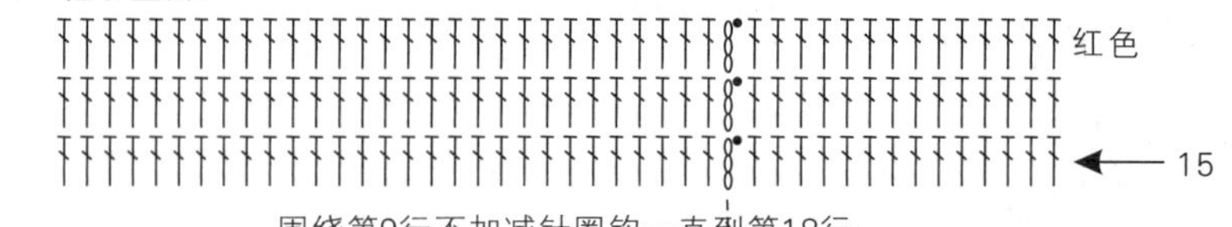

【编织要点】

1.参照帽子图解，用褐色毛线从帽顶起针，第1行起10针长针，逐层加针到第9行，第10行到第18行不加减针。第18行换红色毛线钩织。

2.参照帽子装饰花朵图解，钩立体花1个，缝合在帽侧为装饰。

3.参照帽子耳朵图解，钩耳朵2片，缝合在帽顶为装饰。

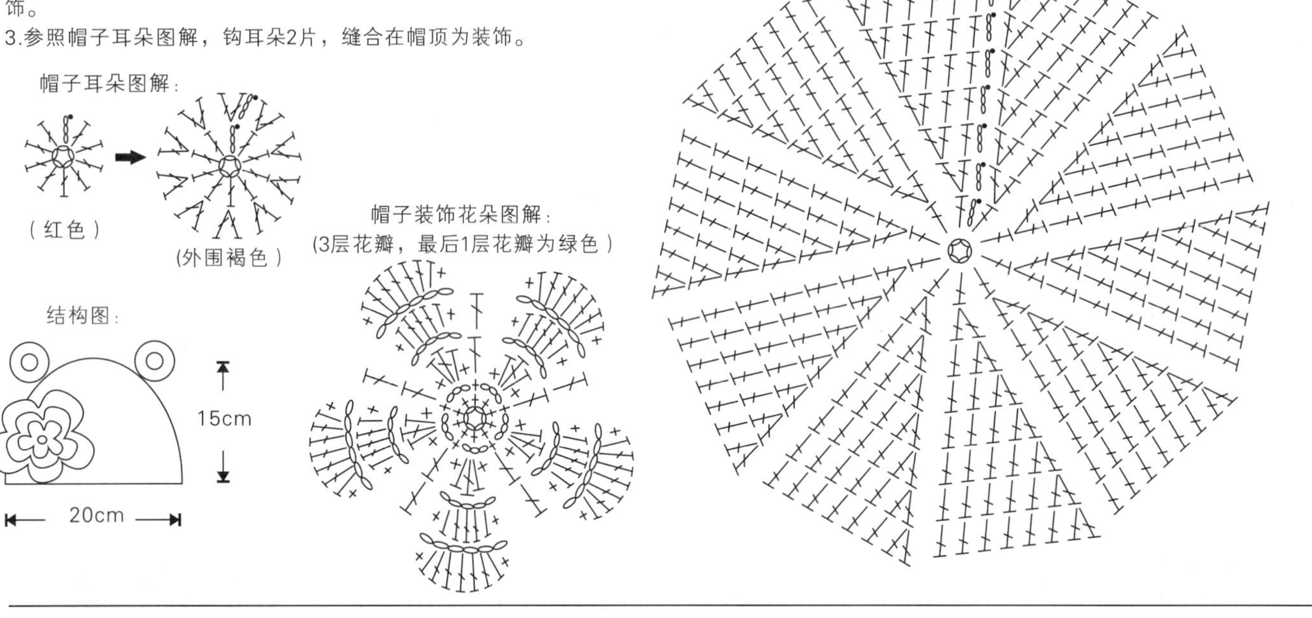

作品35

【成品规格】帽子高15cm，头围40cm

【工　　具】5.5mm可乐钩针

【材　　料】灰色粗毛线100g，玫红色毛线少许

【编织要点】

1.按照钩针编织法制作。使用5.5mm钩针，灰色双股粗毛线。

2.从帽顶起钩，将线绕左手食指1圈，起钩短针，圈钩6针短针，螺旋钩织，用记号针标记第1针。第2行起加针，每1针加2针，1圈共12针，第3行两针短针之间钩一针锁针相隔，作为加针，1圈共18针，往后不再加减针，钩织至第10行的高度，结束，收针断线，藏好线尾。图解见花样A。

3.参照花样B和小花图解，钩织1朵小花，使用玫红色线，完成后，将小花缝于接近帽子边沿的位置。制作两段辫子，各约20cm长，并在辫子上缠绕结子线装饰。

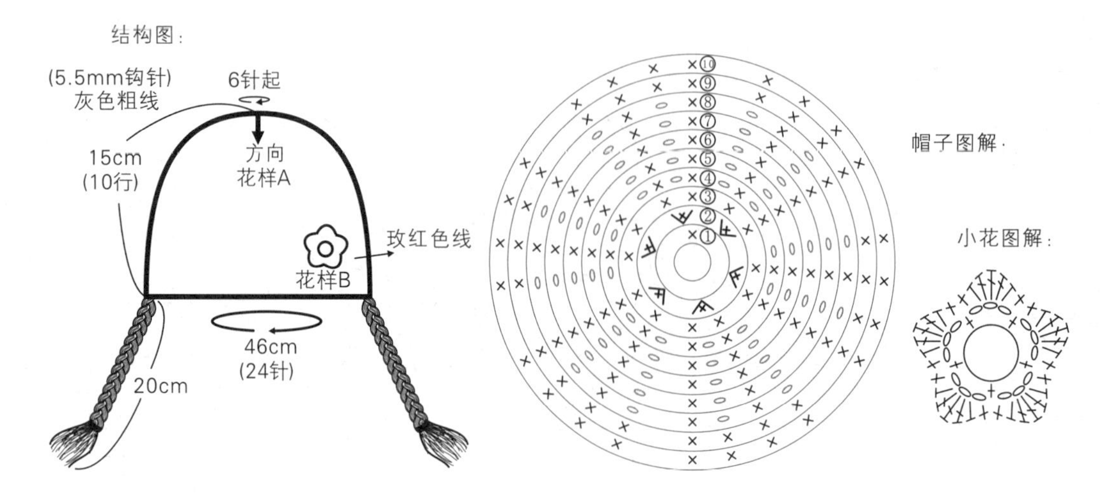

作品36

【成品规格】帽子高15cm，头围40cm

【工　　具】8号棒针

【材　　料】红色棉线50g，绿色、棕色棉线各少许

【编织要点】

1.编织帽片主体，从帽口起40针，圈状编织6行单罗纹，然后往上编织28行下针，最后14行进行减针，减针方法如帽片主体编织所示。

2.编织帽顶花样，用棕色棉线起6针，圈状编织7行，最后1行减成1针。

3.编织叶子，依照叶子编织图解所示进行编织。

4.缝合帽顶花样及叶片。

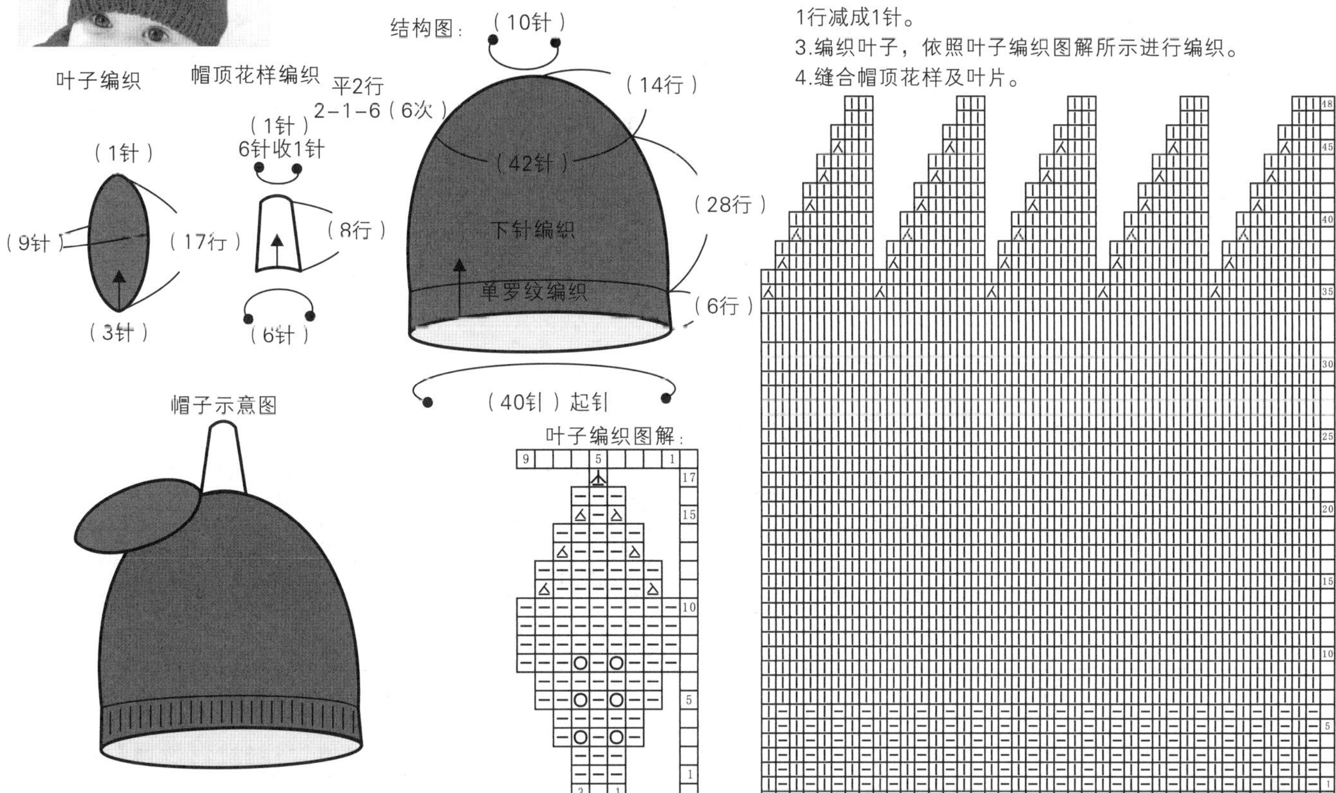

作品37

【成品规格】帽子高16cm，头围40cm

【工　　具】4.0mm可乐钩针

【材　　料】杏色和褐色毛线各100g，绿色毛线少许

【编织要点】

1.参照帽子图解，用褐色毛线从帽顶起针，第1行钩10针长针，逐层加针到第7行，第8行到第16行不加减针。其中第11行起用杏色毛线钩编直到第16行结束。

2.参照叶子图解，用绿色毛线钩叶子1片装饰在帽顶，参照草莓图解，用褐色毛线钩草莓2颗，参照带子图解，钩1条绳子将2颗草莓连接起来。将其中1颗草莓缝合在帽子顶端。

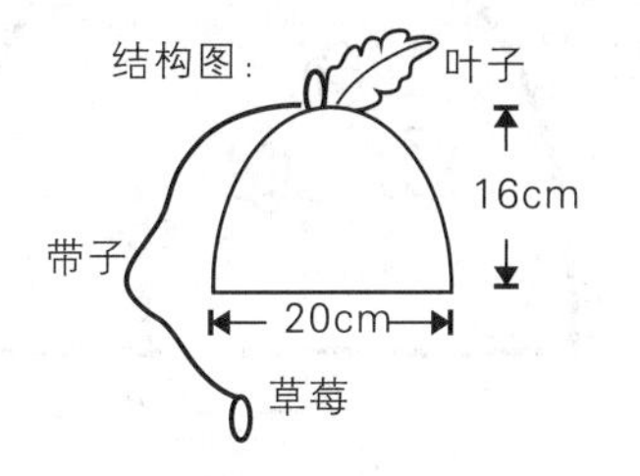

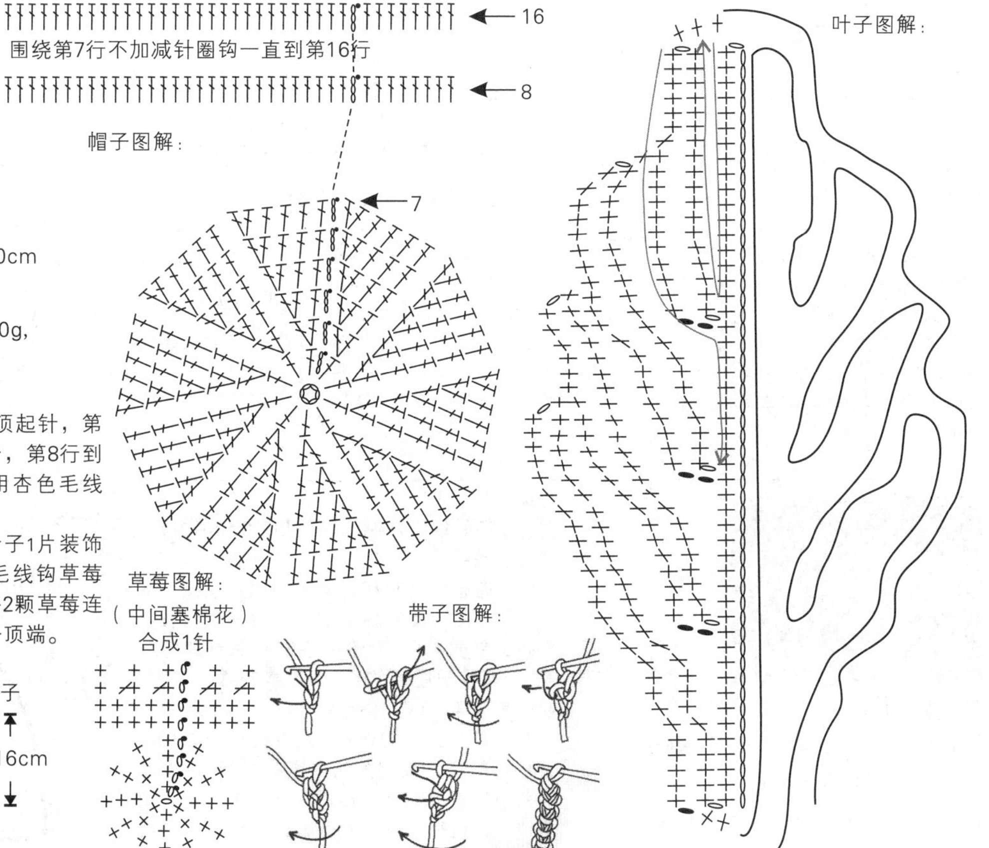

作品38

【成品规格】帽子高10cm，头围40cm

【工　　具】3.0mm可乐钩针

【材　　料】橙色毛线120g，蓝色毛线少许，纽扣6颗

【编织要点】

1.参照图解，用橙色毛线起12针锁针，第2行钩12针长针，一直钩到第25行，第26行、第28行和第30行留扣眼。方便加紧或松开。

2.参照装饰小花图解，分6个步骤钩织小花。钩完后，将小花缝合在发带的侧面。

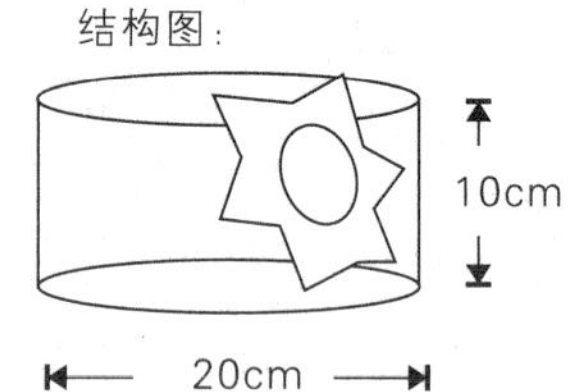

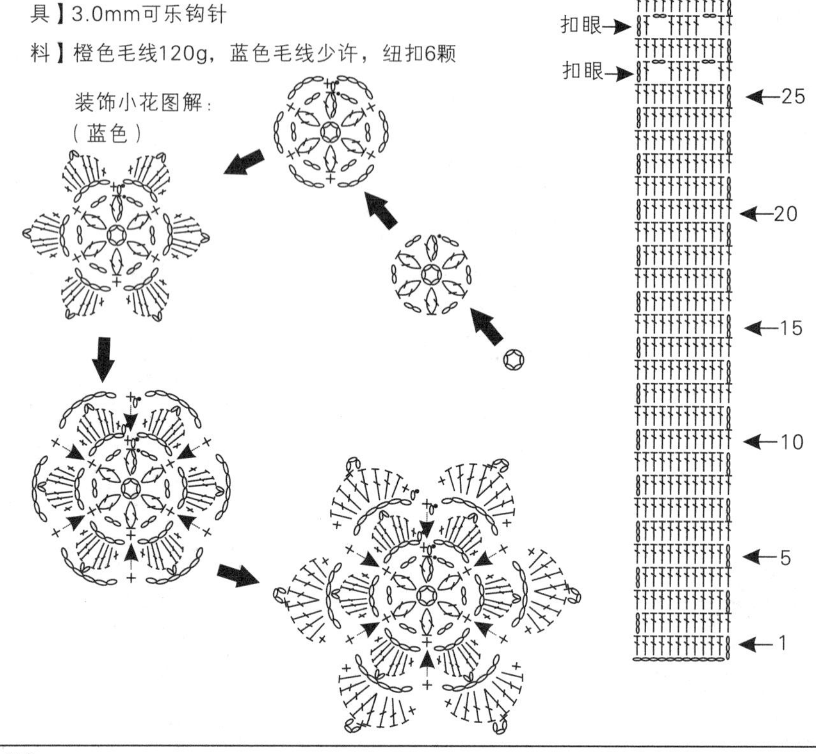

作品39

【成品规格】帽子高15cm，头围40cm

【工　　具】3.0mm可乐钩针

【材　　料】白色棉线100g，黄色毛线少许

【编织要点】

1.参照帽子图解，用白色毛线从帽顶起针，分7等份加针，逐层加针到第14行，每行加7针短针。第15行到第25行不加减针。第25行用黄色毛线钩编。

2.参照帽子装饰花朵图解，钩1朵立体花装饰在帽侧，第1层花瓣为黄色，第2层花瓣为白色，第3层花瓣为黄色。钩完后缝合在帽侧。

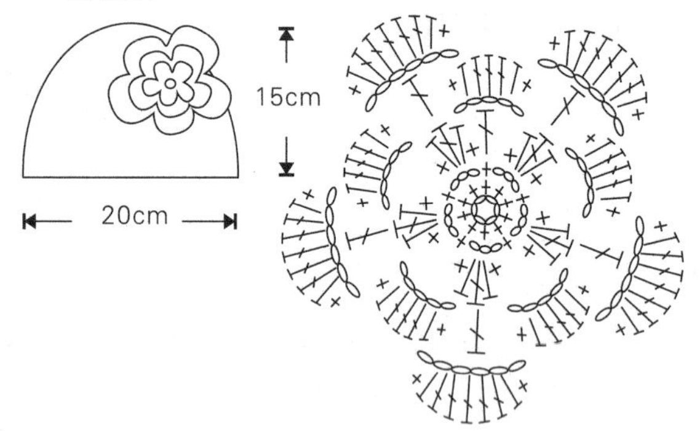

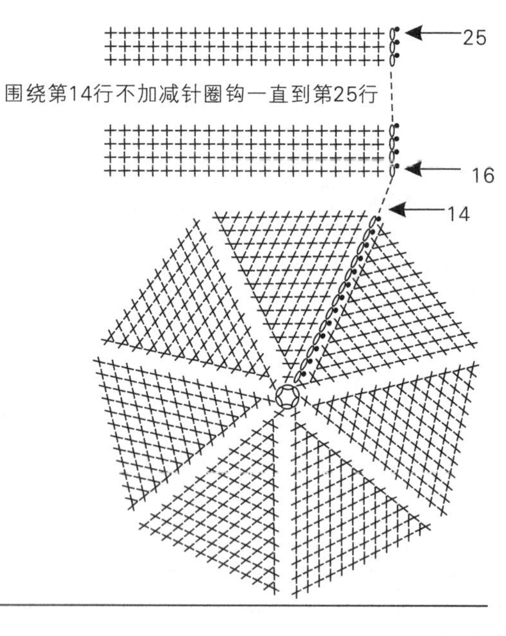

作品40

【成品规格】帽子高16cm，头围48cm

【工　　具】3.5mm钩针

【材　　料】粉红色、红色 粗毛线各100g

【编织要点】

1.按照钩针编织法制作。使用2.5mm钩针，粉红色毛线。

2.从帽檐起钩，起70针锁针，闭合线圈，圈钩，再钩3针锁针为立针，起钩第1行长针行，立针算1针，余下钩织69针长针即可。第2行起依照图解钩织2行方格花样，第3行起，重复第1行至第3行的花样，不加减针，钩织9行高度，第10行起，将织片分成10等份各自减针，减针方法依照花样A图解，减针钩织10行的高度，最后余下10个针眼，留长线，穿过每一针的针眼，外半针，拉紧线圈，藏线尾于帽内。再钩织3朵小花，图解见花样B，随意缝合于帽子侧面，每朵花心缝上3粒珠粒作装饰。

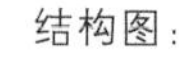

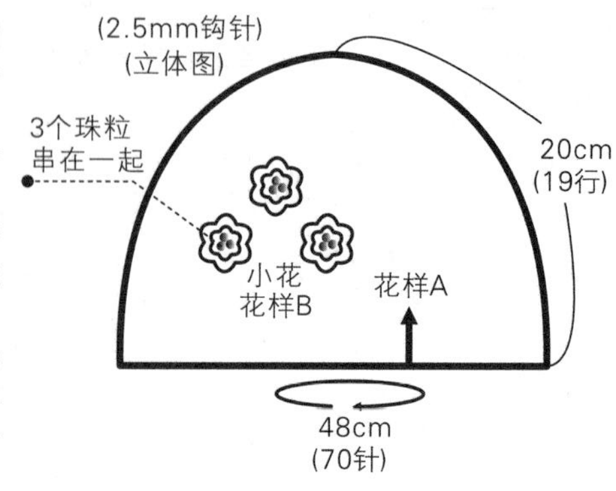

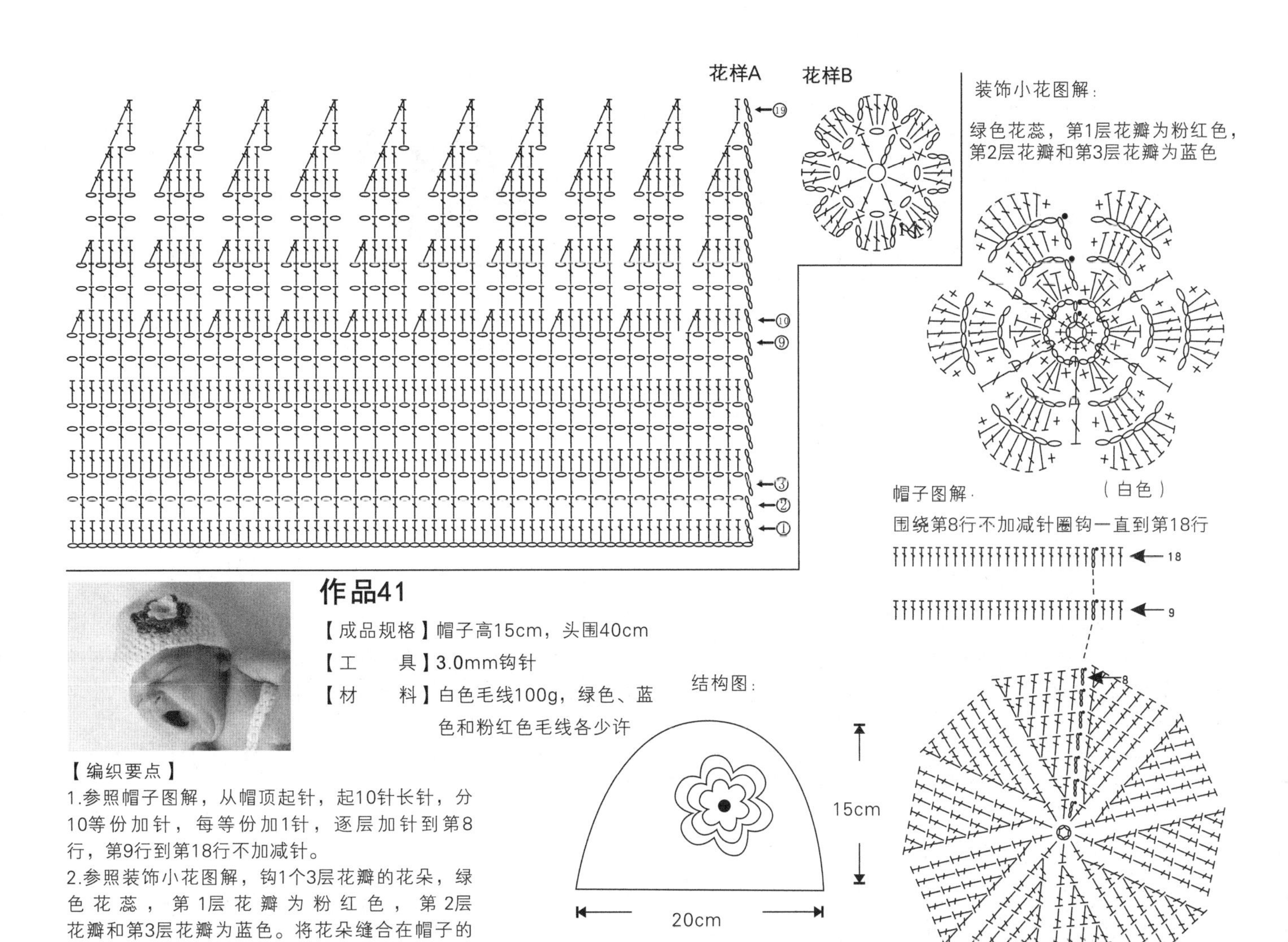

作品41

【成品规格】帽子高15cm，头围40cm

【工　　具】3.0mm钩针

【材　　料】白色毛线100g，绿色、蓝色和粉红色毛线各少许

【编织要点】

1.参照帽子图解，从帽顶起针，起10针长针，分10等份加针，每等份加1针，逐层加针到第8行，第9行到第18行不加减针。

2.参照装饰小花图解，钩1个3层花瓣的花朵，绿色花蕊，第1层花瓣为粉红色，第2层花瓣和第3层花瓣为蓝色。将花朵缝合在帽子的侧面。

作品42

【成品规格】帽子高15cm，头围40cm

【工　　具】3.0mm钩针

【材　　料】米色毛线100g，段染毛线少许

【编织要点】

1.参照帽子图解，用米色毛线从帽顶起针，圈起7针锁针，起14针长针，第2行钩28针长针，第3行和第4行钩1针长针1针锁针，重复28次，第5行钩2针长针1针锁针，重复28次，第6行和第7行钩3针长针1针锁针，重复28次，第8行钩3针长针2针锁针，重复28次，参照图解一直钩到第28行结束。注意从第25行开始加针。

2.参照叶子图解，钩叶子2片，参照立体花图解钩花1朵均缝合在帽子的侧面。

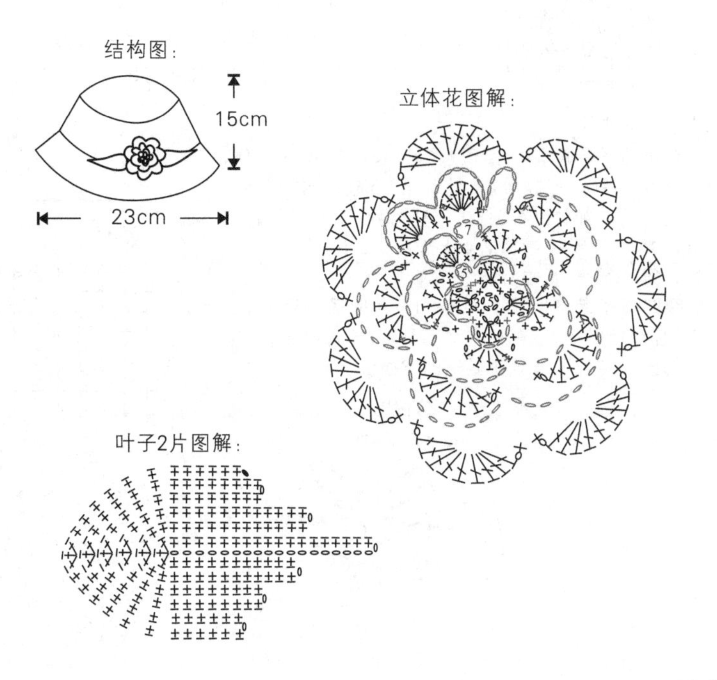

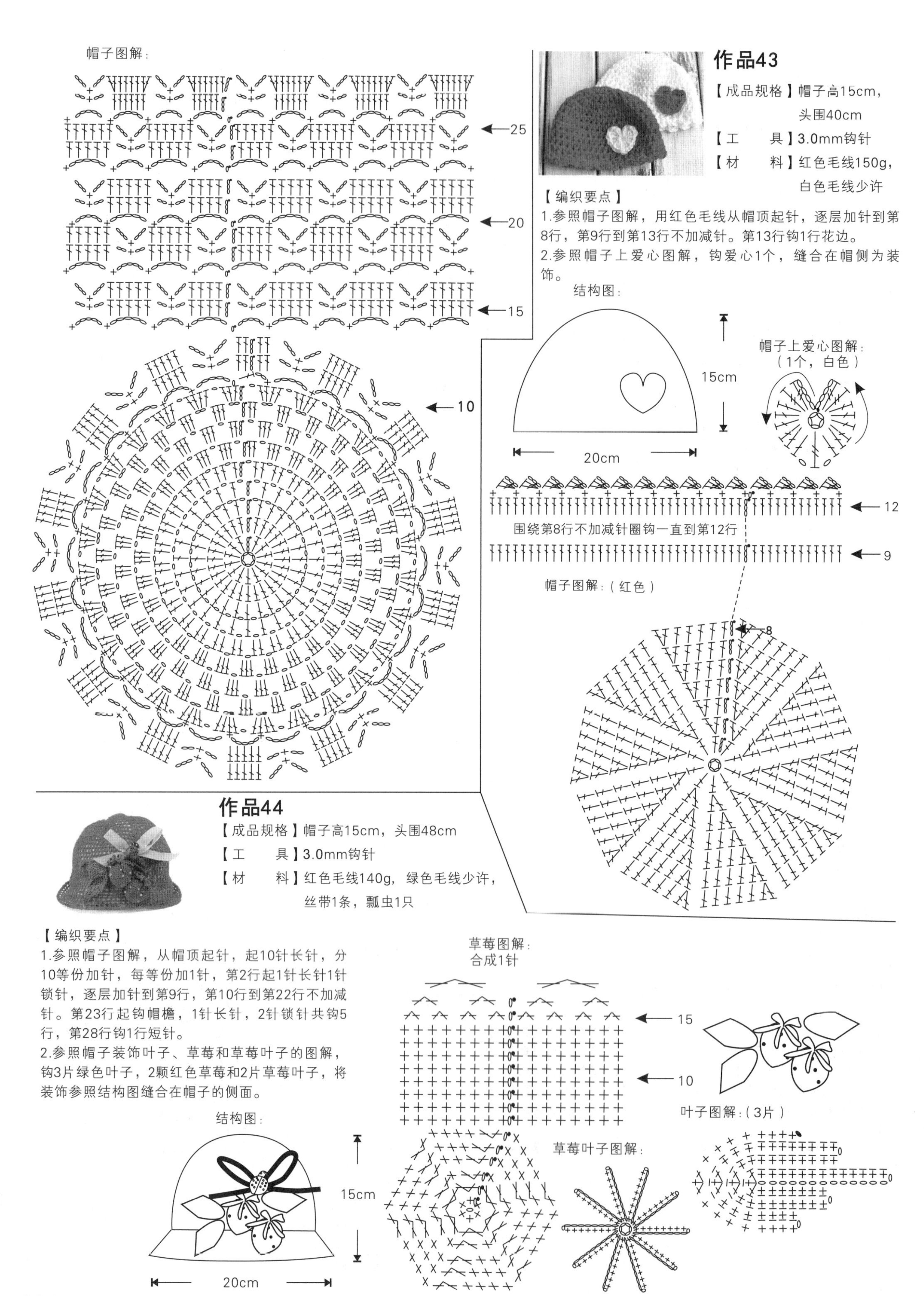

作品43

【成品规格】帽子高15cm，头围40cm

【工　　具】3.0mm钩针

【材　　料】红色毛线150g，白色毛线少许

【编织要点】

1.参照帽子图解，用红色毛线从帽顶起针，逐层加针到第8行，第9行到第13行不加减针。第13行钩1行花边。

2.参照帽子上爱心图解，钩爱心1个，缝合在帽侧为装饰。

作品44

【成品规格】帽子高15cm，头围48cm

【工　　具】3.0mm钩针

【材　　料】红色毛线140g，绿色毛线少许，丝带1条，瓢虫1只

【编织要点】

1.参照帽子图解，从帽顶起针，起10针长针，分10等份加针，每等份加1针，第2行起1针长针1针锁针，逐层加针到第9行，第10行到第22行不加减针。第23行起钩帽檐，1针长针，2针锁针共钩5行，第28行钩1行短针。

2.参照帽子装饰叶子、草莓和草莓叶子的图解，钩3片绿色叶子，2颗红色草莓和2片草莓叶子，将装饰参照结构图缝合在帽子的侧面。

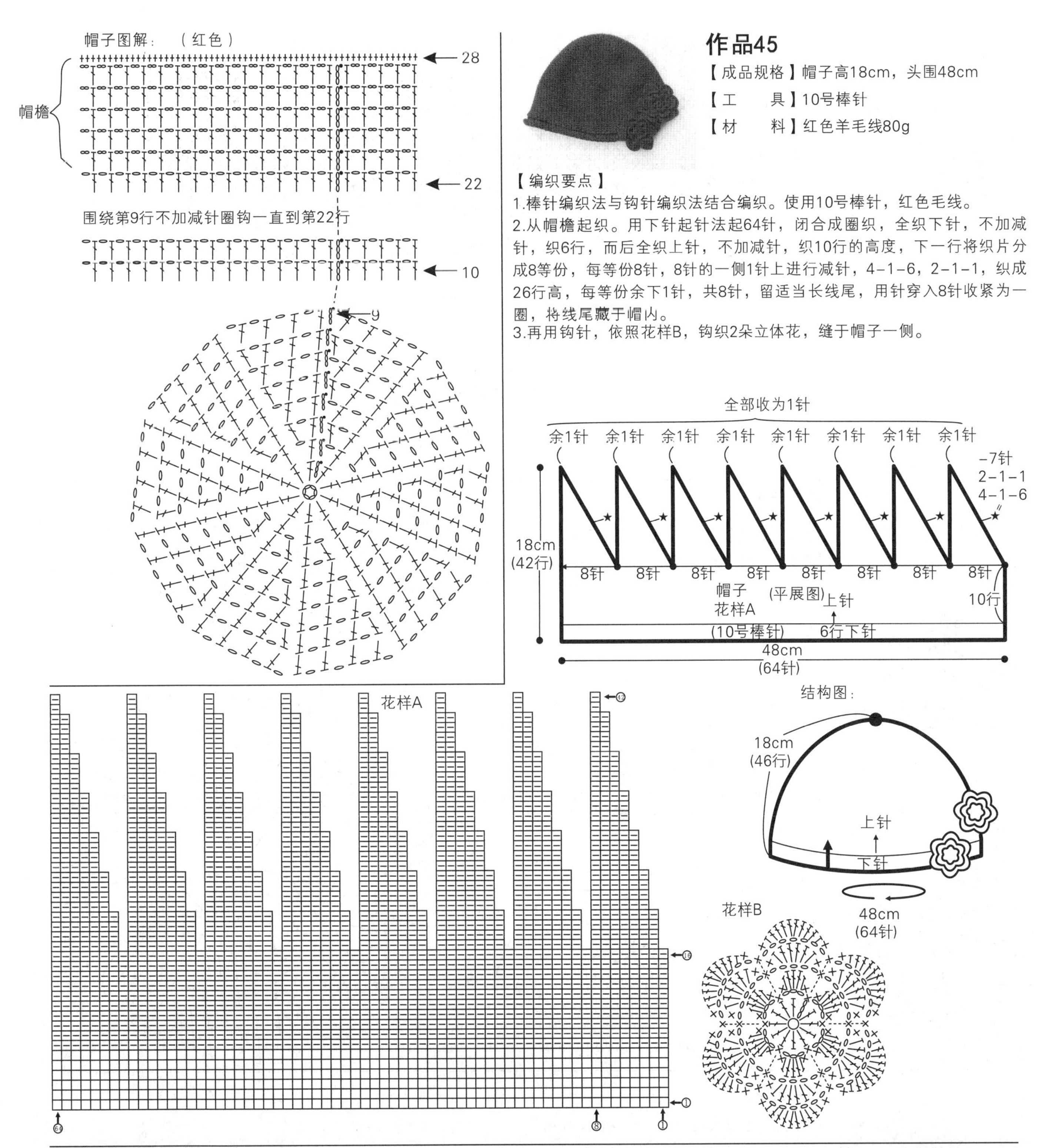

作品45

【成品规格】帽子高18cm，头围48cm

【工　　具】10号棒针

【材　　料】红色羊毛线80g

【编织要点】

1.棒针编织法与钩针编织法结合编织。使用10号棒针，红色毛线。

2.从帽檐起织。用下针起针法起64针，闭合成圈织，全织下针，不加减针，织6行，而后全织上针，不加减针，织10行的高度，下一行将织片分成8等份，每等份8针，8针的一侧1针上进行减针，4-1-6，2-1-1，织成26行高，每等份余下1针，共8针，留适当长线尾，用针穿入8针收紧为一圈，将线尾藏于帽内。

3.再用钩针，依照花样B，钩织2朵立体花，缝于帽子一侧。

作品46

【成品规格】帽子高15cm，头围48cm

【工　　具】3.5mm钩针

【材　　料】棕色粗毛线100g，天蓝色、紫色和宝蓝色毛线各少许

【编织要点】

1.钩针编织法。使用3.5mm钩针，棕色、天蓝色、宝蓝色和紫色毛线。

2.从帽顶起钩，先用棕色线，将线绕在左手食指1圈，起钩短针，圈钩10针短针，螺旋钩织，用记号针标记第1针。第2行起加针，每1针加2针，1圈共20针，第3行隔1针加1针，共30针，第4行隔2针加1针，共40针，第5行隔3针加1针，共50针，第6行用天蓝色线钩织。隔4针加1针，1圈共60针，第7行起不再加减针，改用棕色线，钩织5行，换紫色线钩织1行，再用棕色线钩织5行，再改用天蓝色线钩织1行，再用棕色线钩织5行，接着用宝蓝色线钩织1行，最后5行用棕色线，完成后，收针，藏好线尾。

3.钩织两朵小花，一朵小花图解见花朵1，第1层钩织6针短针，用宝蓝色线，第2层钩织花样，用天蓝色线。另一朵小花参照花朵2图解，内一层用天蓝色线，外层用紫色线编织。完成后，将两朵小花缝于接近帽子边沿的位置。

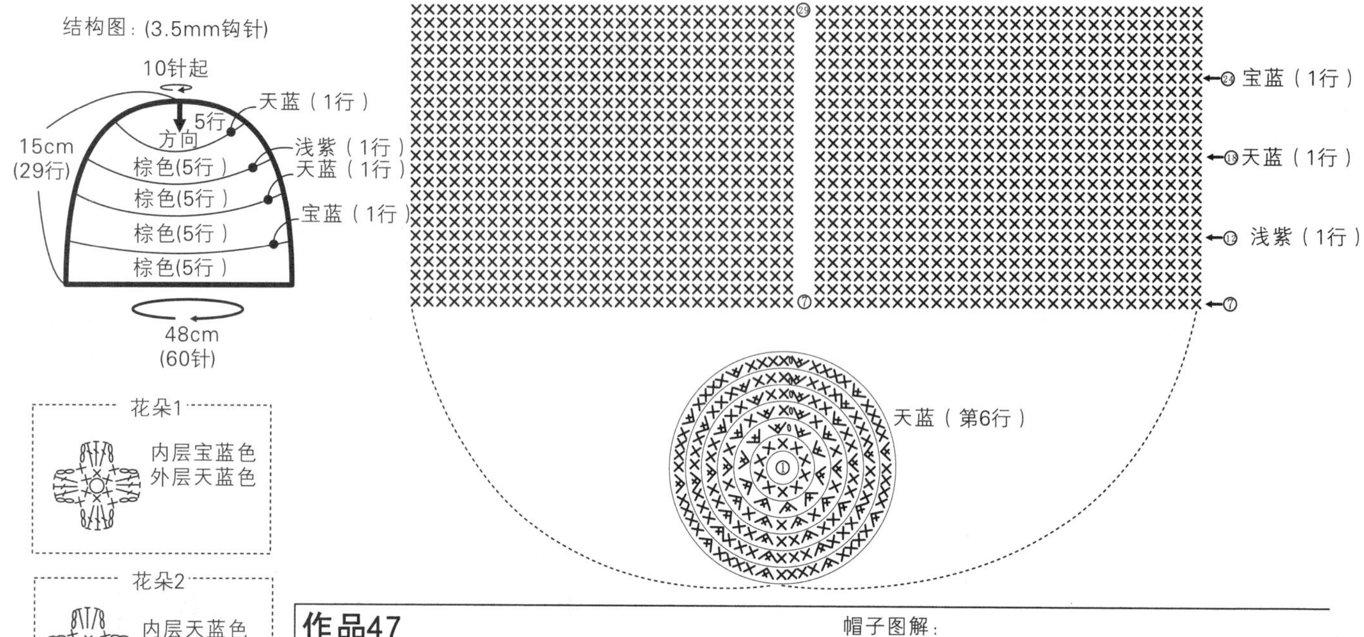

花朵1

内层宝蓝色
外层天蓝色

花朵2

内层天蓝色
外层紫色

作品47

【成品规格】帽子高15cm，头围40cm

【工　　具】4.0mm和3.0mm可乐钩针

【材　　料】红色毛线80g，土黄色毛线80g，段染毛线少许

【编织要点】

1.参照帽子图解，用红色毛线，采用3.0mm可乐钩针，从帽顶起10针长针，分10等份加针，每等份加1针，逐层加针到第8行，第9行开始钩短针，第11行断线。第11行起用土黄色毛线，采用3.0mm可乐钩针不加减针钩到第17行，第18行钩花样作为帽檐。

2.参照帽子装饰小花图解，用段染毛线采用3.0mm可乐钩针钩花朵，缝合在帽子侧面作为装饰。

帽子图解：

18

15

10

土黄色毛线
3.0mm可乐钩针

8

装饰小花图解：
（段染毛线，3.0mm可乐钩针）

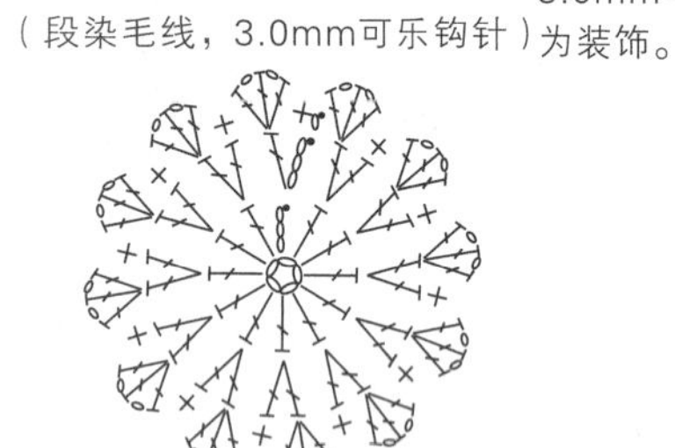

结构图：

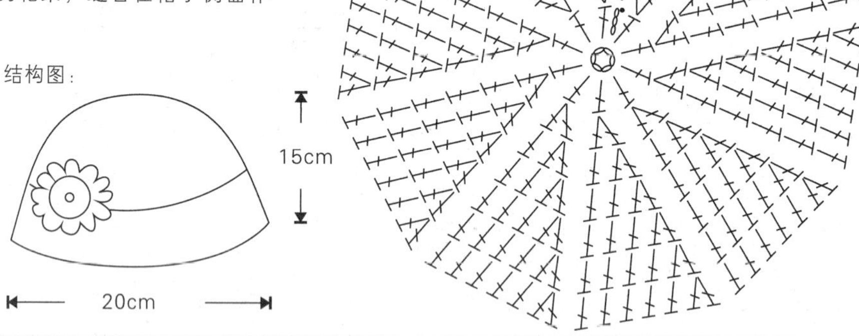

作品48

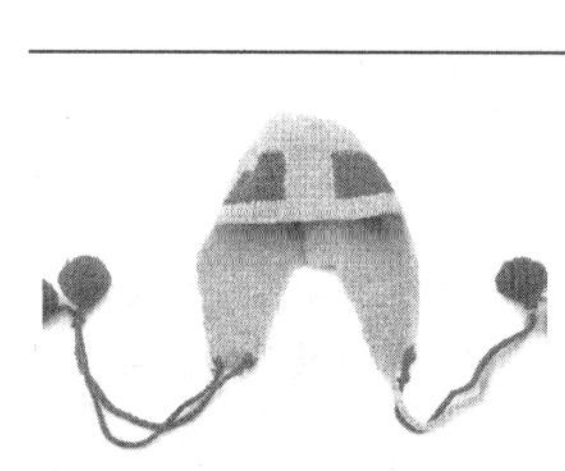

【成品规格】帽子高28cm，头围46cm

【工　　具】2.5mm钩针

【材　　料】灰色羊毛线100g，红色和灰黑色毛线各少许

【编织要点】

1.按照钩针编织法。用2.5mm钩针，灰色、灰黑、红色毛线。

2.从帽顶起钩，将线绕过左手食指一圈，插钩起钩1锁针，然后起3针立针，起钩长针圈，一圈钩织12针长针，引拔，然后起第2行的立针，3针锁针，再在1长针内加针钩织2长针，一圈针数加倍，共24针，完成引拔，第3行起3立针，然后在第1针内加针，隔1长针再加针，一圈加针12针，总针数为36针，第4行同样在第1针位置加1针，然后隔2针再加针，一圈加12针，共48针，依照帽子图解，加针至第10行，从第11行开始不再加减针，起3针长针后，再钩织10针长针，下一针换灰黑色线，钩织10针长针，然后换回灰色线钩织10针，再改用红色线钩织10针长针，再换回灰色线，钩完余下针数。照此分配，依照花样A将配色线钩织完成，共5行高度。最后全用灰色线不加减针，钩织2行后，开始片钩护耳。在帽前檐留出42针的宽度不织，将余下的78针钩织4行的高度。下一行，后檐留出30针的宽度，编织两侧护耳，各是24针，挑出钩织1行后，下一行开始减针，依照帽子图解，两边同时减针，钩织10行的高度后，余下8针，收针。另一侧织法相同。

3.用毛线球制作工具制作4个毛线球，2个红色，1个灰黑色，1个灰色，各用同色线钩织锁针，与帽护耳收针行的2个尖角连接，系带长度约20cm。

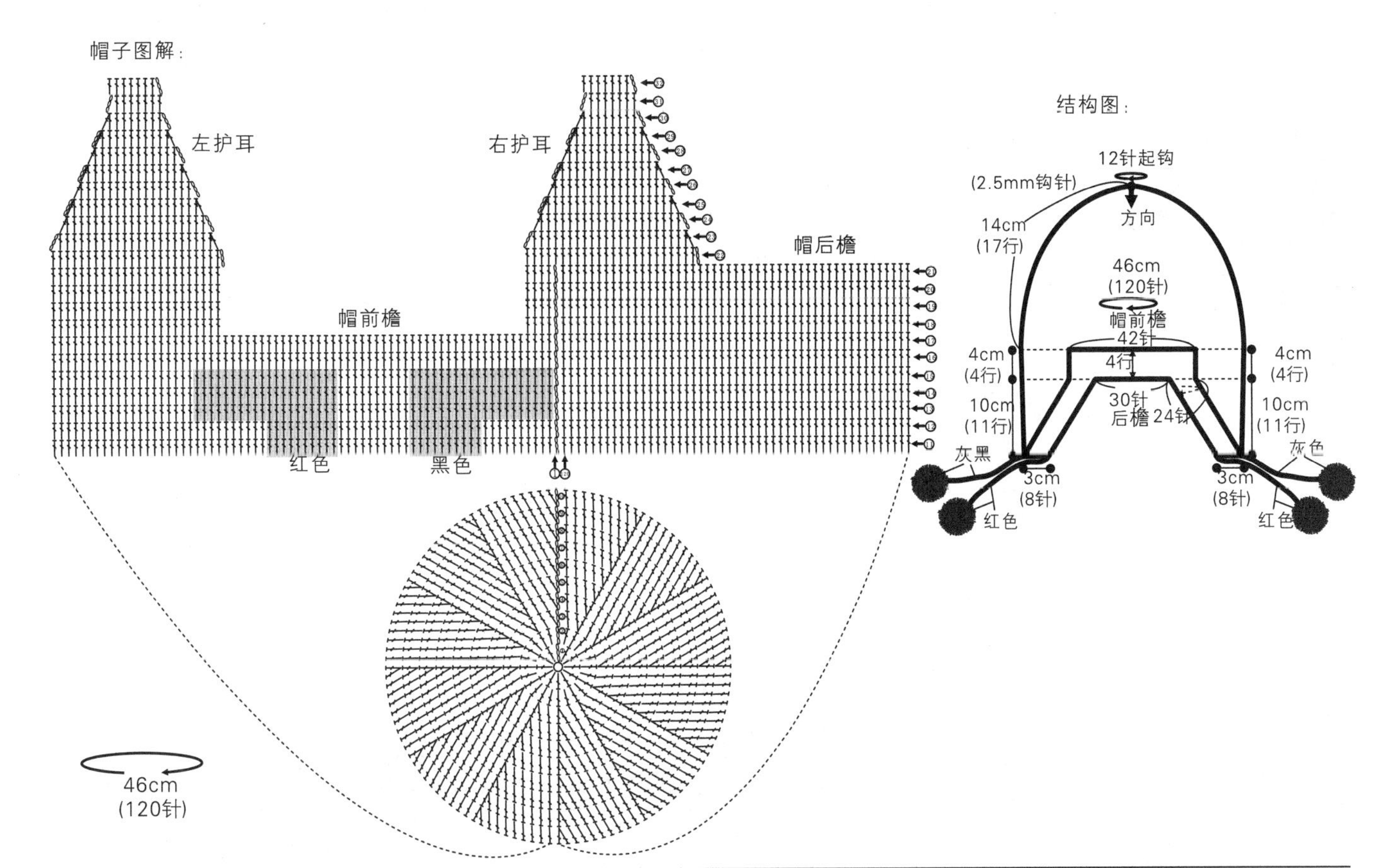

作品49、50

【成品规格】帽子高50cm，头围46cm

【工　　具】3.0mm钩针

【材　　料】天蓝色、白色、藏青色各50g

这款绿色配色帽子的钩法与01（05）的相同，只是起钩处从帽顶起，将图解的减针变成加针，浅绿与深绿两个颜色搭配，每个颜色2行，至帽檐处，深绿色钩织6行。

【编织要点】

1.使用钩针编织法和毛线球制作方法。

2.从帽体起织。从帽檐起钩。起50针锁针，起钩长针行，先用藏青色线，起高3针锁针，然后再钩织49针长针。闭合再继续钩织第2行，仍用藏青色线。第3行改用白色线，钩两行，第5行和第6行改用天蓝色线，前6行无减针。继续钩织长针，往上重复前6行的配色顺序，并分为5份减针，每份10针，第7行减针后，不再加减针，钩织3行后再进行减针，往上均为每4行减少1针，直至最后余下1针，共5针，再钩织3行后，钩至42行完成，收针断线。

3.毛线球的制作，依照制作说明，用帽体三个颜色的线混合制作一个毛线球，系于帽顶。帽子完成。

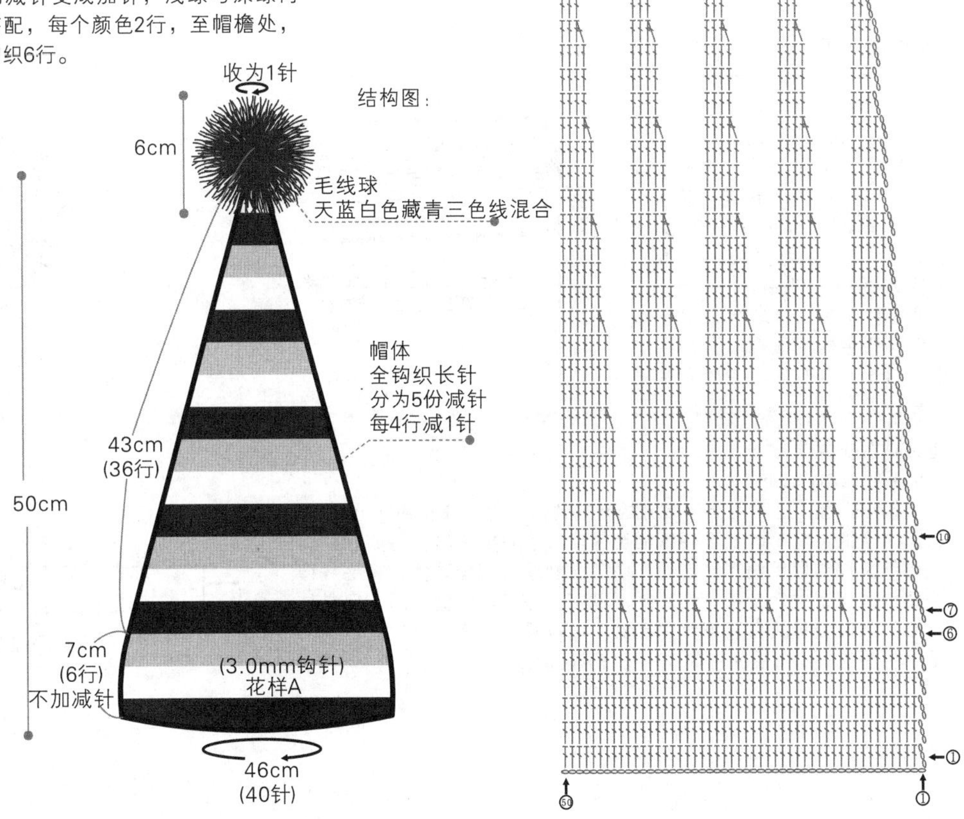

作品51、52

【成品规格】帽子长34cm，宽21cm

【工　　具】2.0mm可乐钩针

【材　　料】帽子A用红色、草绿色、墨绿色毛线各30克，
帽子B用棕色、淡粉色和米黄色毛线各30克

【编织要点】

帽子A制作说明：

1.钩针编织法和流苏制作方法。

2.起织帽顶。从5针起钩织，用线颜色随意，分为5等份加针，如花样A图解所示，将花样A的减针改为加针就是帽子A部分的钩织图解。第2行每份加1针，然后不加针钩织3行后再进行一次加针，加1针，共加5次，然后每行加3次，针数加至50针，随后不加减针钩织10行，收针断线。

3.红色，草绿，墨绿色线依次交换编织，每个色的针数每行不规则递升。

4.帽尾制作流苏装饰，用与帽子相同颜色的毛线，依照流苏制作方法制作，完成后系于帽尾。

结构图：

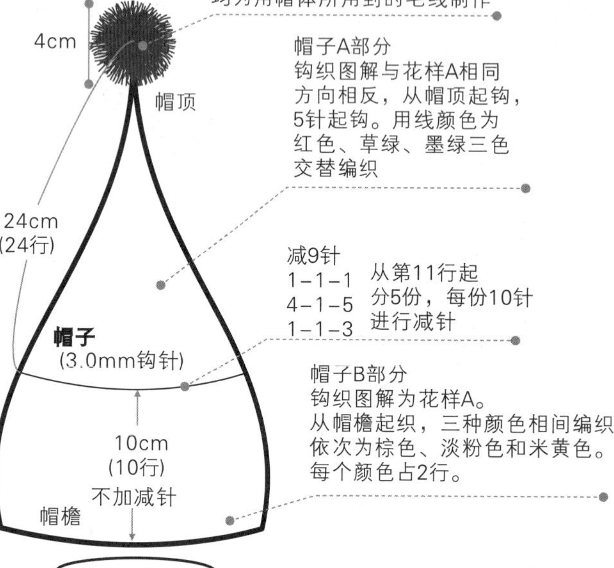

花样A

34 17 14 13 11 10 1 1 50

帽子B制作说明：

1.使用钩针编织法和毛线球制作方法。

2.从帽檐起织。起50针锁针，闭合成圈，用棕色线依照花样A图解钩织，棕色、淡粉色、米黄色每色占2行，相间编织。第2行起钩织长针行，不加减针，钩织10行后，第11行分为5等份进行减针，第11行、12行、13行每行减1针，往上为每4行减1针，减5次，最后将2针并为1针，收针。

3.帽尾制作毛线球装饰，用与帽子相同颜色的毛线数段，依照毛线球制作方法制作，完成后系于帽尾。

流苏制作方法

1.准备一根线，用于打结。

3.用准备好的线在线团中间打个结。

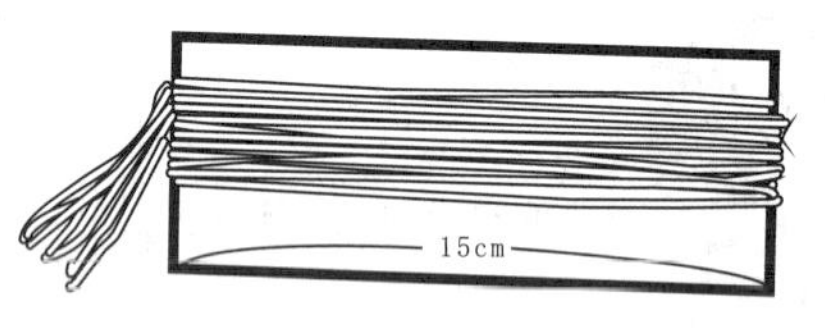

2.用一张15cm宽的硬纸作绕线板，用线在纸板上绕数圈。

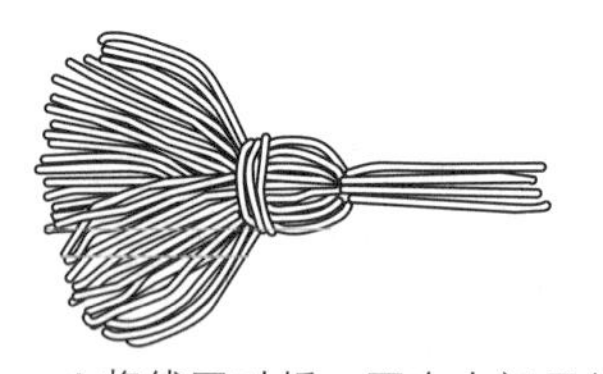

4.将线团对折，再在中间用线绕数团，打结固定。延伸的长线，用于在围巾的边缘打结固定。

毛线球制作方法：

1.用毛线球制作器制作。

2.无制作器者，可利用身边废弃的硬纸制作。剪两块长约10cm，宽3cm的硬纸，剪一段长于硬纸的毛线，用于系毛线球，将剪好的两块硬纸夹住这段毛线（见右图）。下面制作毛线球球体，将毛线缠绕两块硬纸，绕得越密，毛线球越密实，缠绕足够圈数后，用夹住的毛线从硬纸板夹缝将缠绕的毛线系结拉紧，用剪刀穿过另一端夹缝，将毛线剪断，最后将散开的毛线剪圆即成。

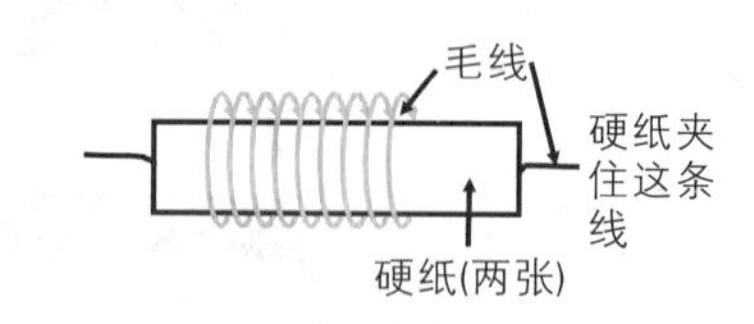

作品53

【成品规格】帽子长25cm，宽4cm

【工　　具】2.0mm可乐钩针

【材　　料】深棕色、天蓝色、深蓝色、米黄色毛线各30g

【编织要点】

1.使用5mm棒针编织。

2.从帽体起织。使用下针起针法，先用深棕色线织5行下针，再织1行上针，然后改用天蓝色线织5行下针，1行上针，花样重复，颜色改变，依次为深蓝色和米黄色。四种颜色织成24行，无加减针。下一行起减针。

3.帽体减针，颜色搭配重复前文织法。将60针分成6等份，每等份10针。在每一等份的同一针位置上进行减针，2-1-8，减8针后，各余下2针，再织2行后，余下共12针，将该12针收针。然后在内侧第2行的位置上，挑出12针，起用米黄色线，再用深棕色线，最后用天蓝色线，共织成18行，无加减针，完成后收针断线。最后扎辫子，四个颜色各用2股线，扎一段长约25cm长的辫子，起编处缝于帽顶收针行的内侧。帽子完成。

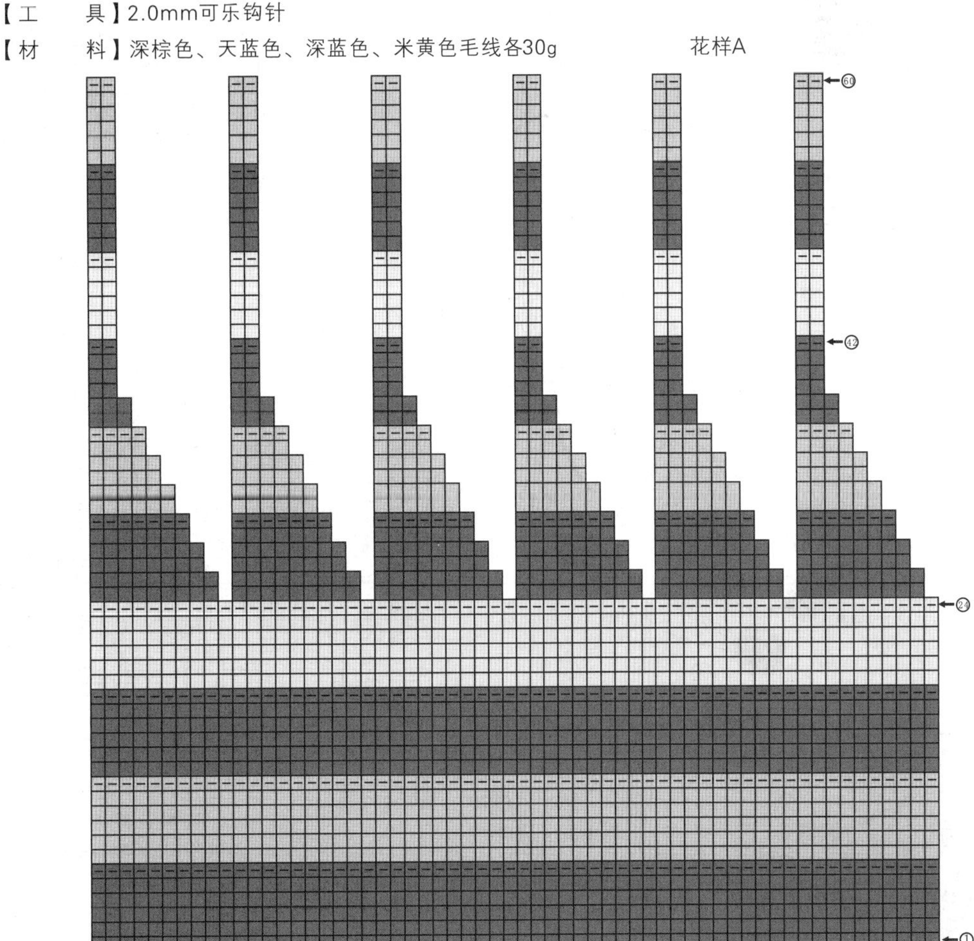

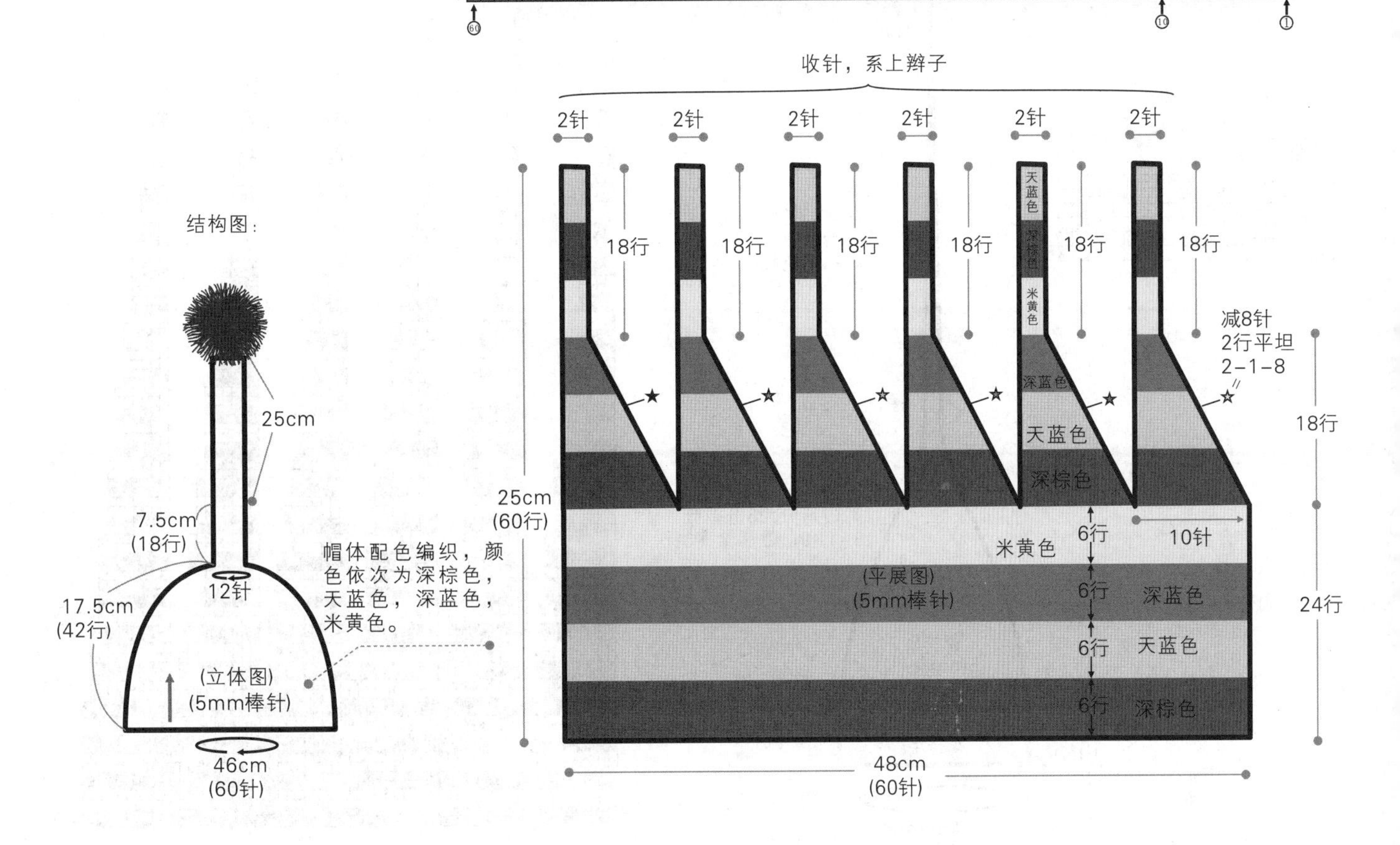

作品54

【成品规格】帽子长24cm，宽46cm

【工　　具】4mm棒针

【材　　料】深蓝色羊毛线100g

【编织要点】

1.棒针编织法。4mm棒针，蓝色毛线。
2.帽子分两部分完成，帽体和护耳，各自单独完成，帽子从帽檐起织，起60针，起织花样A，织4行，然后依照花样B分配花样编织，不加减针，织20行后开始减针，每个花样组的上针里减针，依照图解减针，减针行为6行，余下全是下针，织4行后，将所有的针数收成一圈闭合。再单独编织护耳，护耳两片，各起12针，依照花样C编织，织10行后，开始在两边减针，减针行织8行后，收针，最后钩锁针辫子，织20cm的长度，在尾端，系上两个毛线球。帽子完成。

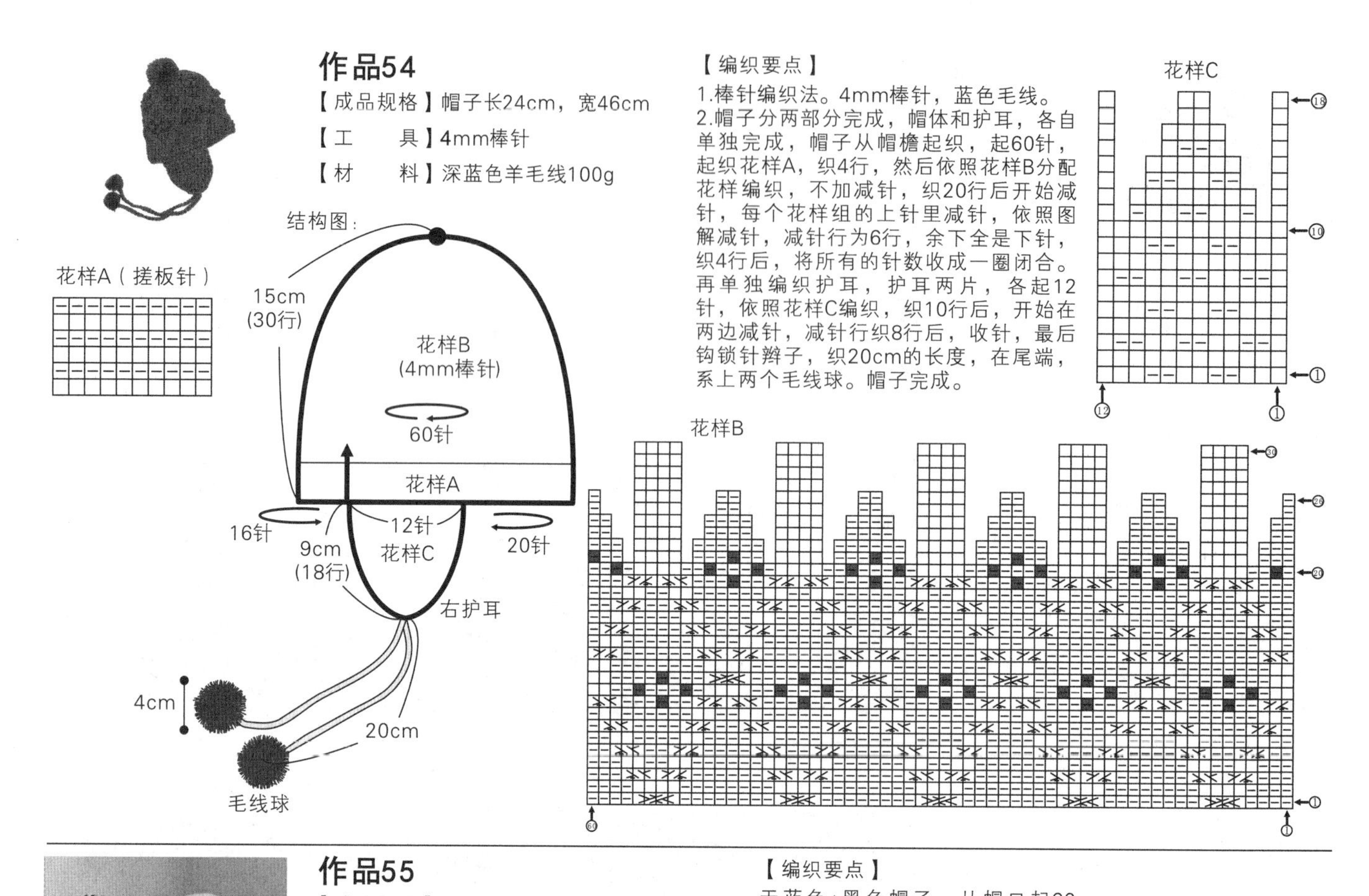

作品55

【成品规格】帽子长24cm，宽46cm

【工　　具】5mm棒针

【材　　料】天蓝色羊毛线80g，黑色羊毛线50g

【编织要点】

天蓝色+黑色帽子：从帽口起60针，依照花样编织图所示进行配色编织，每2行换线交替编织39行，再往上依照结构图及花样编织所示进行减针编织。编织辫子，固定在帽顶处。

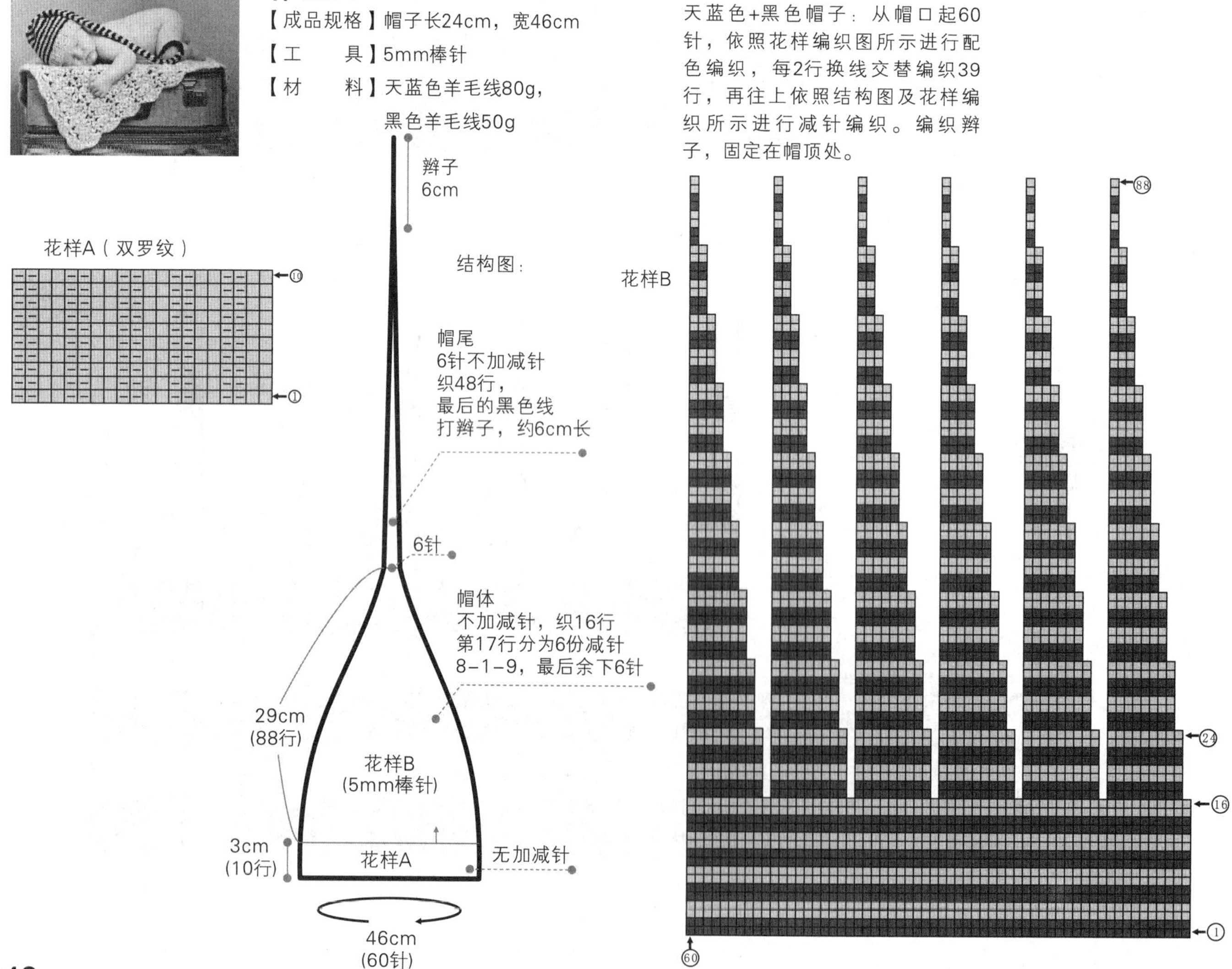

作品56

【成品规格】帽子长55cm，宽40cm

【工　　具】8号棒针

【材　　料】绿色棉线40g，蓝色棉线40g，白色棉线80g

【编织要点】

蓝色+白色帽子：从帽口起68针，依照花样编织图所示进行配色编织，每4行换线交替编织36行，再往上依照结构图及花样编织所示进行减针编织。编织辫子，固定在帽顶处。

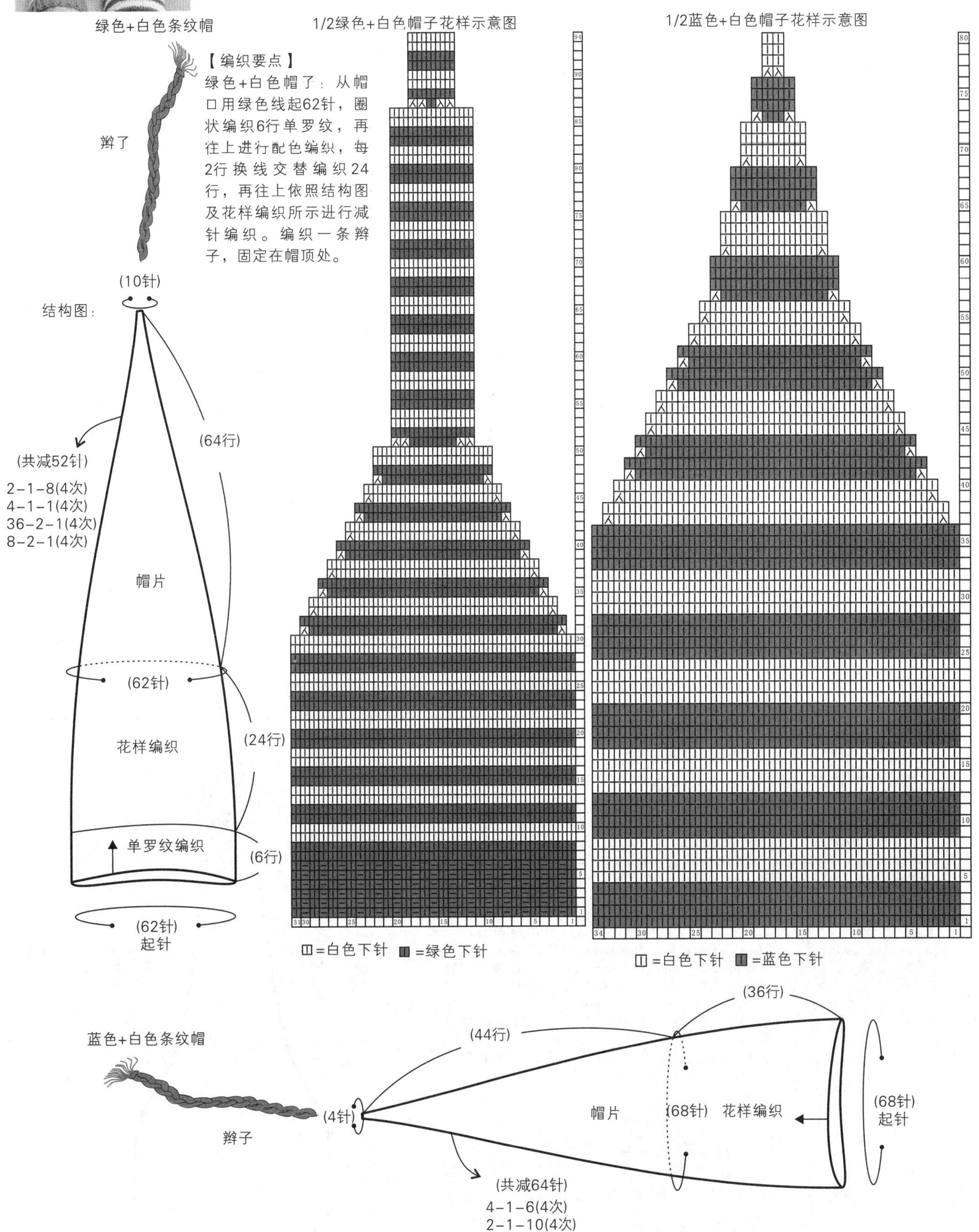

这款帽子钩法相同，只是运用了配色编织，每2行一个颜色，浅棕色和白色相间编织。

作品57、62

【成品规格】帽子长54cm，宽46cm

【工　　具】3.0mm钩针

【材　　料】蓝色段染线150g

【编织要点】

1.使用钩针编织法和毛线球制作方法。

2.帽体起织。从帽顶起钩。4针起织，钩织长针。第2行起加针，在每1针上加1针，第3行每织2针加1针，加成12针，第4行至第8行重复钩织长针，无加针，如此类推，依照花样A将每一行钩织，长针钩织至第46行。第47行和第48行钩织内钩针，第49行钩织一行逆短针。

3.毛线球的制作，依照制作说明，用蓝色段染线混合制作一个毛线球，系于帽顶。帽子完成。

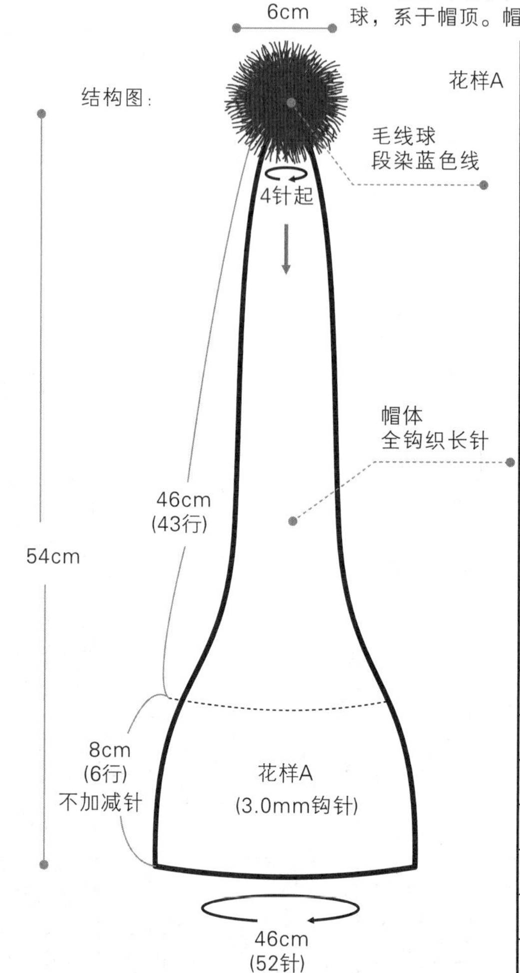

花样A

行数	针数	图解
第1行	4针	
第2行	8针	
第3行	12针	×4次
第4~8行	12针	无加针
第9行	16针	×4次
第10~14行	16针	无加针
第15行	20针	×4次
第16~32行	20针	无加针
第33行	24针	×4次
第34~37行	24针	无加针
第38行	28针	×4次
第39行	32针	×4次
第40行	36针	×4次
第41行	40针	×4次
第42行	44针	×4次
第43行	48针	×4次
第44行	52针	×4次
第45~46行	52针	无加针
第47~48行	52针	内钩针
第49行	52针	逆短针

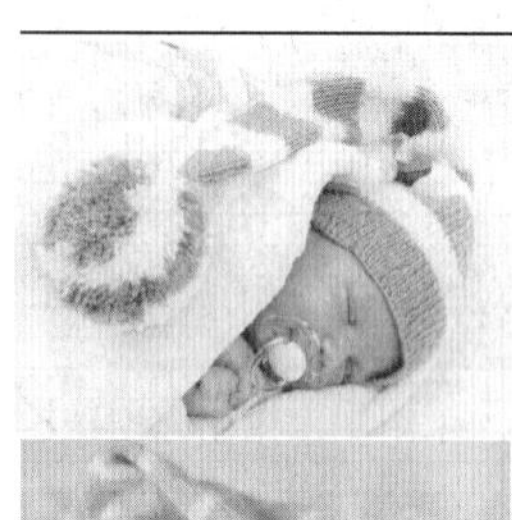

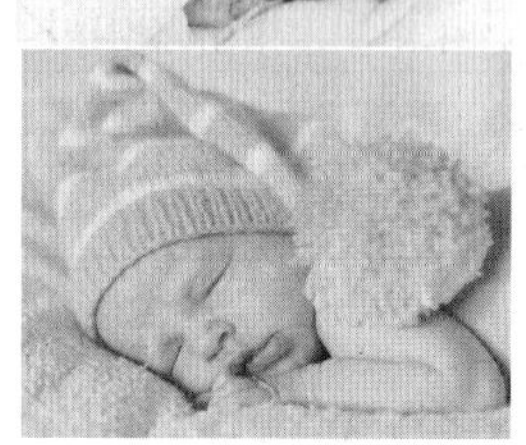

这一款帽子织法与图01（03）的针数、行数、加减针方法是相同的，只在配色和花样上有所不同。用黄色线起120针后，织花样A单罗纹针，织10行后，往上全织下针，配色是3行白色线，11行绿色线，3行白色线，最后是10行黄色线，往上是这四个颜色的重复。毛线球也是用二个颜色的线混合制作而成。

作品58、59

【成品规格】帽子长57cm，宽23cm

【工　　具】5mm棒针

【材　　料】蓝色和白色毛线各80g

【编织要点】

1.使用棒针编织法和毛线球制作方法。

2.从帽体起织。使用单罗纹起针法，用蓝色线起120针，闭合成圈环织。起织花样A单罗纹针，不加减针。织16行后改用白色线编织单罗纹，不加减针，织16行。然后改用蓝色线编织单罗纹针，织16行。下一行起，开始帽体减针。

3.帽顶减针。将120针分成10等份，每等份12针。在每一等份的同一针位置上进行减针，16-1-8，织20行后再次减针，4-1-3，减少11针后，各余下1针，共10针，将10针收为一圈收紧，藏好线尾。

4.毛线球的制作。依照制作说明，用蓝色和白色混合制作一个毛线球，系于帽顶。帽子完成。

这款帽子织法与上面黄白色配色的帽子织法相同，只是将帽檐的花样A单罗纹改成花样B双罗纹织法。帽尾的毛线球改成流苏做法。

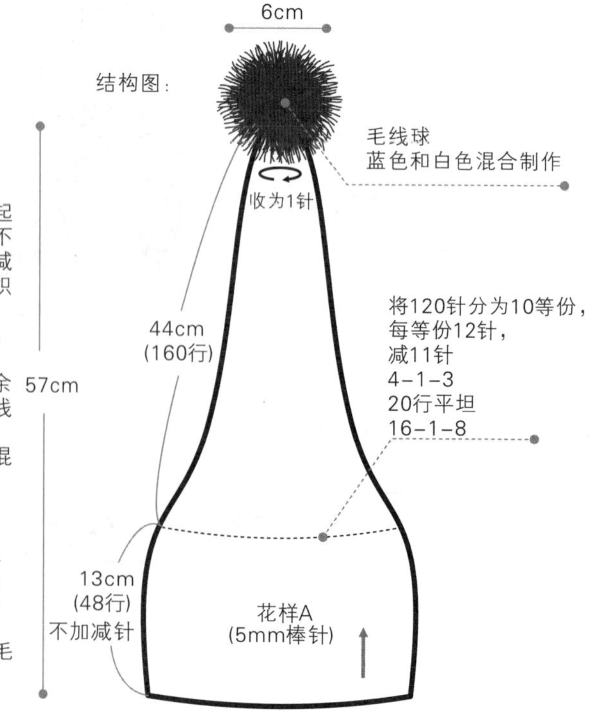

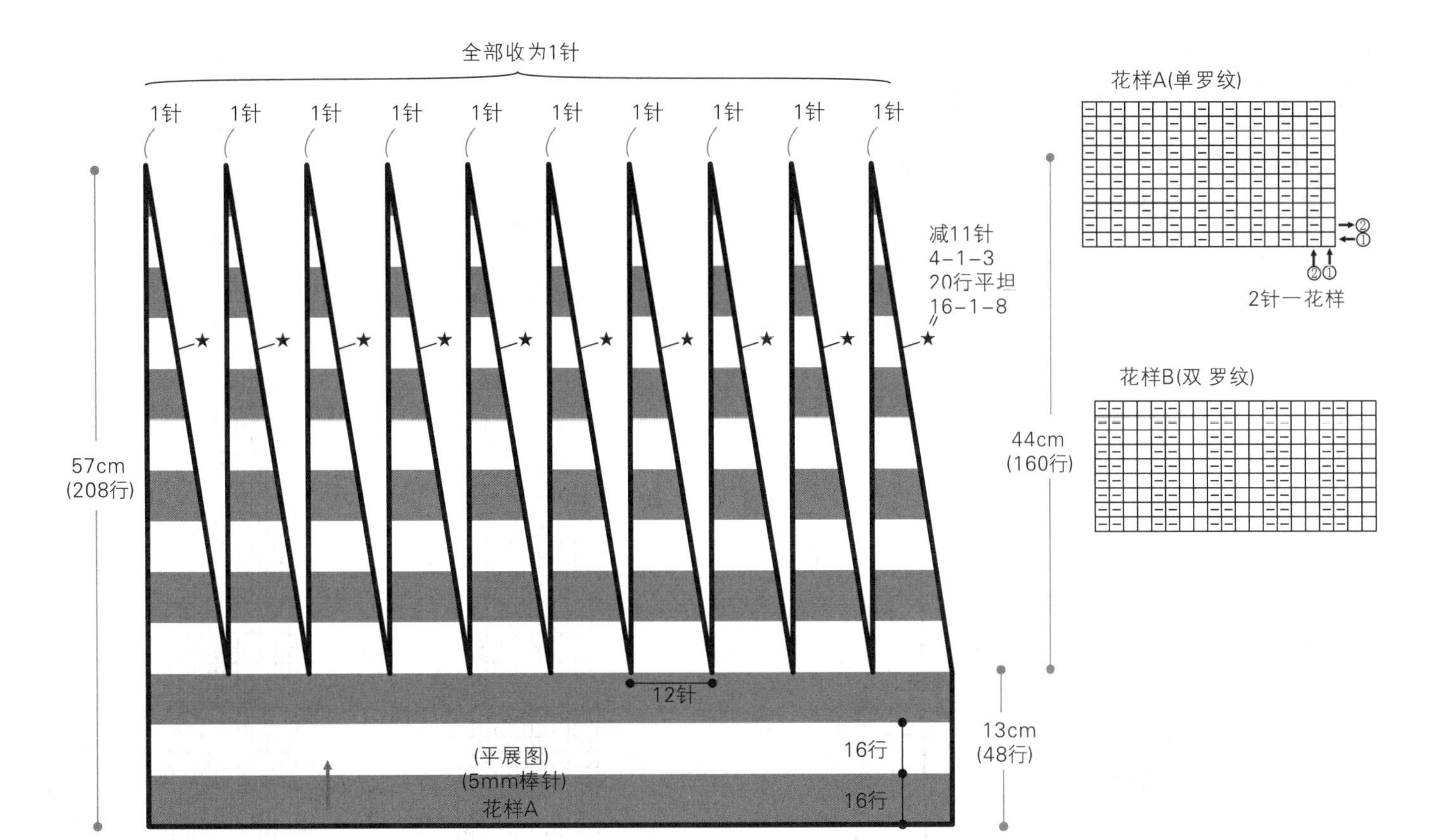

作品60

【成品规格】帽子长54cm，宽40cm

【工　　具】3.5mm钩针

【材　　料】粉色毛线200g，褐色毛线100g

【编织要点】

1.参照帽子图解，用褐色毛线从帽顶起针，先起12针锁针，第1行钩12针长针。褐色线和粉色线轮流使用，每2行更换颜色，每8行加2针，按照图解，一直加到第50行为24针。从第51行开始每4针加1针，按照这样的规律加5行，第55行为54针，第56行到第58行不加减针。

2.第59行开始钩浮针，不加减针一直到第63行结束。最后在帽顶缝合一颗粉色绒球。

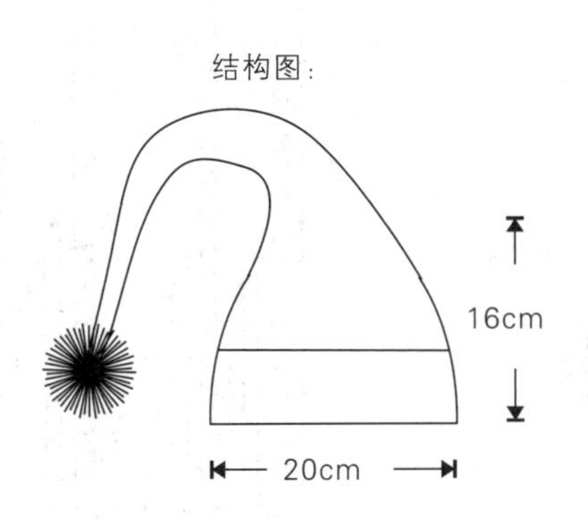

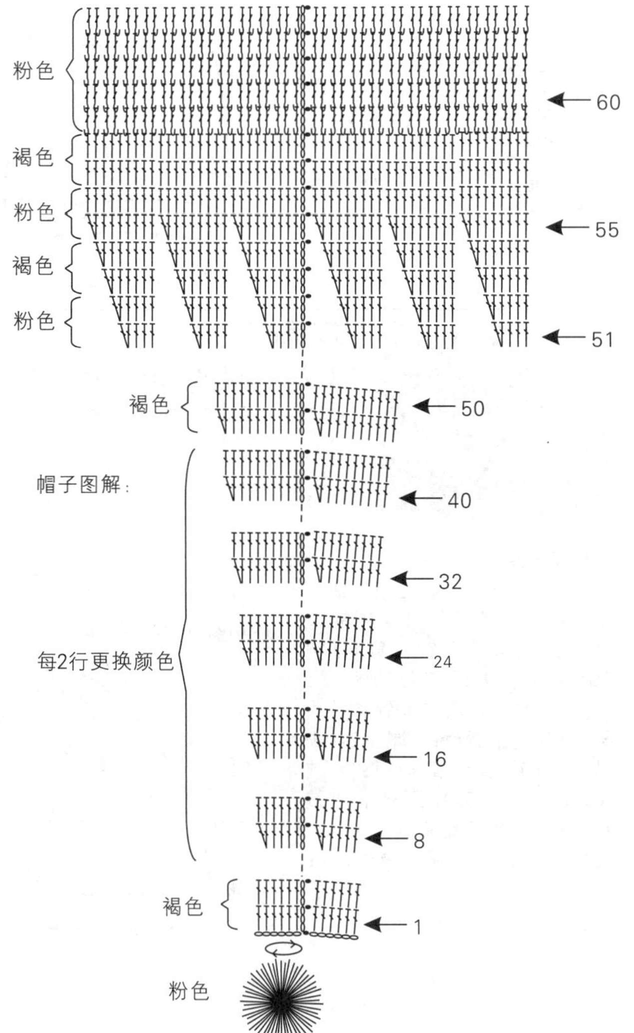

作品61

【成品规格】帽子长54cm，宽46cm

【工　　具】12号棒针

【材　　料】棕色粗羊毛线80g

【编织要点】

1.从帽口起40针，圈状编织16行，然后进行减针，在17行时共减8针，分4次减。18行处编织下针；19行减针方法与17行相同，然后编织3行下针；在23行时减4针，分4次减，然后编织5行下针，剩余48行减针为每6行减1针，共减8次，具体减针方法如图所示。

2.最后，制作绒球，并缝合在帽顶处。

绒球的制作方法:

①将厚纸板剪成“U形”，将毛线卷绕40~50圈

②在中间扎紧，并打结

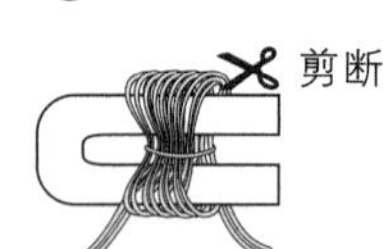

③将上下两端线圈剪开

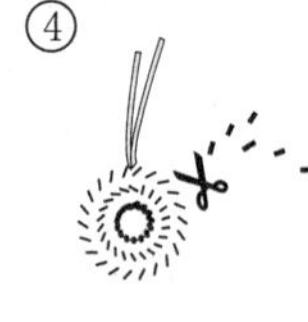

④修剪整齐

结构图:

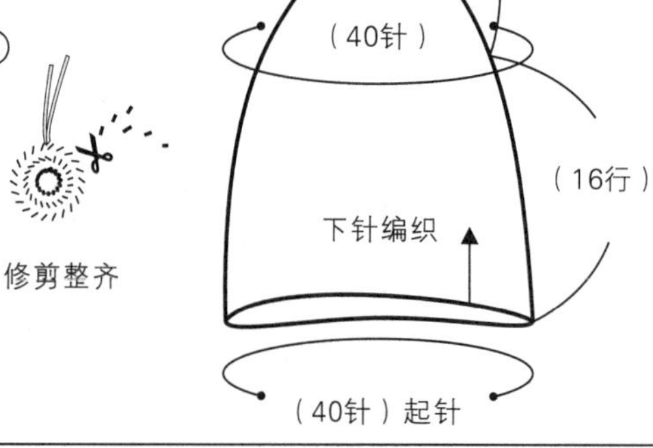

帽子图解:

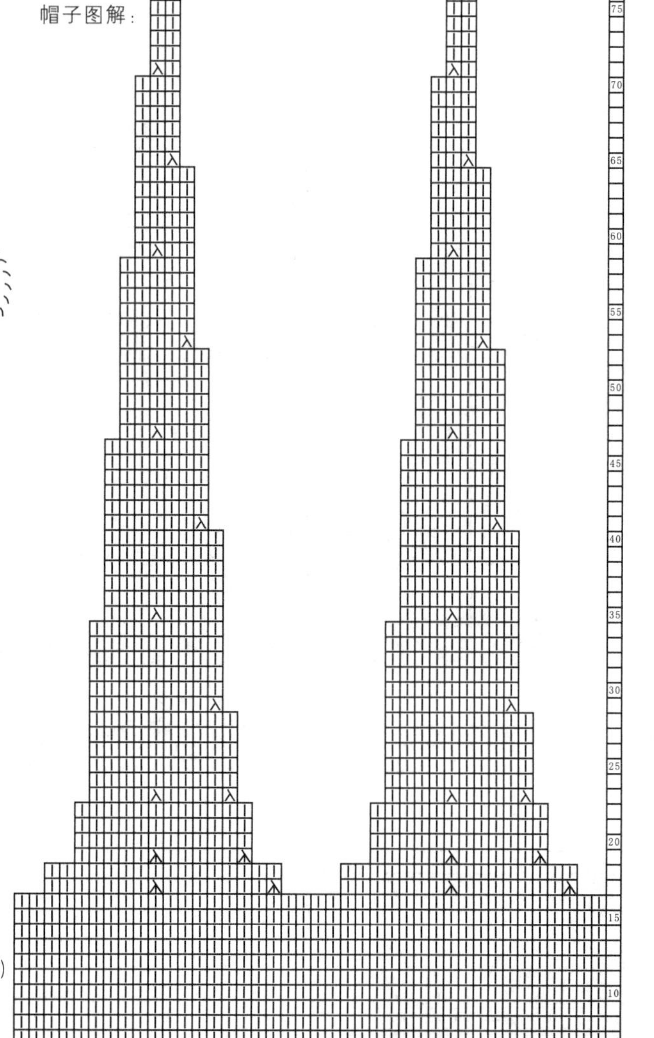

作品63

【成品规格】帽子长50cm，宽40cm

【工　　具】4.5mm可乐钩针

【材　　料】蓝色毛线120g

【编织要点】

1.参照帽子图解，用蓝色毛线，采用4.5mm可乐钩针从帽檐起针，圈起30针锁针；第1行钩30针枣针；第2行在每针枣针上钩1针长针，即圈钩30针长针；第3行直到第9行每行减少2针长针；第10行直到第14行每2行减少2针长针；第15行起不加减针，直到第25行结束。

2.在帽顶缝合一个蓝色绒球。

结构图:

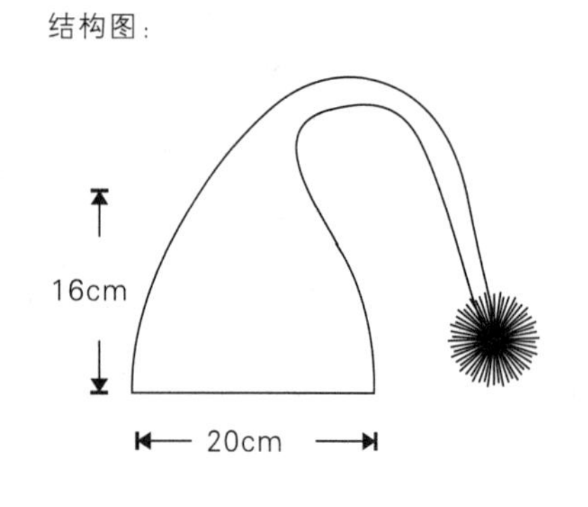

帽子图解:

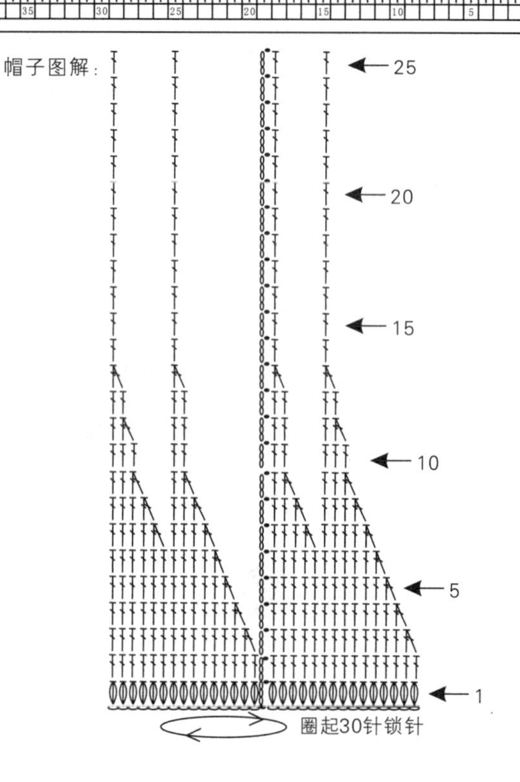

作品64

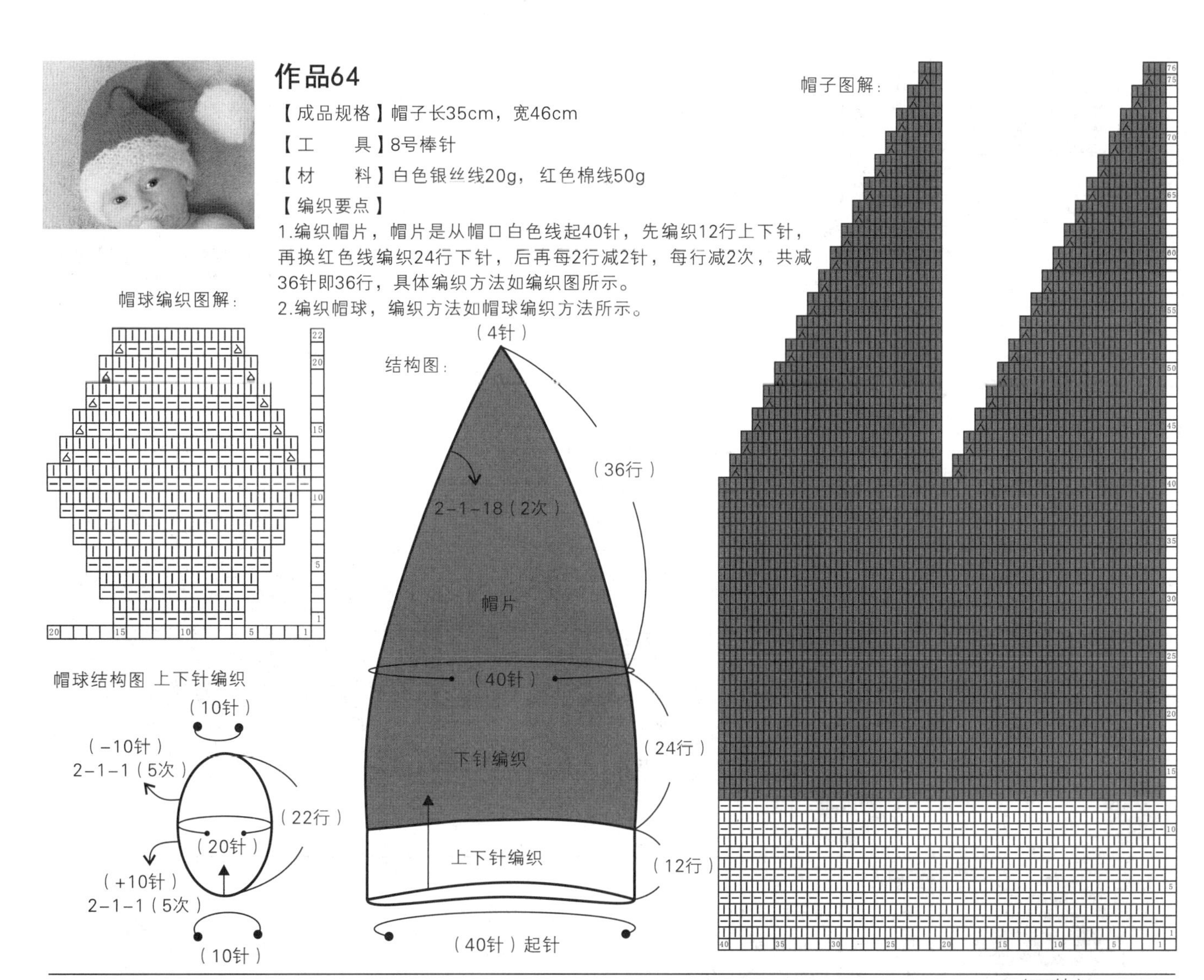

【成品规格】帽子长35cm，宽46cm

【工　　具】8号棒针

【材　　料】白色银丝线20g，红色棉线50g

【编织要点】

1.编织帽片，帽片是从帽口白色线起40针，先编织12行上下针，再换红色线编织24行下针，后再每2行减2针，每行减2次，共减36针即36行，具体编织方法如编织图所示。

2.编织帽球，编织方法如帽球编织方法所示。

作品65

【成品规格】帽子长55cm，宽46cm

【工　　具】15号棒针

【材　　料】蓝色粗棉线100g

【编织要点】

1.从帽檐底端起4针，编织2行，再在左右边缘每10行加1针，编织32行，共编织2片。

2.编织帽片主体。从帽口起60针，编织6行单罗纹，再依照花样编织示意图编织完整主帽片，在最后一行把60针一起收拢。

3.在帽檐下端编织20cm，并固定。

4.制作绒球，缝合在帽顶处。

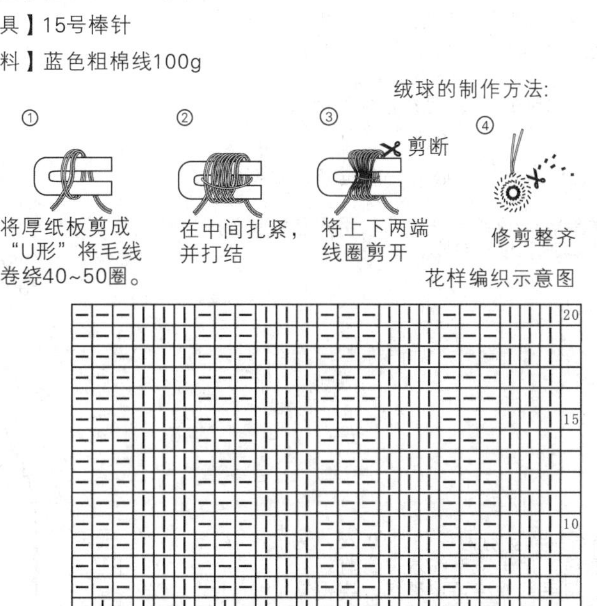

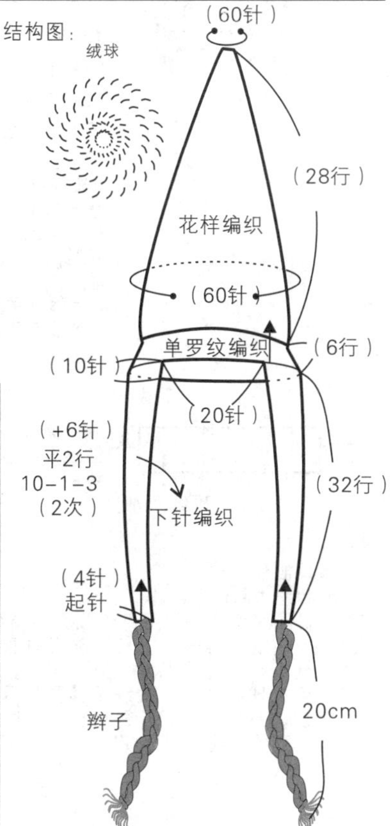

作品66

【成品规格】帽子长35cm，宽38cm

【工　　具】3.5mm钩针

【材　　料】粉紫段染乐谱线50g

【编织要点】

1.钩针编织法制作方法。用4.0mm钩针，粉紫段染毛线。

2.从帽顶起钩，线绕左手食指一圈，插钩起钩1锁针，然后在圈内钩6针短针，引拔（可不引拔，采用螺旋钩用记号扣标注第1针）。第2行加针，每个针眼钩2针，一圈共12针，第3行，隔一针，在第二个针眼里钩2针短针，一圈共18针；第4行，相隔2针再加针，一圈共24针；然后从第5行起，不加减针，钩织到第10行，引拔断线。

3.应用毛线球制作方法，制作两个毛线球。宽度为5cm。再制作两段辫子，每段辫子剪50cm的长度，每扎3股毛线，扎成20cm长的辫子，尾端系上毛线球，另一端跟帽子两侧对应缝合。

结构图：

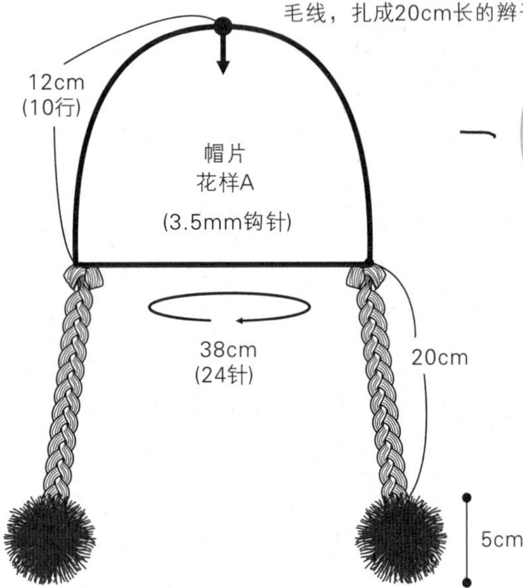

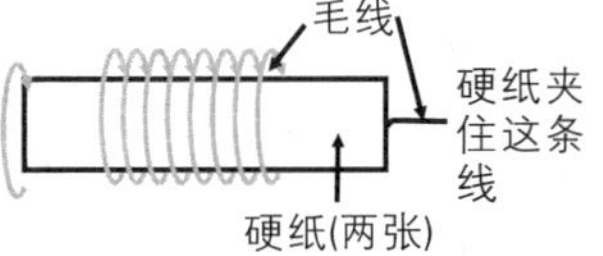

毛线球制作方法：
1.用毛线球制作器制作。
2.无制作器者，可利用身边废弃的硬纸制作。剪两块长约10cm，宽3cm的硬纸，剪一段长于硬纸的毛线，用于系毛线球，将剪好的两块硬纸夹住这段毛线（见上图）。将毛线缠绕两块硬纸，绕得越密，毛线球越密实，缠绕足够圈数后，将夹住的毛线从硬纸板夹缝中穿过，系结、拉紧，用剪刀穿过另一端夹缝，将毛线剪断，最后将散开的毛线剪圆即成。

花样A

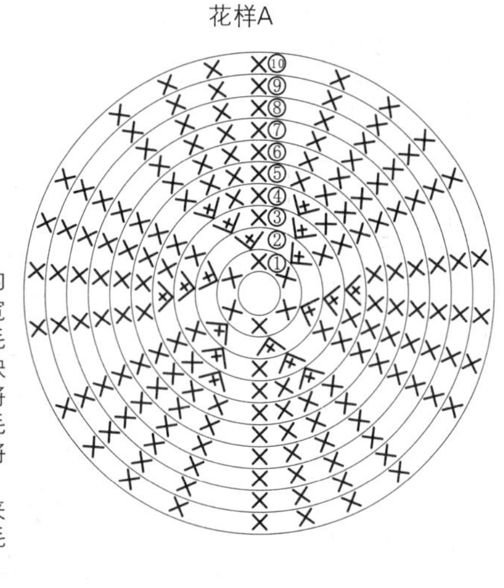

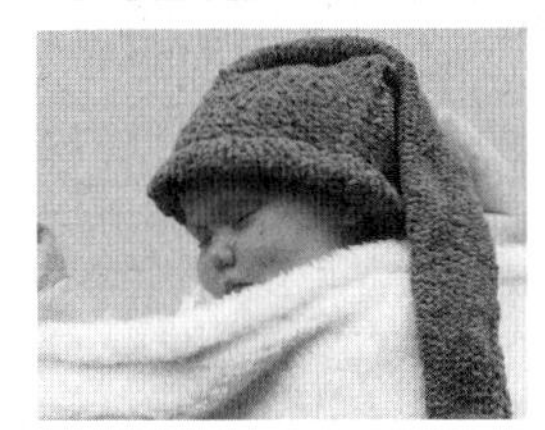

作品67

【成品规格】帽子长51cm，宽46cm

【工　　具】5mm棒针

【材　　料】绿色绒毛线120g

【编织要点】

1.使用棒针编织法和毛线球制作方法。

2.从帽体起织。使用下针起针法，用绿色线起60针，闭合成圈环织。起织上针，不加减针，织30行。从下一行起，开始帽体减针。

3.帽体减针：将60针分成6等份，每等份10针。在每一等份的同一针位置上进行减针，4-1-2，20-1-3，10-1-2，2-1-1，减少8针后，各余下2针，共12针，将12针收为一圈拉紧，藏好线尾。

4.毛线球的制作，依照制作说明，用同色线制作一个，系于帽顶。帽子完成。

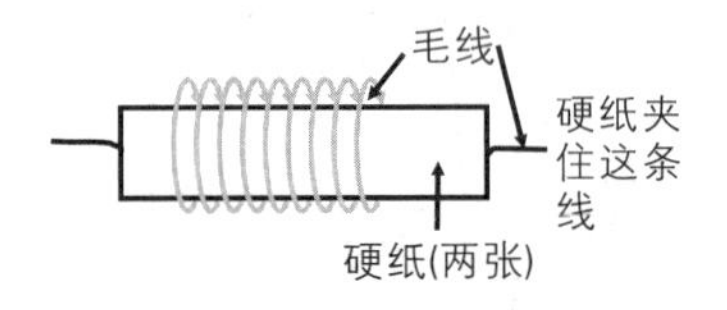

毛线球制作方法：
1.用毛线球制作器制作。
2.无制作器者，可利用身边废弃的硬纸制作。剪两块长约10cm，宽3cm的硬纸，再剪一段长于硬纸的毛线，用于系毛线球，将剪好的两块硬纸夹住这段毛线（见上图）。将毛线缠绕两块硬纸，绕得越密，毛线球越密实，缠绕足够圈数后，将夹住的毛线从硬纸板夹缝中穿过，系结、拉紧，再用剪刀穿过另一端夹缝，将毛线剪断，最后将散开的毛线剪圆即成。

结构图：

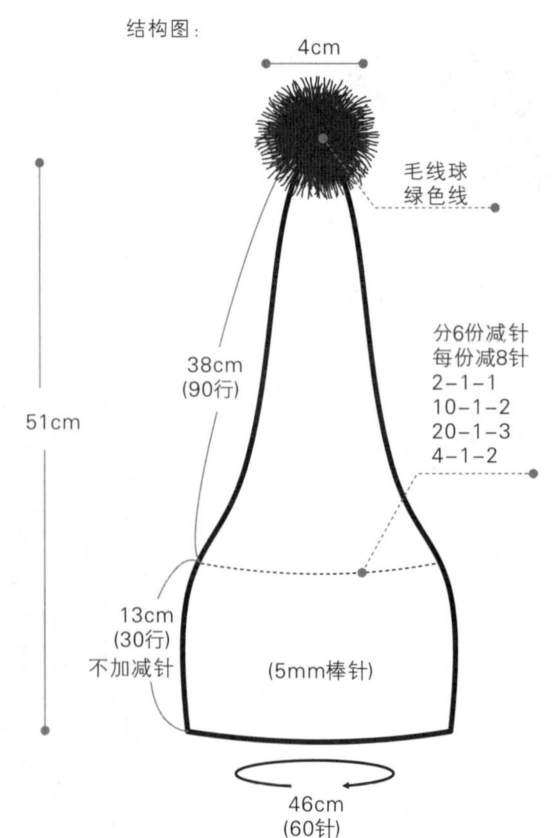

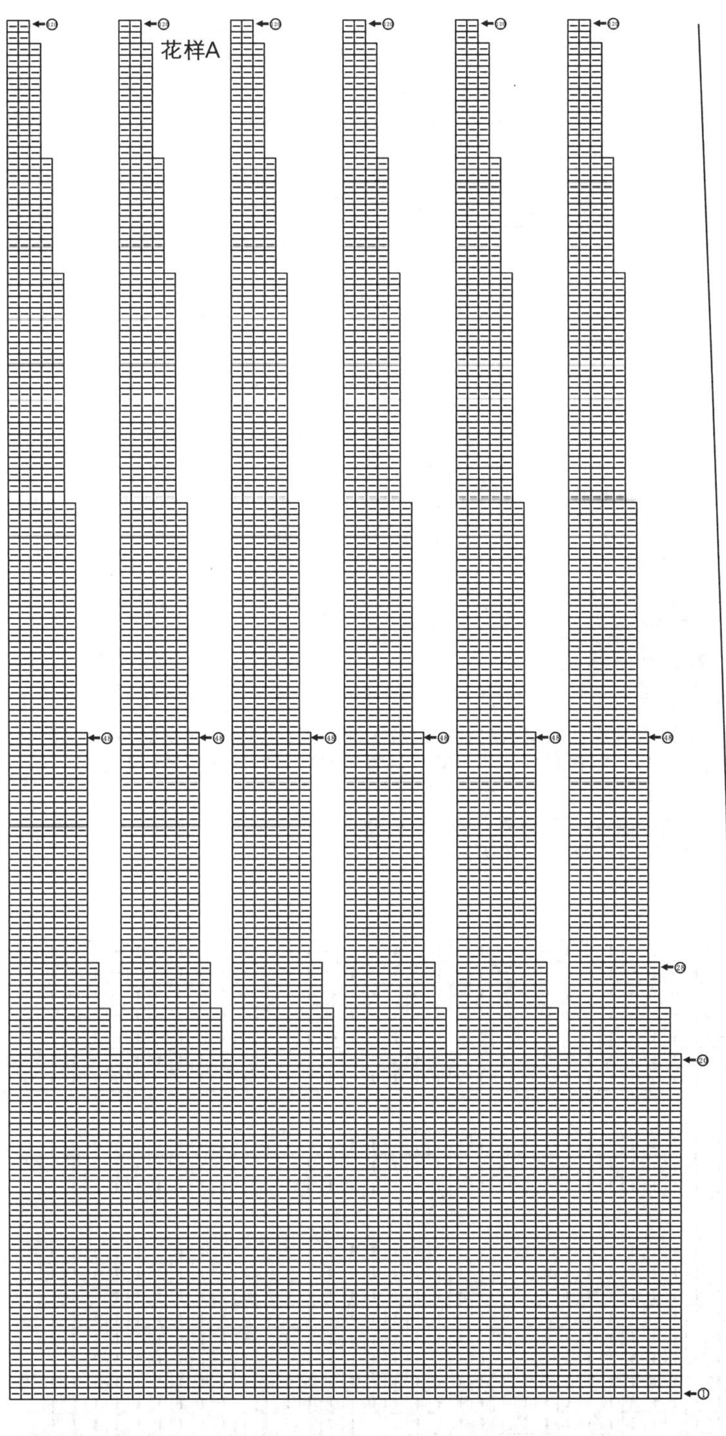

作品68

【成品规格】帽子长14cm，宽40cm

【工　　具】3.0mm钩针

【材　　料】灰色羊毛线50g

【编织要点】

1.使用钩针编织法，用3.0mm钩针，灰色羊毛线。

2.帽子由单片钩织再对折缝合两侧形成，织法简单。起36针锁针，再起立针3针锁针，起钩长针行，钩织36针长针，再折返回钩织第2行，如此重复，钩织24行的高度后收针。以每一面12行的高度对折，在两侧钩织36针短针缝合。

3.使用毛线球制作方法，制作四个毛线球。宽度为4cm。每两个毛线球之间，钩织20cm长的锁针辫子，连接两个毛线球，再将帽子顶部的两个尖角沿结构图所示的虚线扎紧即可完成。

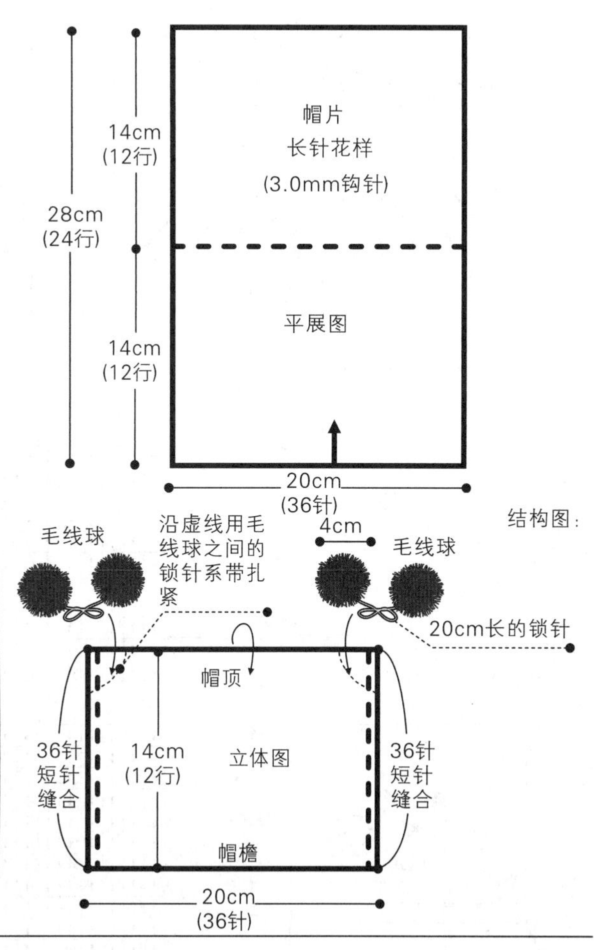

作品69

【成品规格】帽子长13cm，宽40cm

【工　　具】3.0mm钩针

【材　　料】白色羊毛线50g，灰黑色毛线少许

【编织要点】

1.使用钩针编织法制作方法，用3.0mm钩针，白色和灰黑毛线。

2.从帽顶起钩，将线绕左手食指一圈，插钩起钩1锁针，然后起3针立针，起钩长针圈，一圈钩织10针长针，引拔，然后起第二行的立针，3针锁针，再在1长针内加针钩织2长针，一圈针数加倍，共20针，完成引拔，第3行起3立针，然后在第1针内加针，隔1长针再加针，一圈加针10针，总针数为30针，第4行同样在第1针位置加1针，然后隔2针再加针，一圈加10针，共40针，第5行开始不再加减针，将长针行钩织至10行，完成后，继续钩织32针，然后返回钩织帽前檐，第1针与第2针合并为1针，然后再织28针，将最后2针合并，完成后收针。再根据毛线球制作方法，用灰黑色线制作四个毛线球，钩织一根锁针系带，将毛线球系于帽子中端两侧的位置。

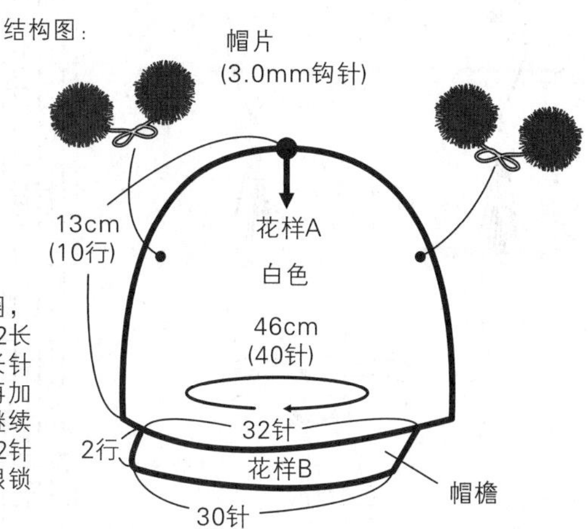

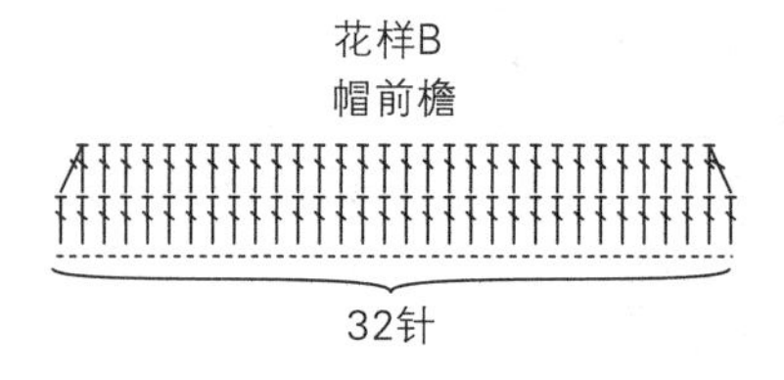

花样A

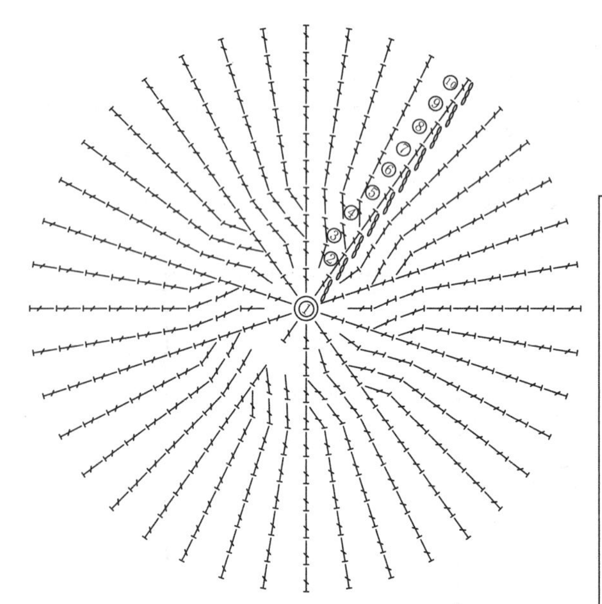

行数	总针数	加针数
1	10	0
2	20	+10
3	30	+10
4	40	+10
5~10(6行)	40	0
11	32	0
12	30	−2

作品70

【成品规格】帽子长40cm，宽40cm

【工　　具】6.0mm可乐钩针，12号棒针

【材　　料】灰色毛线120g，黑色毛线少许

【编织要点】

1.参照帽子图解，从帽檐起针编织单罗纹，每行40针，编织5行后，第6行开始编织平针，每行40针，不加减针一直编织到第75行。再编织单罗纹，每行40针，再编织5行。

2.在步骤1的第40行对折后，将侧面钩合。

3.在帽子两侧钩2条辫子作为绑带。

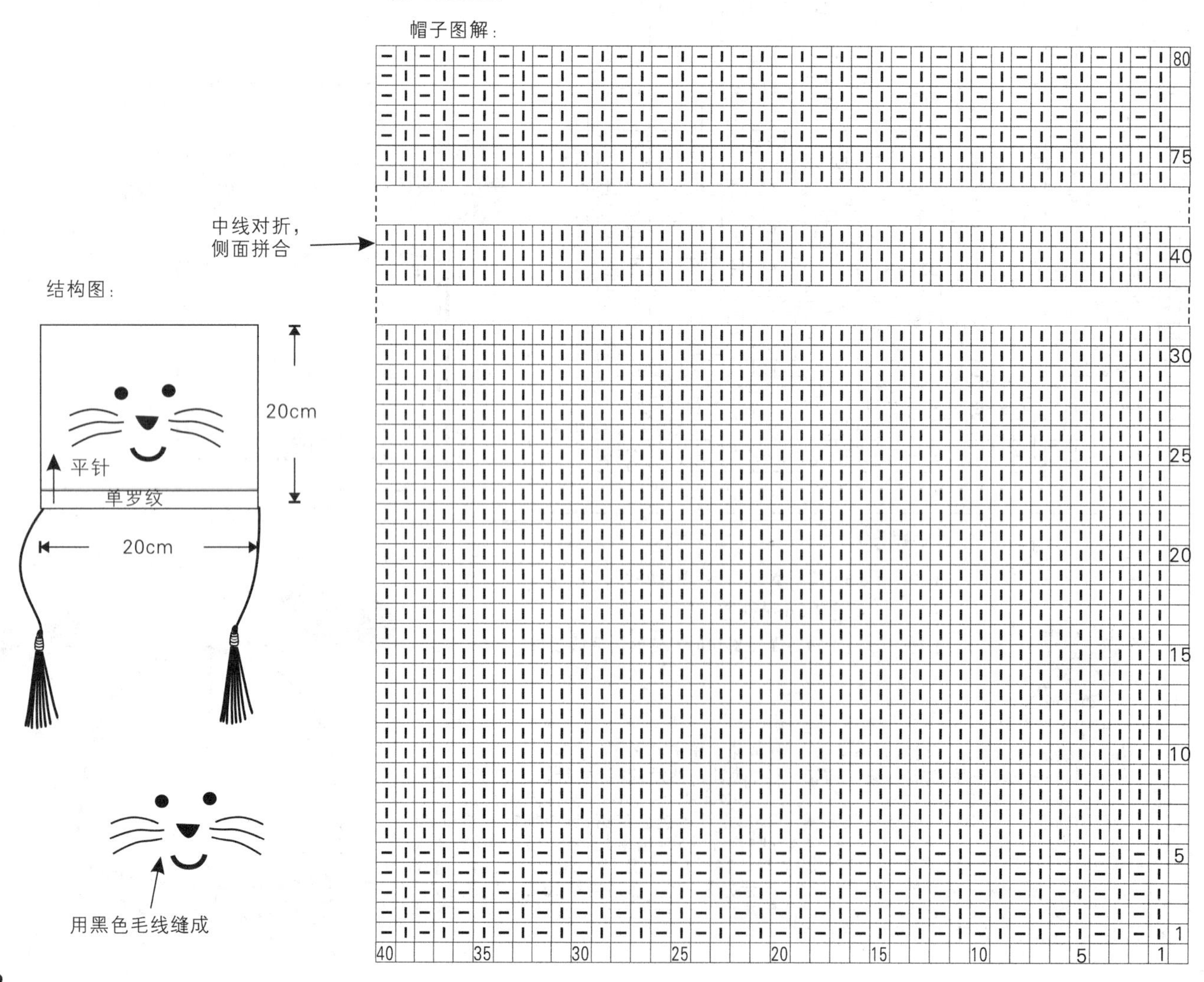

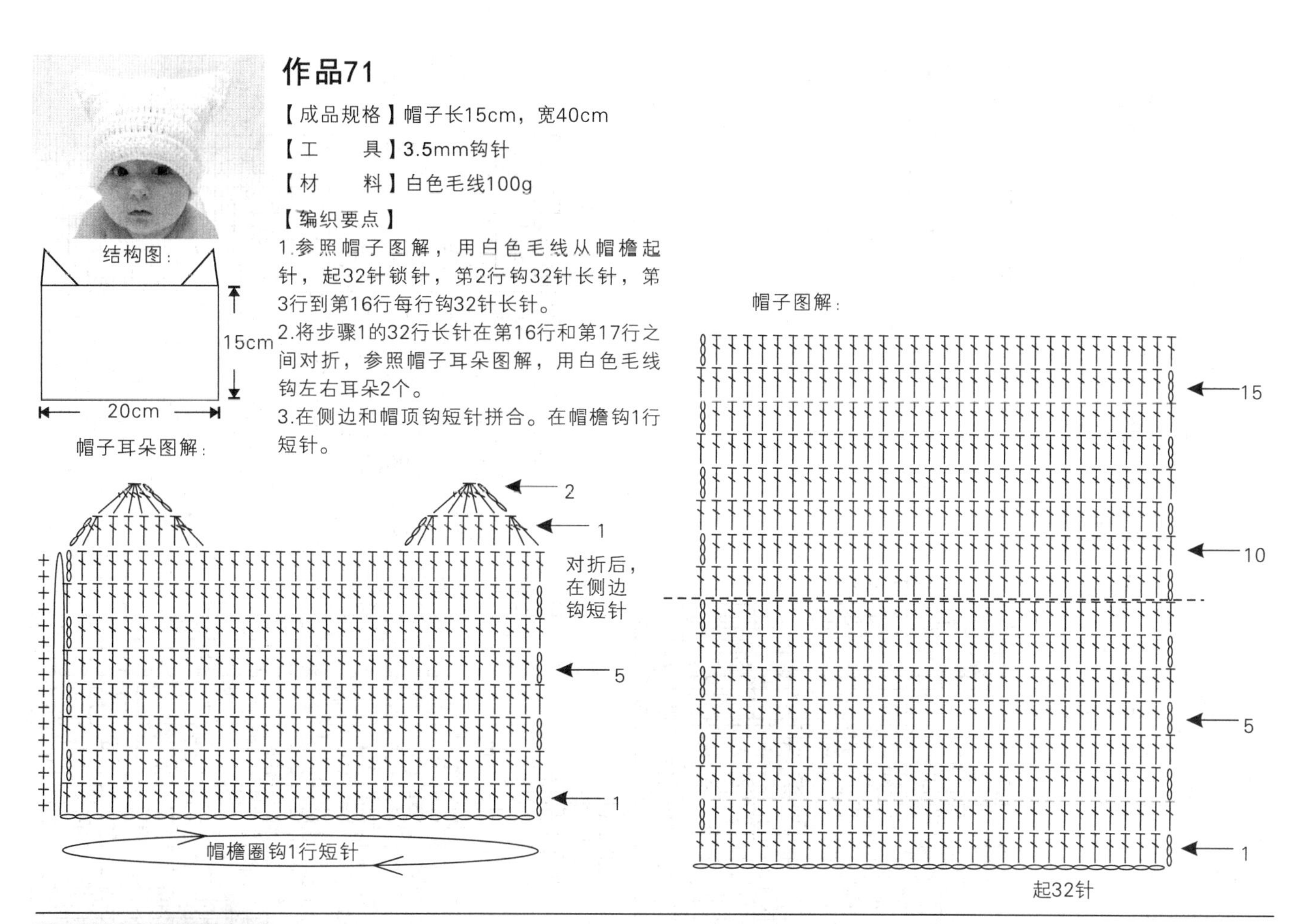

作品71

【成品规格】帽子长15cm，宽40cm

【工　　具】3.5mm钩针

【材　　料】白色毛线100g

【编织要点】

1.参照帽子图解，用白色毛线从帽檐起针，起32针锁针，第2行钩32针长针，第3行到第16行每行钩32针长针。

2.将步骤1的32行长针在第16行和第17行之间对折，参照帽子耳朵图解，用白色毛线钩左右耳朵2个。

3.在侧边和帽顶钩短针拼合。在帽檐钩1行短针。

作品72

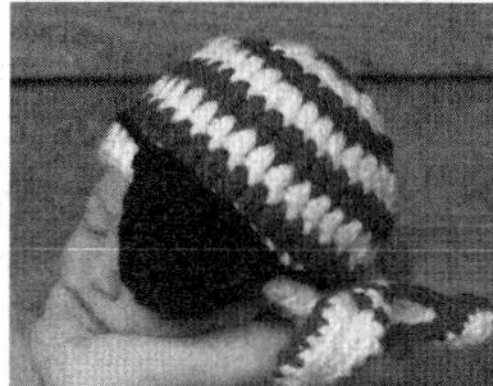

【成品规格】帽子长12cm，宽38cm

【工　　具】4.5mm钩针

【材　　料】红色、白色粗毛线各50g

【编织要点】

1.使用钩针编织法制作，用4.5mm钩针，白色、红色毛线。

2.从帽顶起钩，先用白色线，将线绕左手食指，起钩长针，起3锁针立针，算1针针数，圈内再钩9针长针，引拔结束。换红色线，钩织第二圈长针，加针，每针加1针长针，一圈共20针长针。第三行换白色线，隔1针长针加1针，一圈加10针，共30针。第4行换红色线，隔2针加1针长针，一圈加10针，共40针。第5行，换白色线，隔3针加1针长针，一圈加10针，共50针。第6行开始，不再加减针，红色和白色线相间配色钩织，共钩织9行，结束。再用黑色线依照花样B钩织一块护眼片，再钩织一段与帽子周长相等的锁针，连接护耳片两端。编织蝴蝶结装饰，中心起针，起19针锁针，再起3立针，用白色线依照花样C钩织一圈长针，再改用红色线绕长针一圈钩织短针，完成后，将中心打结，缝于帽侧边。

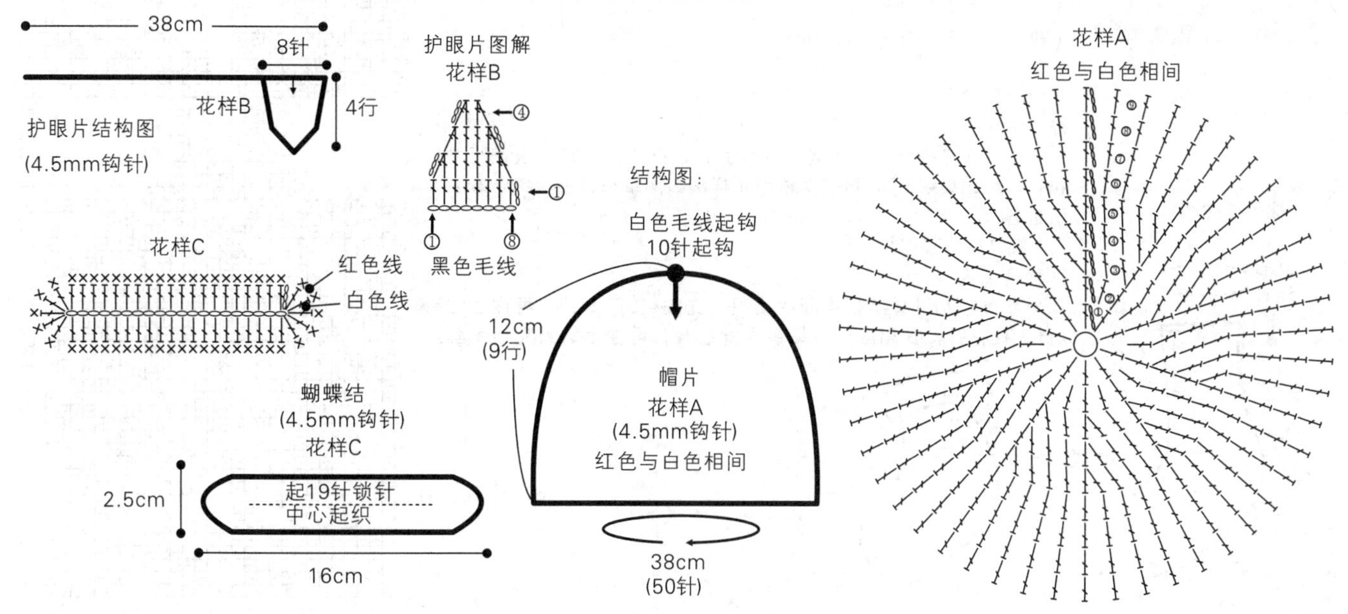

作品73、74

【成品规格】手套长13cm，袜子长22cm

【编织密度】20针x30行=10cm²

【工　　具】8号棒针

【材　　料】粉红色毛线60g，白色毛线20g

【编织要点】

手套编织：

1.从手套口起40针，首尾相连圈状编织，先用白色线编织2行下针，再换粉红色线往上编织4行下针，依次照手套结构图及花样编织图所示，编织完整手套。

2.制作系带，安装在手套相应位置处。

袜子编织：

1.从袜子口起36针首尾相连圈状编织，先用白色线编织2行下针，再换粉红色线往上编织32行下针，后依照花样图所示编织好后跟。

2.袜面尖端减针编织，缝合袜尖部位。

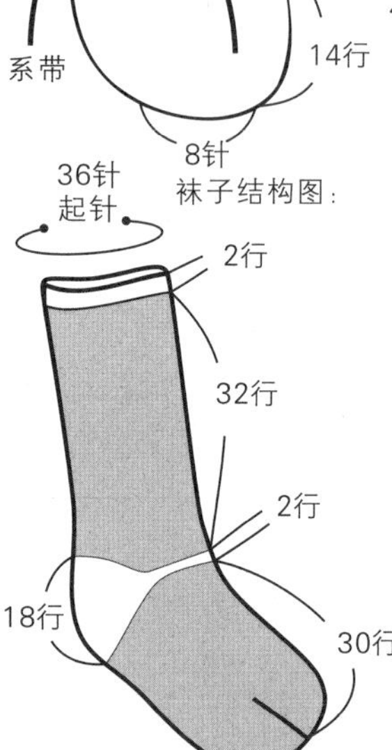

36针
起针
袜子结构图：
2行
32行
2行
18行
30行

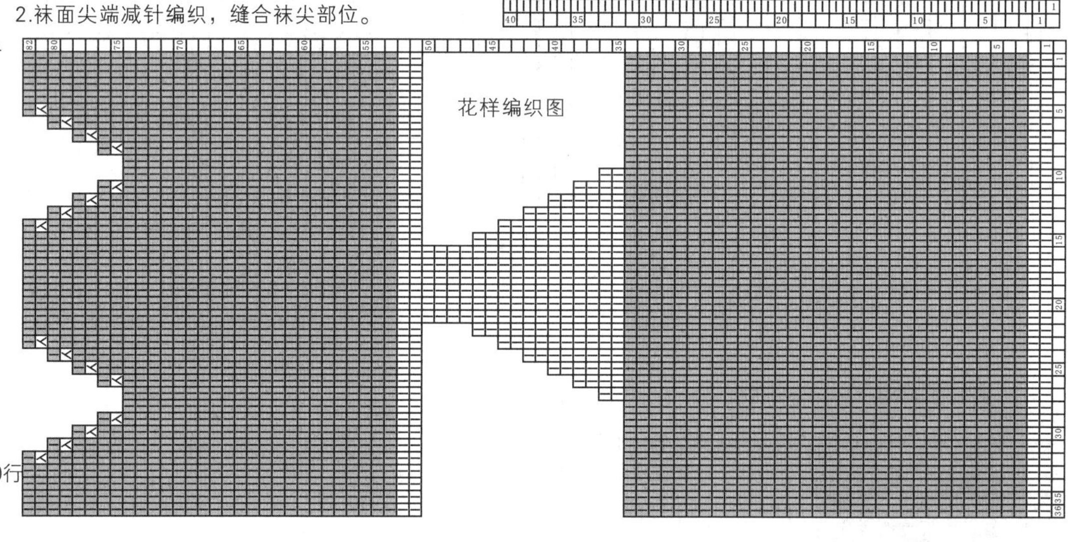

作品75、76

【成品规格】袜子长17cm，手套长12cm

【编织密度】20针x30行=10cm²

【工　　具】8号棒针

【材　　料】粉红色毛线60g

【编织要点】

袜子编织：

1.从袜子口起28针，片状编织14行上针，再往上圈状编织18行单桂花针，后跟编织8行，再往上依照花样编织图编织鞋面，缝合鞋尖，两边各8针。

2.在鞋口后边装纽扣。

手套编织：

从手套口起24针首尾相连圈状编织，先编织8行上针，再往上编织4行单桂花针，在相应位置编织大拇指套，再往上编织完整手套。

袜子结构图：

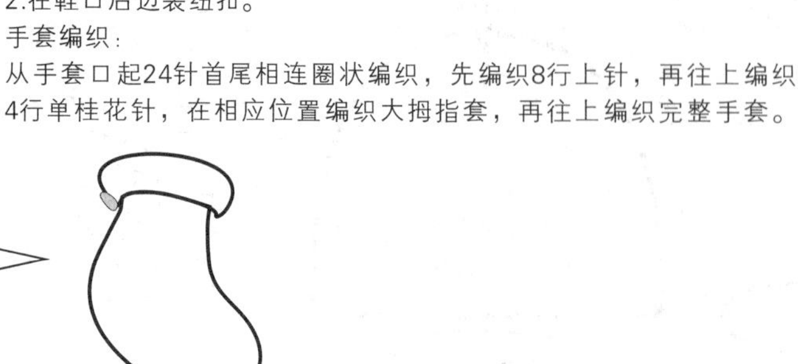

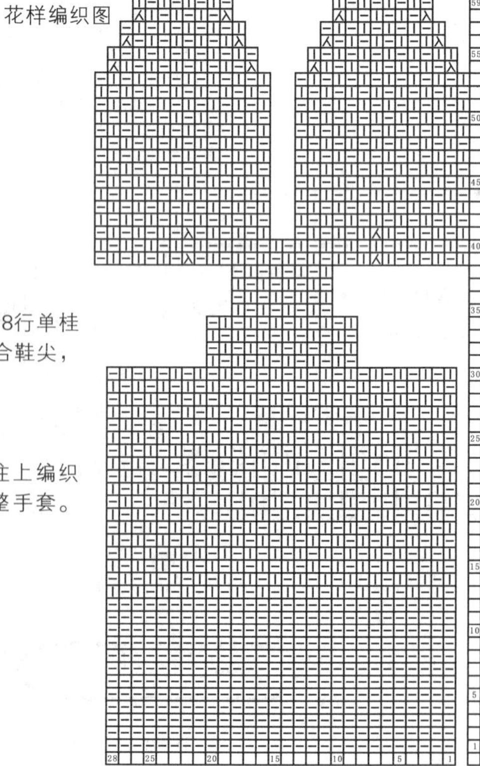

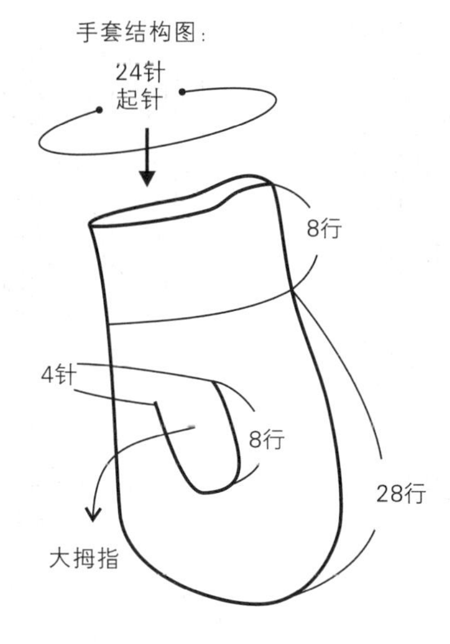

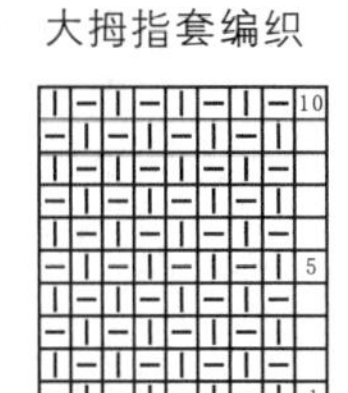

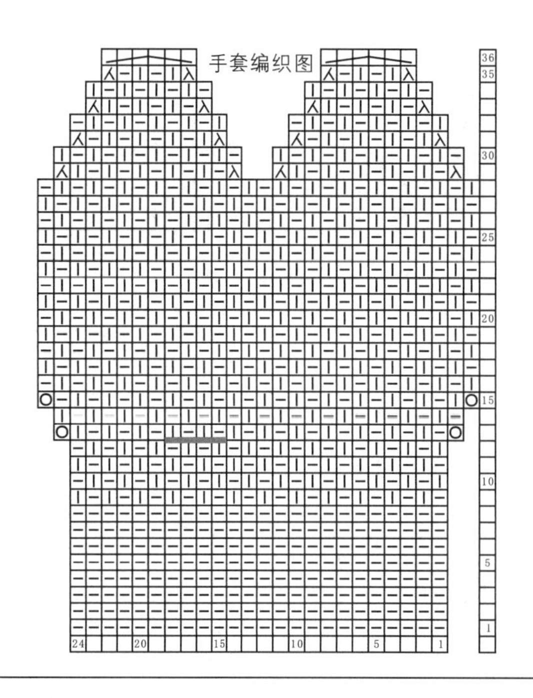

作品77

【成品规格】手套长16cm

【编织密度】20针x30行=10cm²

【工　　具】8号棒针

【材　　料】米白色毛线60g

【编织要点】

1.从手套口起32针，首尾相连圈状编织，先编织16行单罗纹，再往上编织24行下针，并在手套尖部位依照花样所示进行减针编织，最后剩下2针并1针断线。

2.钩织耳朵4片，在每只手套相应位置固定2片。

3.缝制眼睛、嘴巴与胡须。

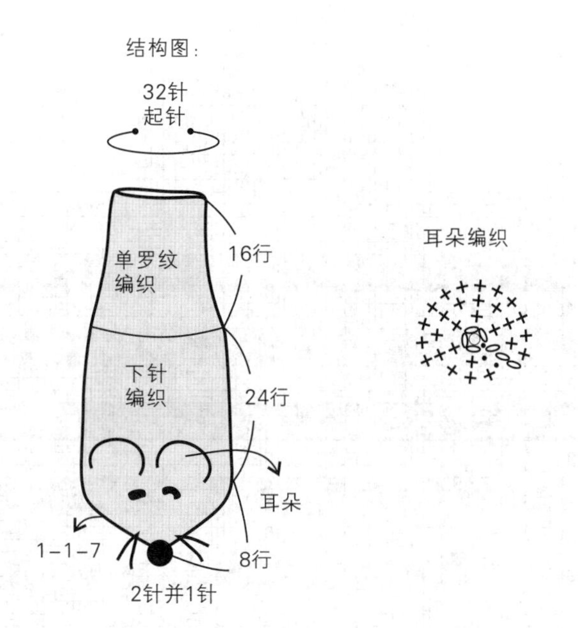

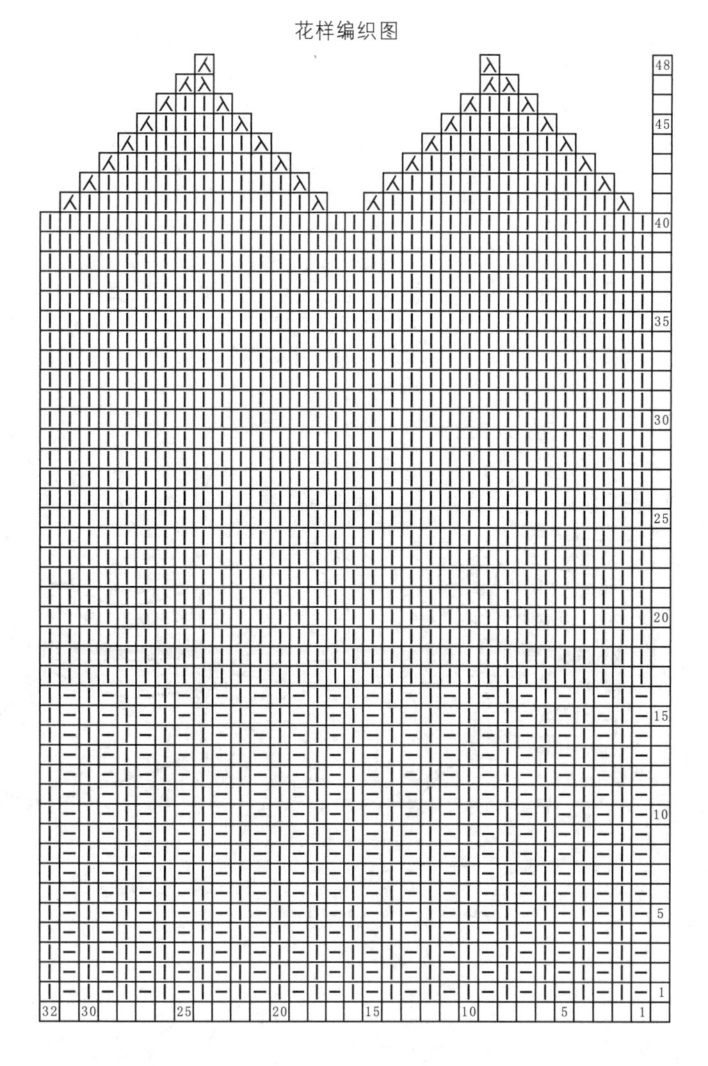

作品78

【成品规格】鞋子高14cm，鞋底长9cm

【编织密度】20针x30行=10cm²

【工　　具】8号棒针

【材　　料】粉色、白色、蓝色毛线各40g

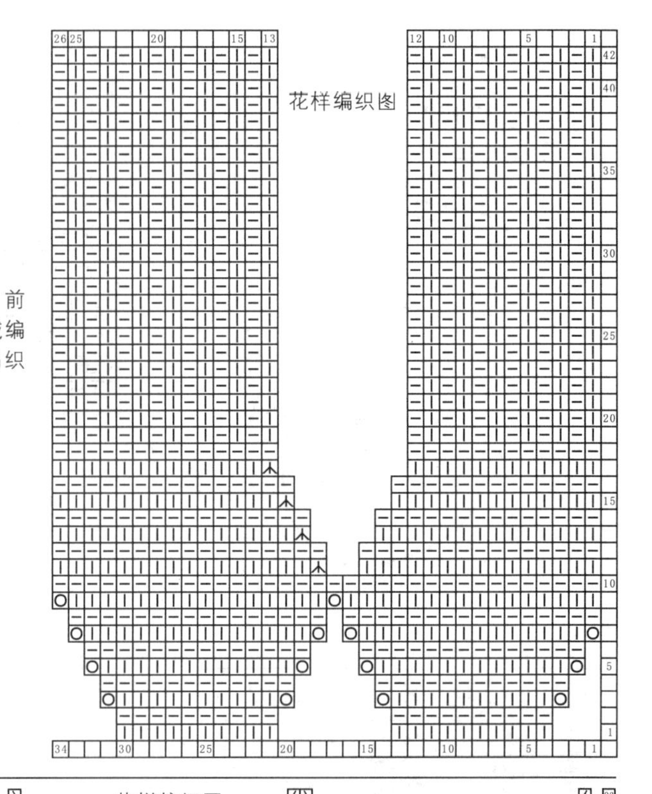

【编织要点】

1.从鞋底圈状起20针，依照花样编织图所示，前后加针编织10行上下针后，后跟部位不加不减编织，前面部位依照花样图所示减针编织，编织8行上下针后剩26针，往上编织24行单罗纹。

2.鞋底部位对折固定。

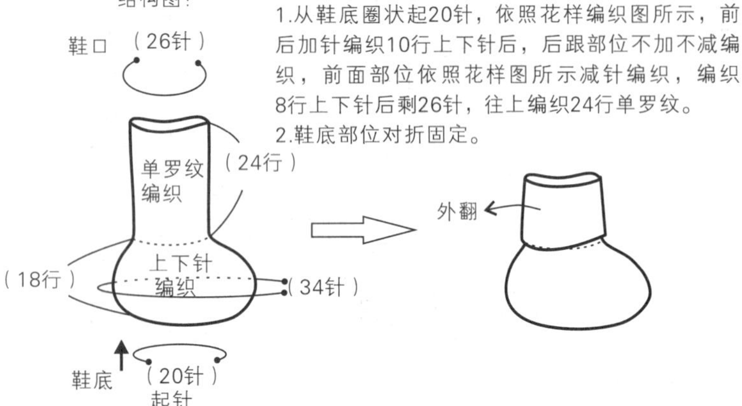

作品79、80

【成品规格】鞋子高14cm，鞋底长13cm

【编织密度】20针x30行=10cm²

【工　　具】8号棒针

【材　　料】白色毛线50g，蓝色毛线20g

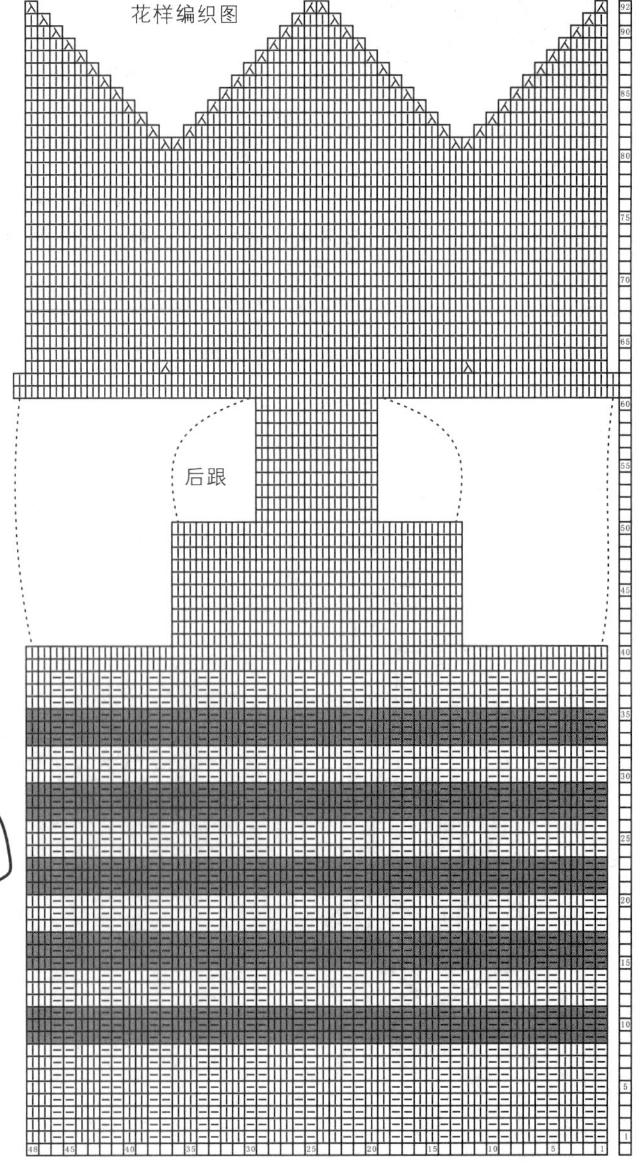

【编织要点】

1.从鞋口起48针首尾相连圈状编织，先用白色线编织6行双罗纹，再换蓝色线编织3行双罗纹，白、蓝每3行交替编织到第28行。

2.依照后跟花样处编织后跟，再依次往上按照花样减针图编织鞋面，并把剩余4针对折缝合。

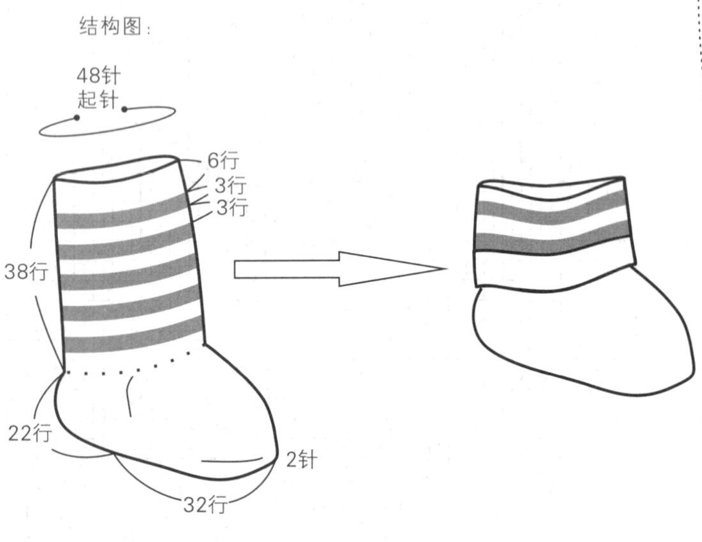

作品81

【成品规格】鞋底长14cm，鞋面高12cm

【编织密度】20针x30行=10cm²

【工　　具】8号棒针

【材　　料】玫红色毛线30g，红色毛线10g

结构图：

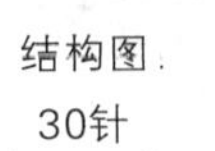

【编织要点】

1.编织鞋底：用红色线起18针，圈状编织6行上下针，并在鞋尖与鞋后跟处进行加针，共加至56针。

2.用玫红色线在鞋底周围挑56针，依照鞋面花样图所示，编织6行下针，再在鞋前面部位进行减针，减针后剩下30针图往上编织12行下针，最后用红色线编织2行下针收针。

鞋底编织

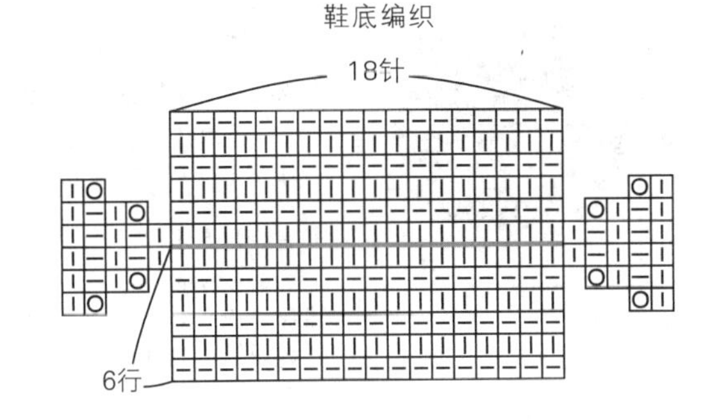

鞋面花样图

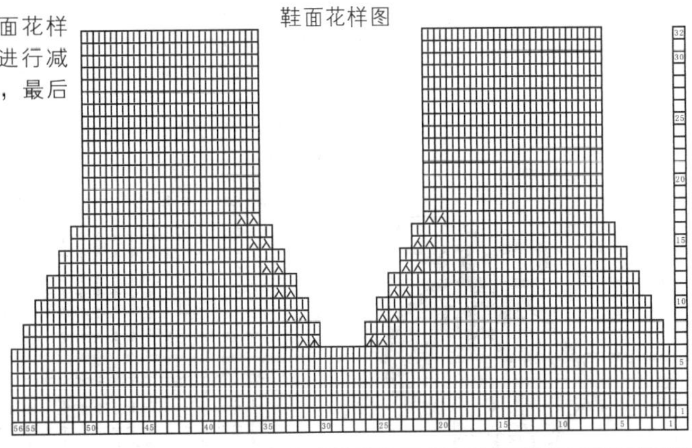

作品82

【成品规格】鞋底长11cm，鞋面高5cm

【编织密度】20针x20行=10cm²

【工　　具】8号棒针

【材　　料】淡紫色毛线30g

【编织要点】

1.鞋底从后跟起6针，编织16行上下针，上面2行减2针。

2.从鞋口起36针，在前面部位加针，每行加3针共加4次即12针，再往上编织6行单罗纹，并固定在鞋底上。

3.在鞋口挑针钩织2行短针，并编织鞋带，缝合在鞋子内侧，在鞋子外侧装纽扣。

结构图：

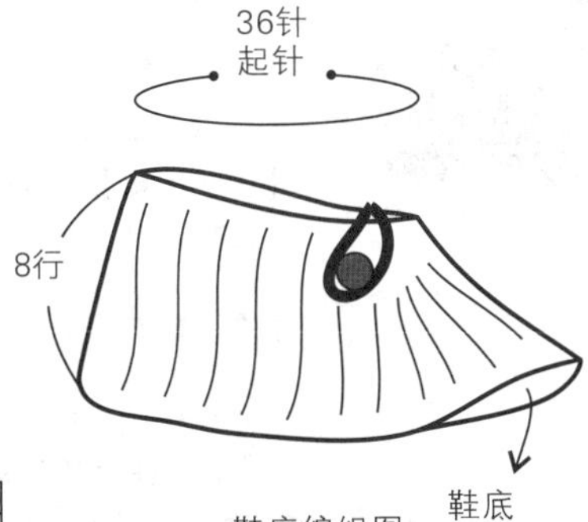

鞋面编织图

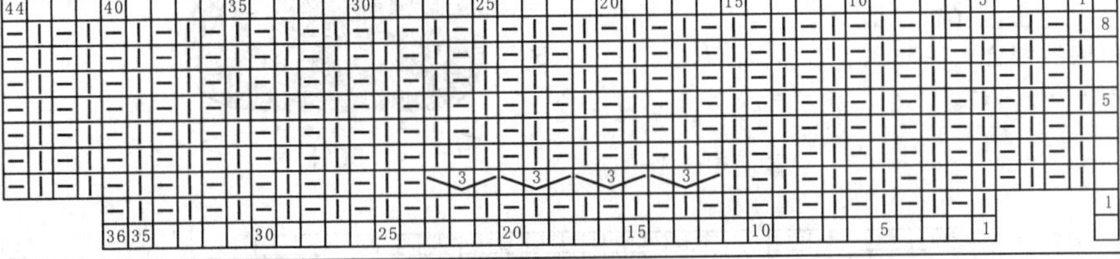

鞋底编织图

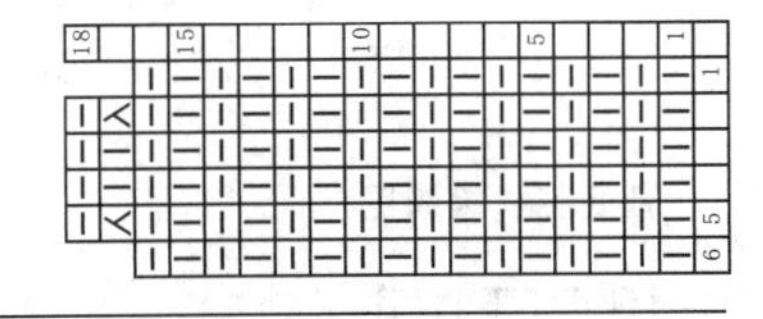

作品83

【成品规格】鞋底长13cm，鞋面高10cm

【工　　具】2.5mm钩针

【材　　料】淡黄色毛线30g，橘红色毛线5g

【编织要点】

1.鞋底的钩法：

第1行起13针锁针，1针起立针，钩6针短针，1针中长针，17针长针，1针中长针，10针短针，引拔。第2行，3针起立针，如图圈钩，注意中间有短针和中长针的过渡鞋尖加针5针，鞋后跟加针3针。第3行起3针立针，鞋头加针10针，鞋后跟加针6针。

2.鞋侧面和鞋面的钩法：

在鞋底的基础上，往上挑针钩针4行短针，再依照花样图所示，在鞋前面中心处进行减针编织。

结构图：

效果图：

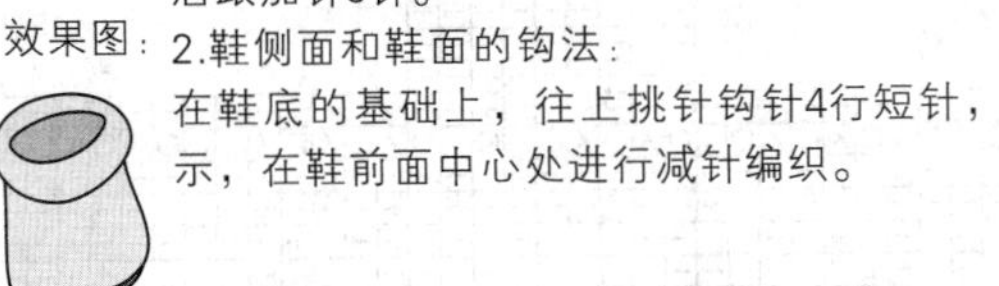

鞋底编织图

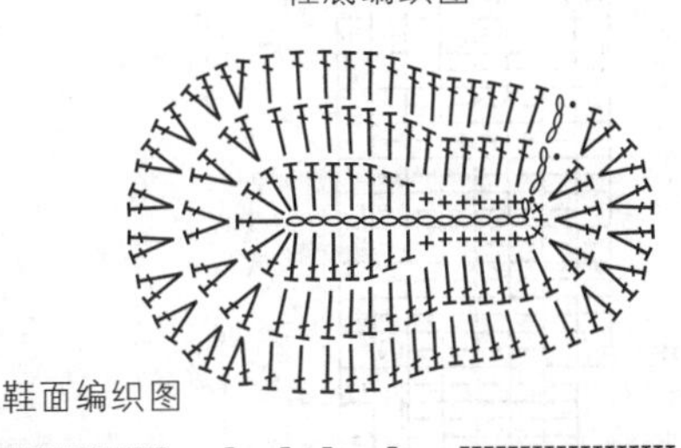

鞋面编织图

作品84

【成品规格】鞋底长13cm，鞋面高7cm

【工　　具】2.5mm钩针

【材　　料】淡蓝色毛线30g，深蓝色毛线10g

【编织要点】

1.鞋底的钩法：
起13针锁针，1针立针，圈钩28针短针，第2行同样钩短针，余下行数加针方法依照鞋底编织图所示进行编织。

2.鞋侧面和鞋面的钩法：
依照鞋面编织图所示，进行鞋面编织，并在前面中心部位进行减针，编织鞋舌、左右侧面及后跟。

3.在鞋口及鞋舌边缘钩织一圈短针，在鞋底边缘钩织一圈短针。

4.编织鞋带，穿插在左右侧面相应位置。

鞋底编织图

结构图：

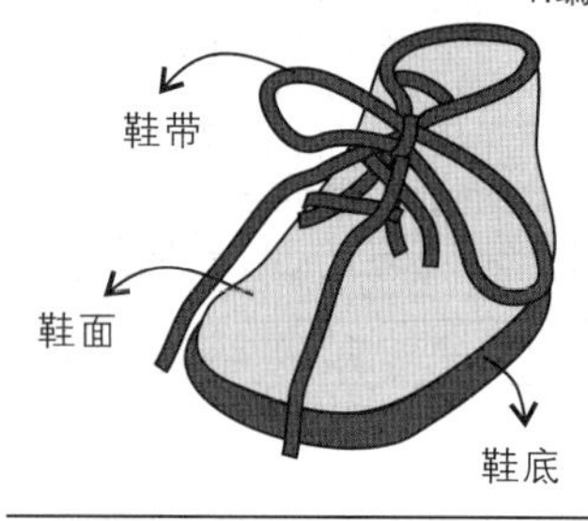

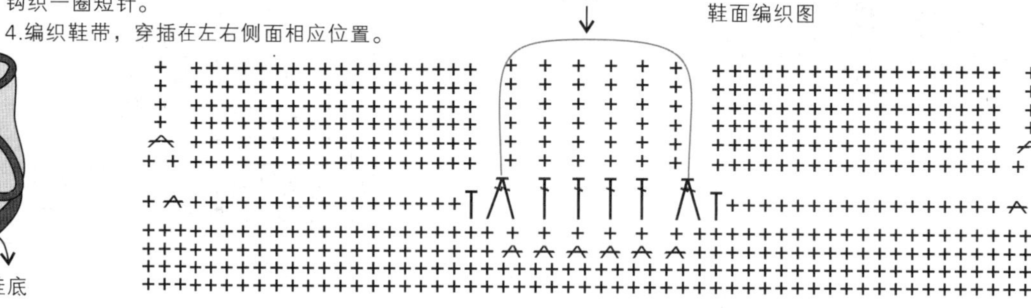

作品85

【成品规格】鞋底长14cm，鞋面高10cm

【编织密度】20针x30行=10cm²

【工　　具】8号棒针

【材　　料】朱红色毛线60g，红色毛线20g

【编织要点】

1.从鞋后跟起5针，片状编织，依照鞋底花样编织图所示，进行加针编织22行。

2.从鞋底往上挑针编织56针，往上编织6行后，在鞋前面中心处往上挑10针，编织10行上针，与鞋面侧缝缝合，后与剩下的26针一起往上编织18行上针。

结构图：

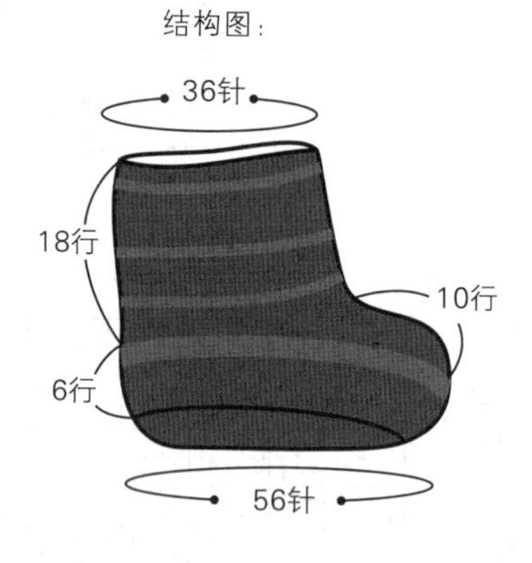

鞋底花样编织图

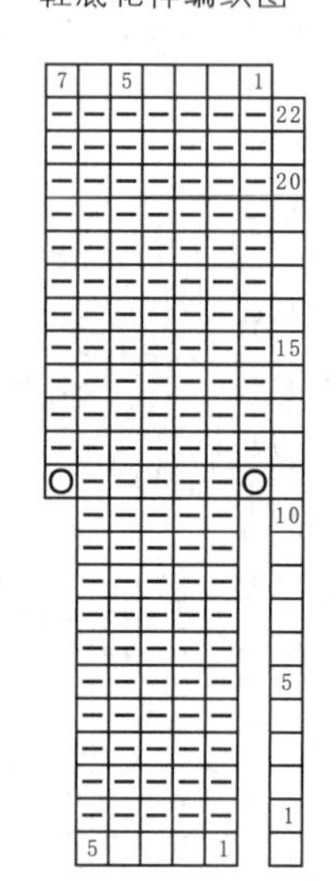

鞋面编织图

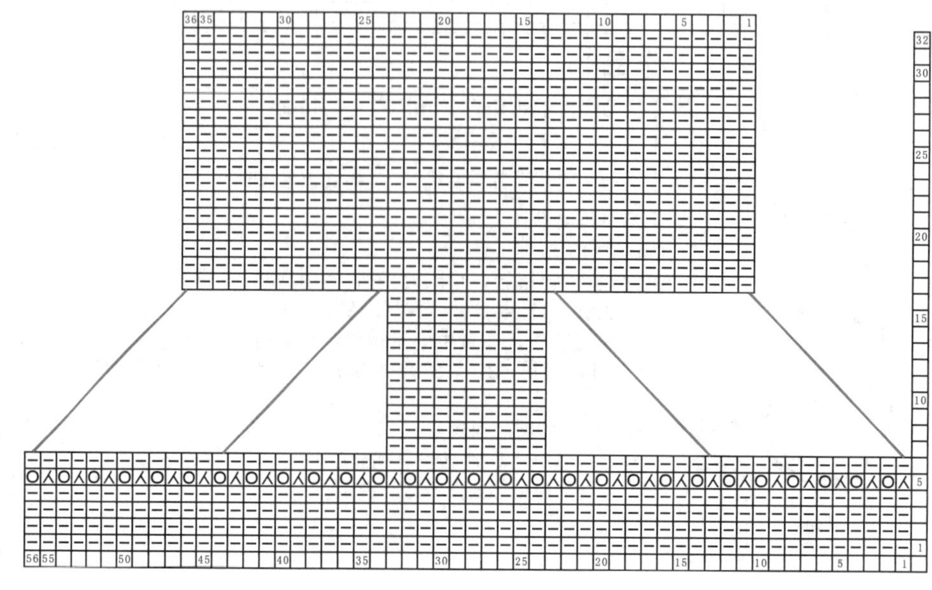

作品86

【成品规格】鞋底长12cm，鞋面高5cm

【工　　具】2.5mm钩针

【材　　料】黄色段染毛线40g

【编织要点】

1.鞋底的钩法：

第1行起17针锁针，1针立针，圈钩36针短针。第2行起1针立针，如图圈钩，注意中间有短针和中长针的过渡鞋头加针3针，鞋后跟加针1针。第3行起1针立针，如下图圈钩，其余3行分别依照鞋底编织图所示进行加针编织。

2.鞋侧面和鞋面的钩法：

在鞋底的基础上，往上挑针钩织一行长针，再依照鞋面编织图所示进行减针编织。

3.在鞋口钩织一圈鞋沿。

4.钩织鞋带，穿插在鞋口相应位置。

鞋底编织图

鞋沿编织图

结构图：

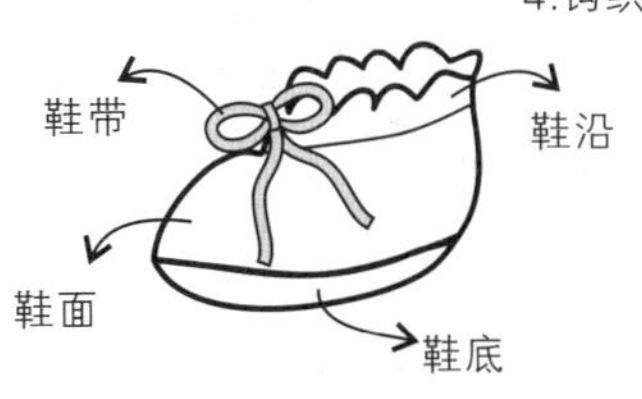

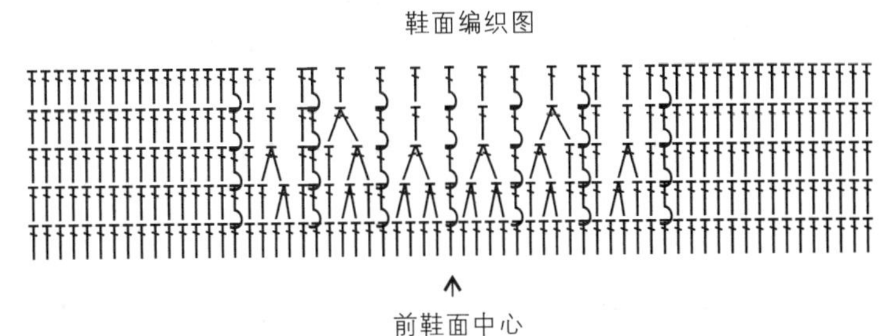

作品87

【成品规格】鞋底长14cm，鞋面高10cm

【编织密度】20针x30行=10cm²

【工　　具】8号棒针

【材　　料】绿色毛线40g

【编织要点】

1.从鞋底中心起18针，圈状编织下针，依照鞋底编织图所示，进行加针编织6行，外圈为48针。

2.沿着鞋底边缘，依照鞋面编织图所示进行编织。

3.编织鞋带，安装在鞋子相应位置处。

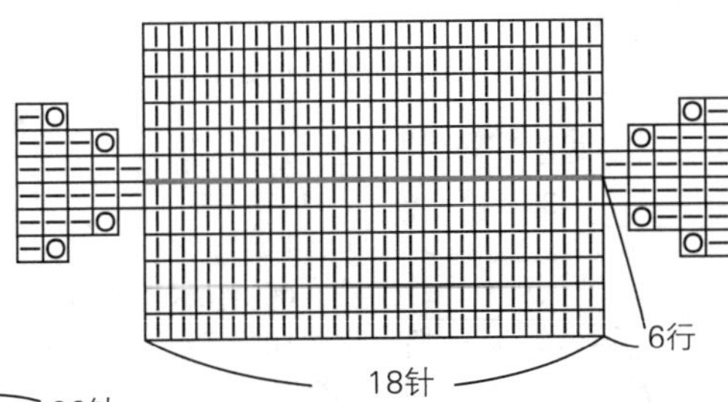

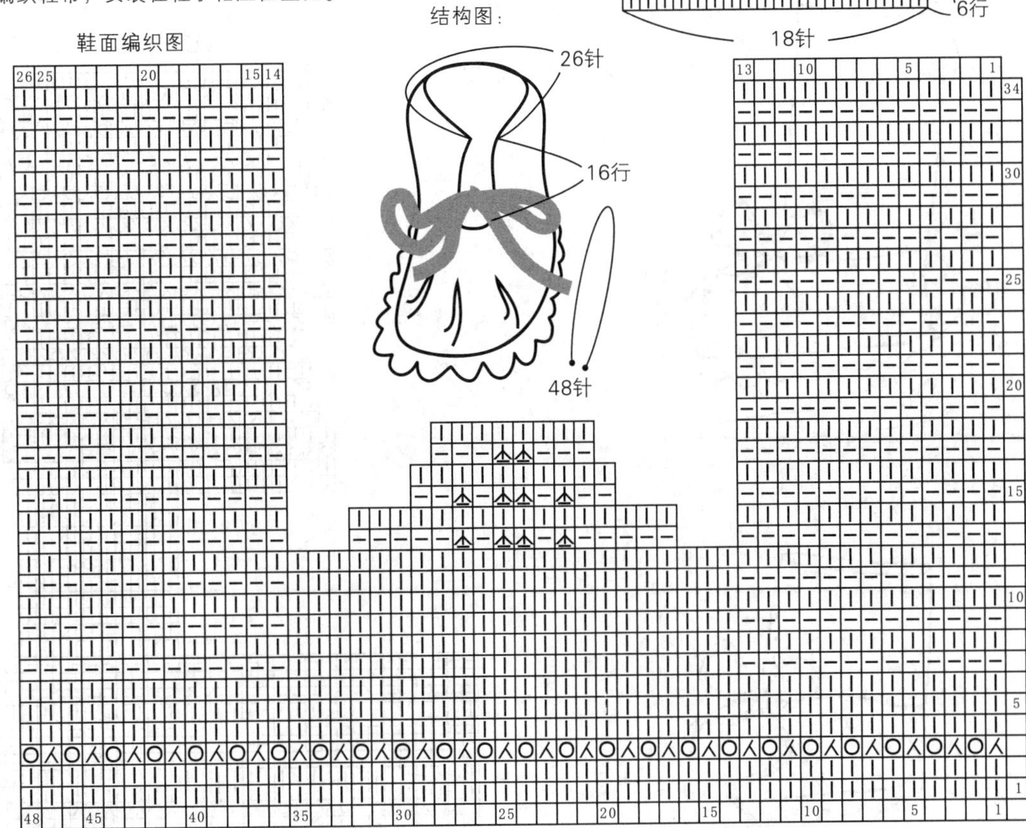

作品88

【成品规格】鞋底长10cm，鞋面高6cm

【工　　具】2.5mm钩针

【材　　料】浅绿色毛线30g

【编织要点】

1.鞋底的钩法：
第1行起11针锁针，1针立针，圈钩24针短针，引拔。第2行起1针立针，如下图圈钩，注意中间有短针和中长针的过渡鞋头加针3针，鞋后跟加针1针第3行起1针立针，如图圈钩，鞋头加针6针，鞋后跟加针4针，后两行编织方法依照鞋底编织方法进行编织。

2.鞋侧和鞋面的钩法：
在鞋底的基础上，先挑针钩织2行短针，再在鞋前面部位依照鞋面编织图所示进行减针，并编织鞋舌及左右侧面。

3.在鞋底边缘钩织一行短针。

4.用扁带做系带，穿插在鞋子相应位置。

鞋底编织图

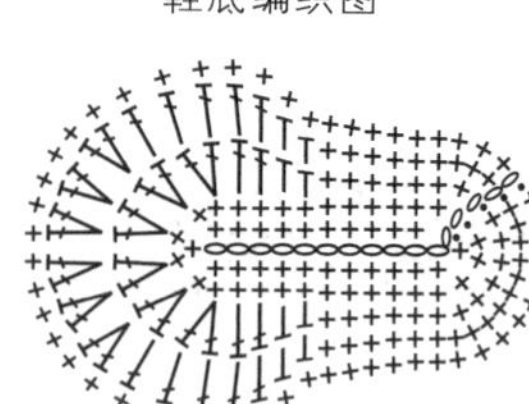

鞋面编织图

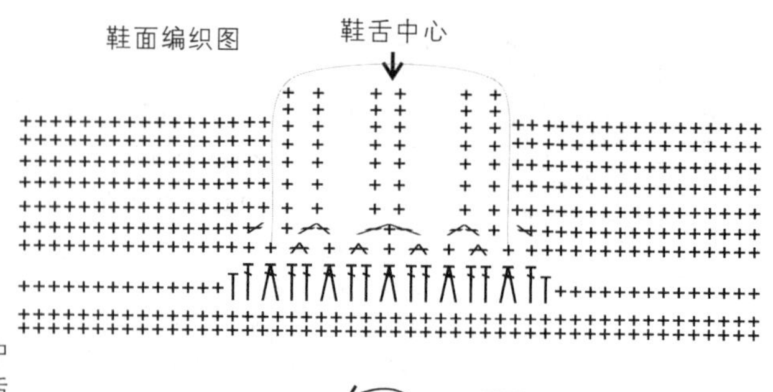

结构图：

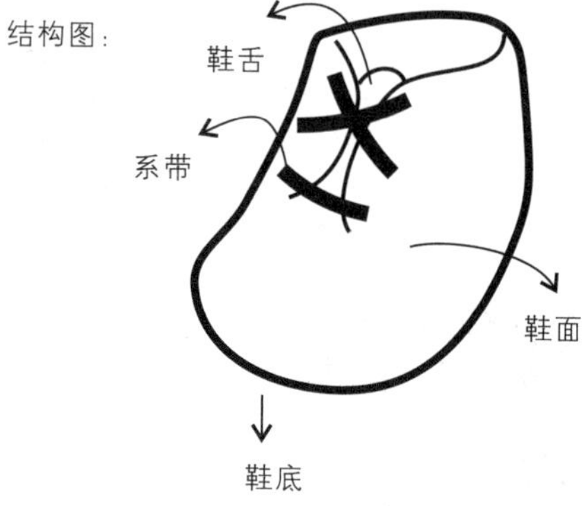

作品89

【成品规格】鞋底长12cm，鞋面高20cm

【编织密度】20针x20行=10cm²

【工　　具】8号棒针

【材　　料】蓝色毛线30g

【编织要点】

1.从鞋底中心起18针，圈状编织下针，依照鞋底花样图所示，进行加针，编织6行，外圈为48针。

2.沿着鞋底边缘，依照鞋面花样图所示进行编织，鞋侧10行，在前鞋面中心处编织10针，再编织10行下针，与后侧剩余针共30针一起编织花样。

3.编织鞋带，安装在鞋子相应位置处。

结构图：

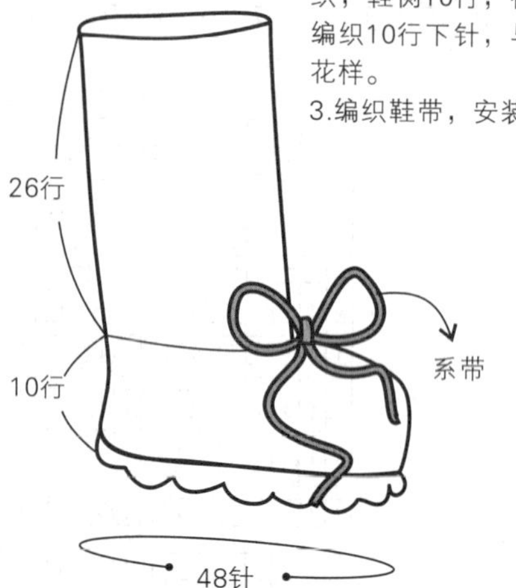

效果图：

鞋底花样图

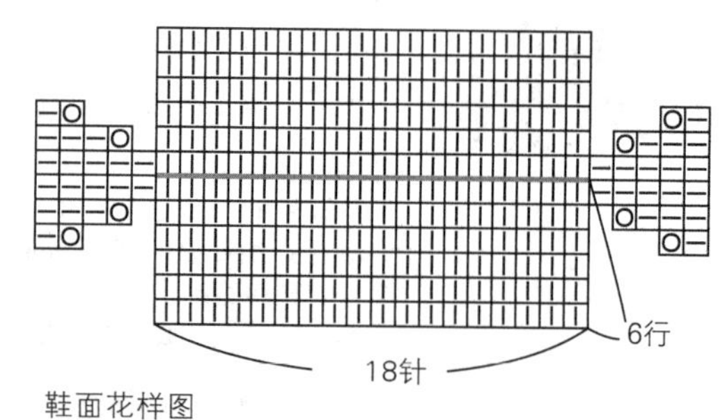

鞋面花样图

作品90

【成品规格】鞋底长9cm，鞋面高12cm

【工　　具】3.5mm钩针

【材　　料】灰色毛线50g，白色毛线适量

【编织要点】

1.鞋底的钩法：

第1行，起针11针锁针，1针起立针，圈钩24针短针。第2行，1针起立针，如图圈钩，注意中间有短针和中长针的过渡鞋头加针3针，鞋后跟加针1针。第3行，1针起立针，如鞋底编织图圈钩，鞋头加针6针，鞋后跟加针4针。

2.鞋侧和鞋面的钩法：

在鞋底的基础上，先钩织一行长针，后跟处减2针，依照鞋面编织图编织完整鞋面。

3.依照鞋襻编织图所示，起20针辫子针，向上编织8行短针，并用白线在鞋襻边缘钩织一圈逆短针，缝合在鞋子内侧面，用扣子固定在外侧面。

结构图：

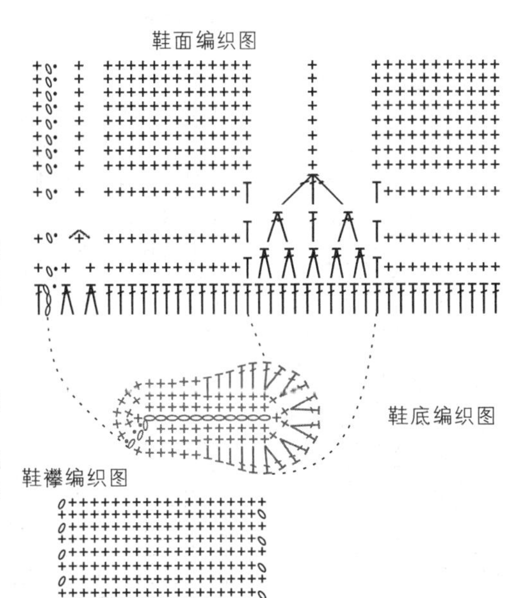

作品91

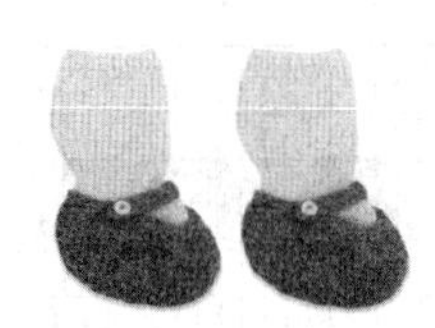

【成品规格】鞋底长8cm，鞋面高5cm

【编织密度】20针x30行=10cm^2

【工　　具】8号棒针

【材　　料】深灰色毛线30g

【编织要点】

1.从鞋口起38针，圈状编织，依照结构图所示，先编织2行上针，再往上不加不减编织2行下针，第5行在鞋面中间对称处加2针，即40针，第6行编织40针，第7行在前面部位共加4针，即44针，然后依照花样编织图所示进行减针，鞋底剩余22针，对称缝合。

2.依照鞋带编织图所示，起3针，编织18行下针，编织好后，固定在鞋子内侧鞋口处，再装纽扣固定。

结构图：

鞋口

（38针）
起针

鞋带

（2行）

鞋后跟

（22行）

鞋前面

（44针）

鞋底（11针）

鞋带编织图

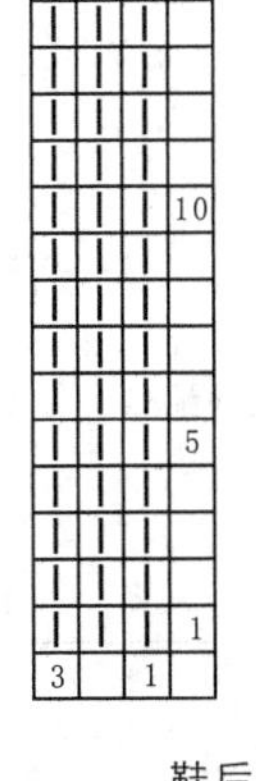

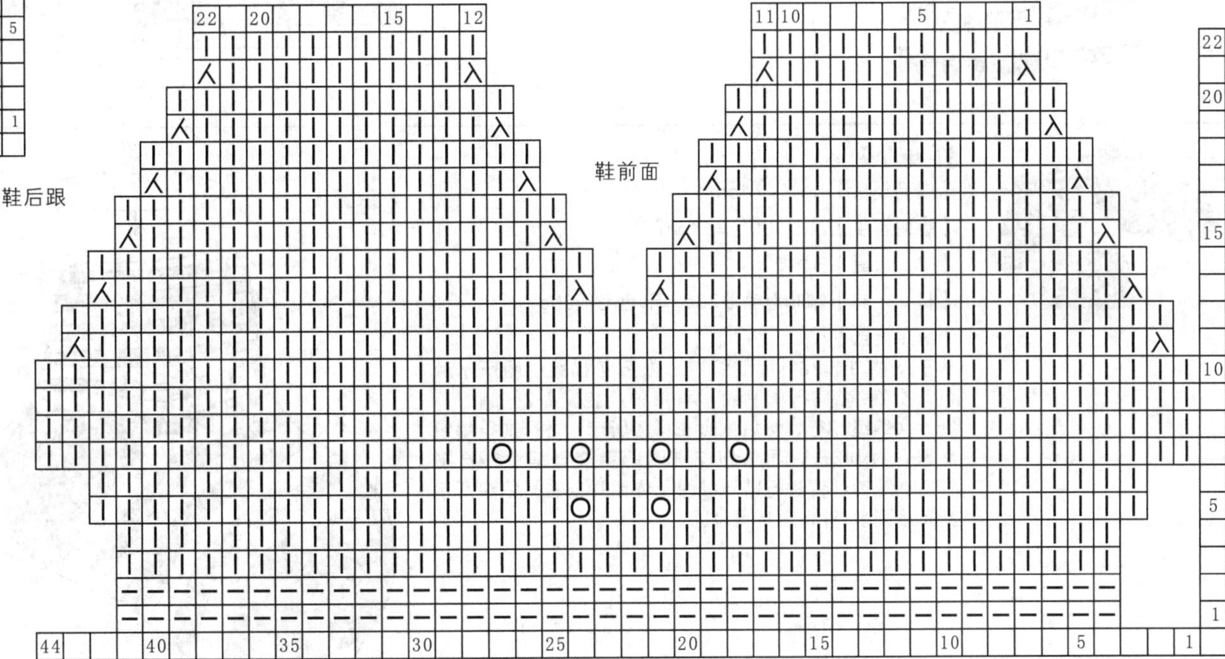

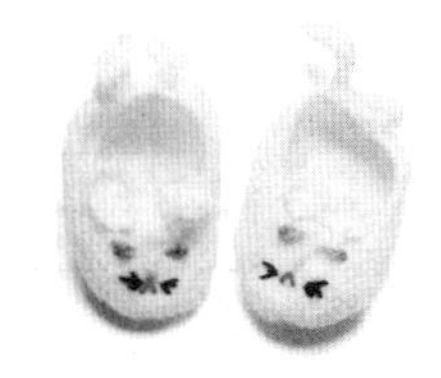

作品92

【成品规格】袜底长10cm，袜面高4cm

【编织密度】38针x40行=10cm²

【工　　具】3号棒针

【材　　料】白色细毛线30g，其他颜色适量

【编织要点】

1.袜子是从后跟起12针，依照袜面编织图所示减针编织24行单桂花针。

2.在袜底上挑76针，依照袜面编织图所示圈状编织袜面。

3.编织耳朵与尾巴，缝合在袜子相应位置，并在前袜尖缝制眼睛及嘴巴。

袜底编织图

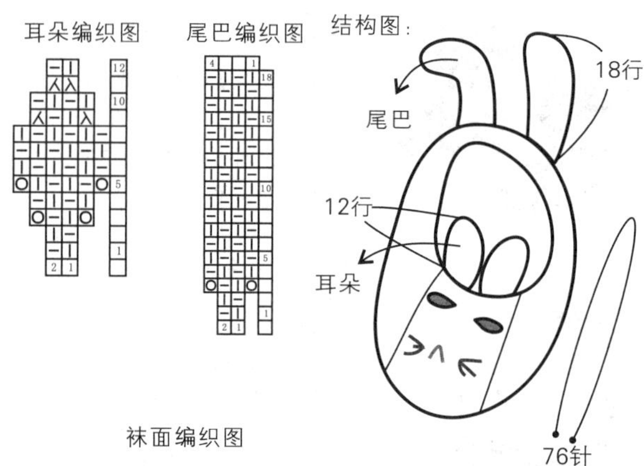

袜面编织图

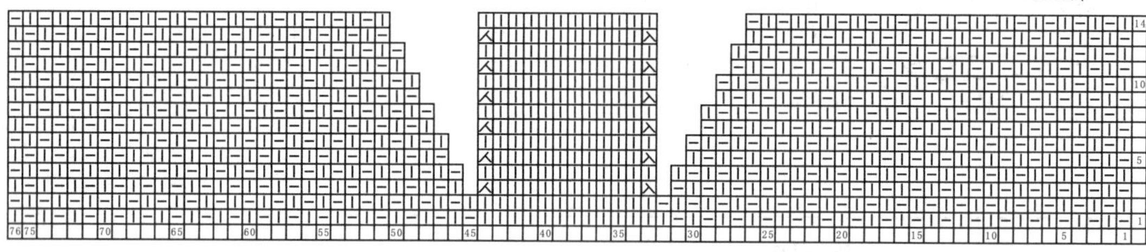

作品93

【成品规格】袜子长14cm

【编织密度】20针x30行=10cm²

【工　　具】10号棒针

【材　　料】绿色毛线20g，白色毛线20g

【编织要点】

1.从袜口起24针，圈状编织，依照花样图所示绿色与白色2行交替编织，并分别进行加减针编织。

2.缝合前袜尖处。

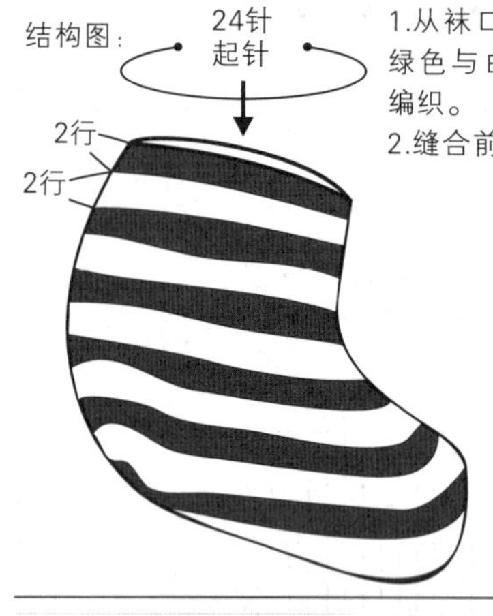

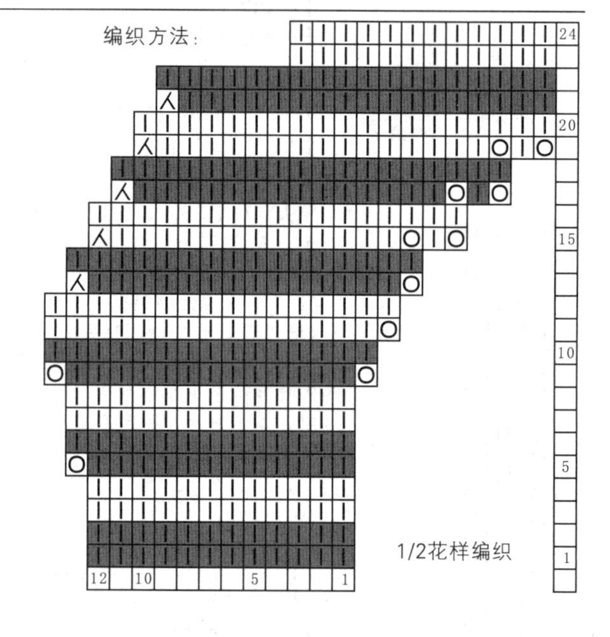

作品94

【成品规格】袜子长14cm

【编织密度】20针x30行=10cm²

【工　　具】8号棒针

【材　　料】咖啡色毛线20g，米色毛线20g

【编织要点】

袜子从袜口起28针圈装编织，依照花样编织图所示颜色，交换编织8行单罗纹，再每种颜色交替2行编织下针，共编织22行，然后依照花样图所示，进行加行编织后跟，共加6行，再依照花样图所示交替编织12行下针，在袜前部位进行减针编织，依照袜前花样编织所示减针后剩余8针，对折缝合固定。

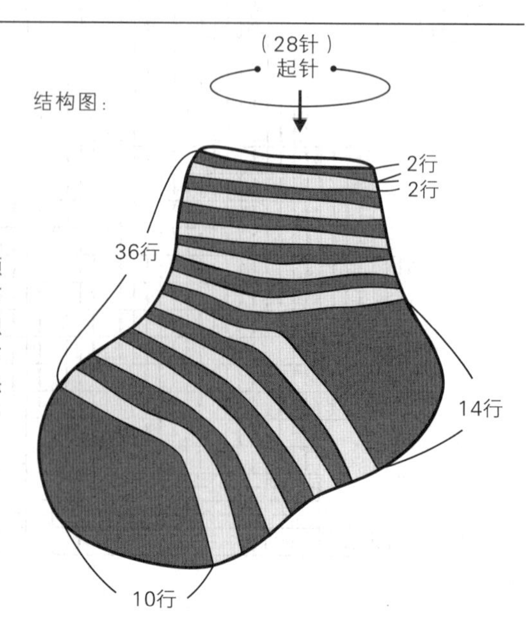

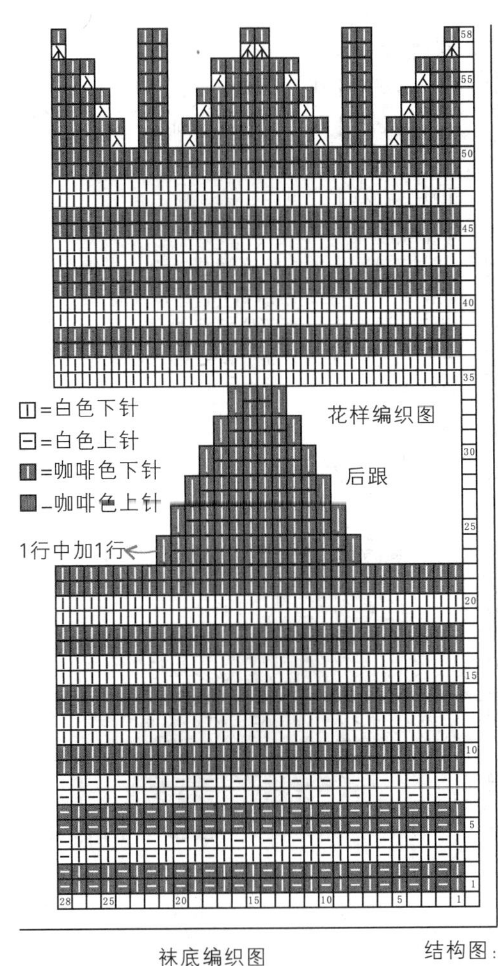

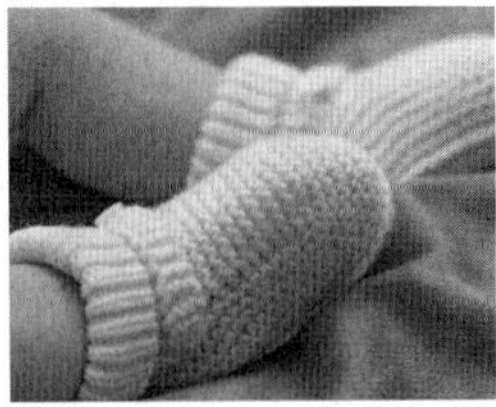

作品95

【成品规格】袜底长12cm，袜面高15cm

【编织密度】20针x30行=10cm²

【工　　具】8号棒针

【材　　料】白色毛线30g

【编织要点】

1.袜底从袜底中心起24针，圈状编织，依照袜底花样编织图所示，进行加针编织6行。

2.从袜口起40针，编织30行单罗纹，再往上编织20行上下针，在袜尖部位进行加针，在左右袜侧进行挑针后，共60针，编织8行。

3.编织袜带，起4针，编织22针上下针。

4.缝合袜面与袜侧，及后跟中线处。

袜面编织图

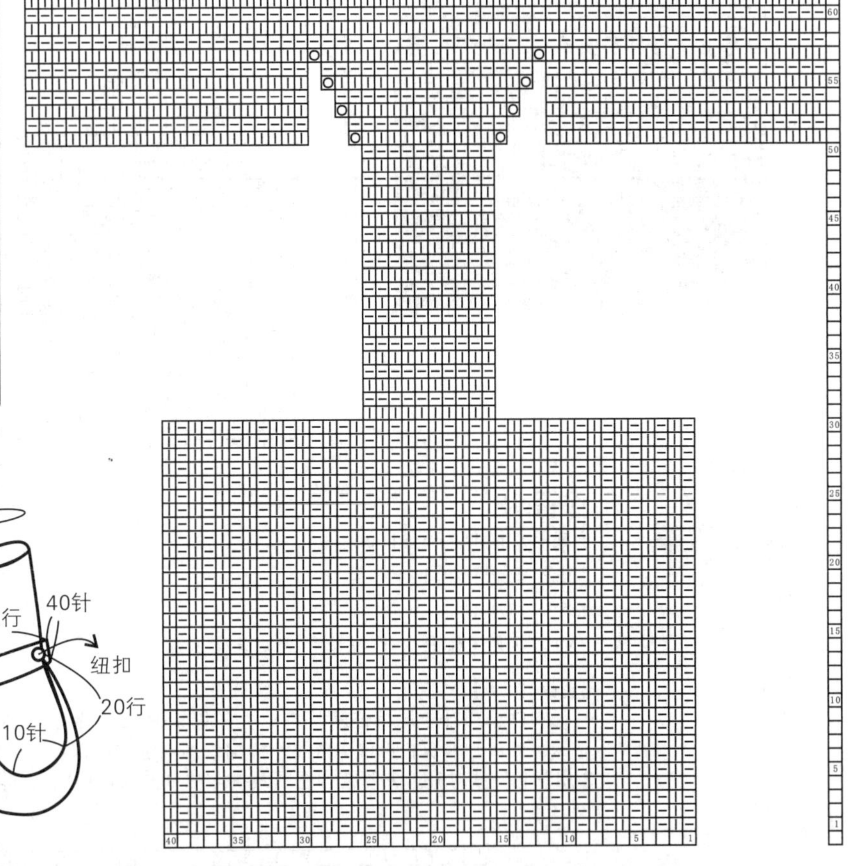

袜底编织图

24针

6行

结构图：

40针
起针

30行

22行

40针

纽扣

14行

20行

10针

60针

作品96

【成品规格】袜子长25cm

【编织密度】20针x30行=10cm²

【工　　具】8号棒针

【材　　料】绿色毛线40g，红色、蓝色、黄色、粉色毛线各适量

【编织要点】

从袜口起36针首尾相连圈状编织，先用绿色线编织40行上下针，再换红色线编织4行上针，然后分别换蓝色、黄色、粉色毛线，交替编织4行，然后依照花样编织图加减针编织后跟及前面，并把剩余20针对折缝合。

结构图：

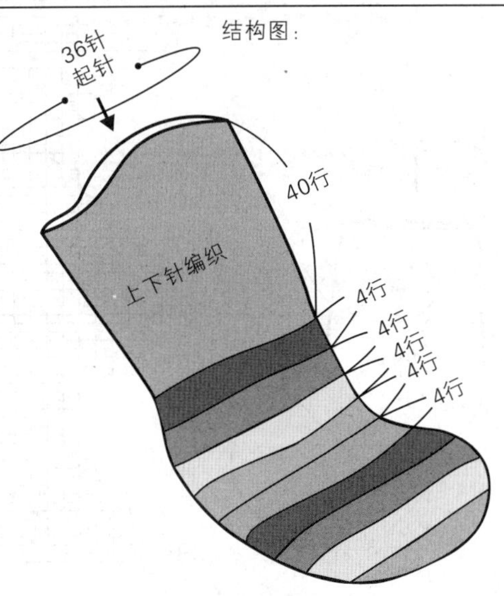

花样编织图

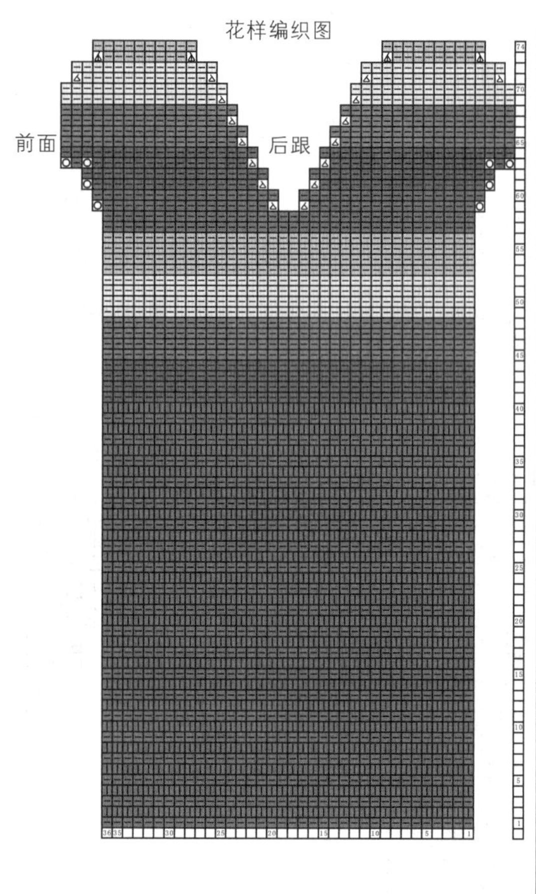

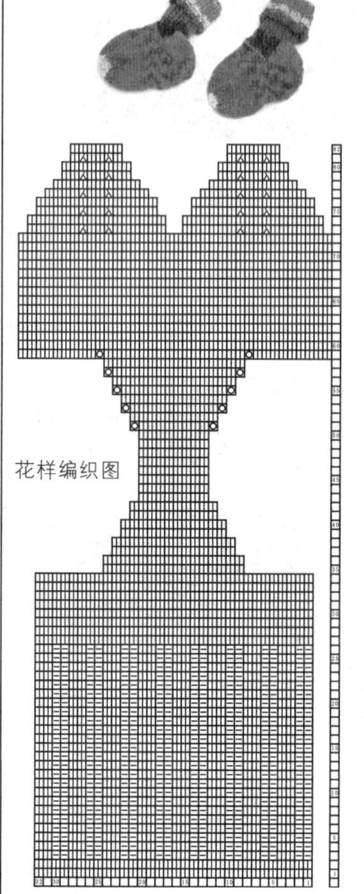

花样编织图

作品97

【成品规格】袜子长20cm

【编织密度】20针x30行=10cm²

【工　　具】8号棒针

【材　　料】彩色毛线各适量

【编织要点】

从袜口起32针首尾相连圈状编织，先编织26行双罗纹，再往上编织8行下针，在袜跟处加行编织，再依次依照花样编织图所示进行减针，最后剩12针并1针（注：依照结构图颜色进行配色编织）。

结构图：

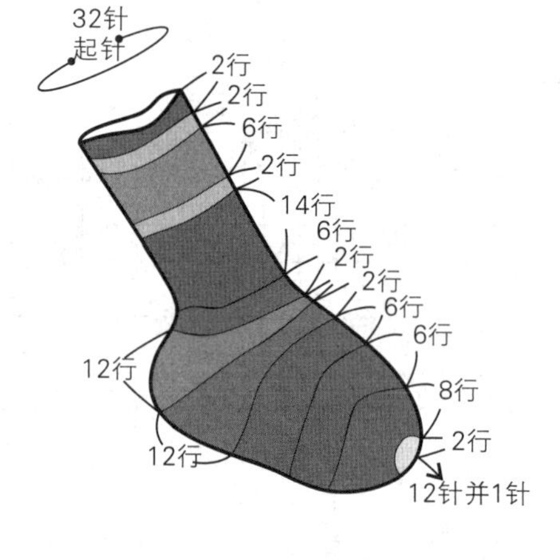

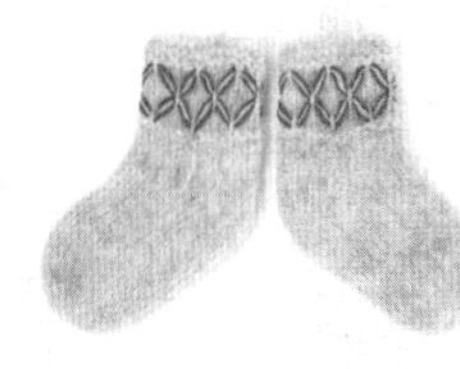

作品98

【成品规格】袜子长15cm

【编织密度】20针x30行=10cm²

【工　　具】8号棒针

【材　　料】浅灰色毛线60g，彩色毛线少量

【编织要点】

1.从袜口起28针首尾相连圈状编织，先编织6行上下针，再往上编织9行下针，1行上针，在袜跟处加行编织，再依次依照花样编织图所示进行减针，最后剩4针并1针。

2.用彩色毛线对齐，依照结构图图案挑入袜口面部，形成花样。

花样编织图

结构图：

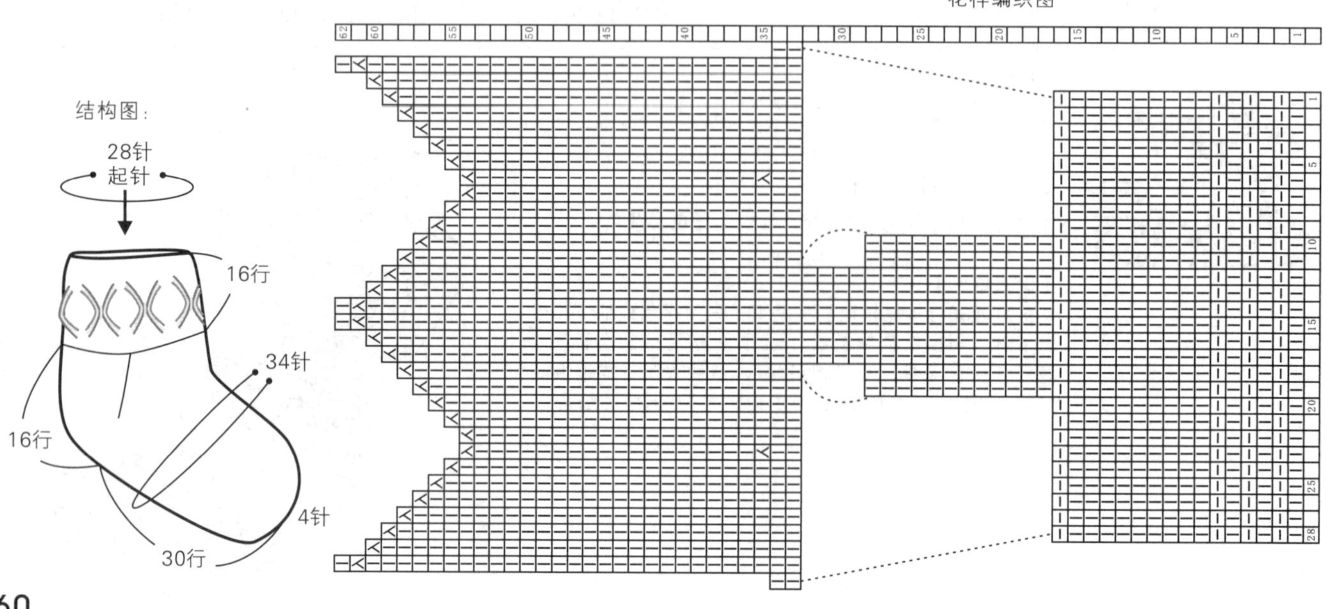

作品99

【成品规格】袜子长36cm

【编织密度】20针x30行=10cm²

【工　　具】8号棒针

【材　　料】彩色毛线各适量

【编织要点】

从袜口起40针首尾相连圈状编织，先编织16行双罗纹，再往上编织44行下针，在袜跟处加行编织，再依次依照花样编织图所示进行减针编织袜面及袜尖(注：每种颜色编织4行，交替轮流编织)，袜尖处8针对称缝合。

结构图：

40针
起针
4行
4行
4行
4行
4行
4行
16行
44行
32针
18行
40行
8行
8针

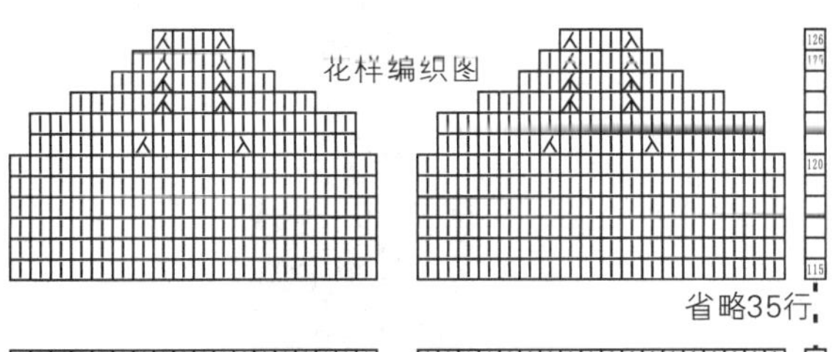

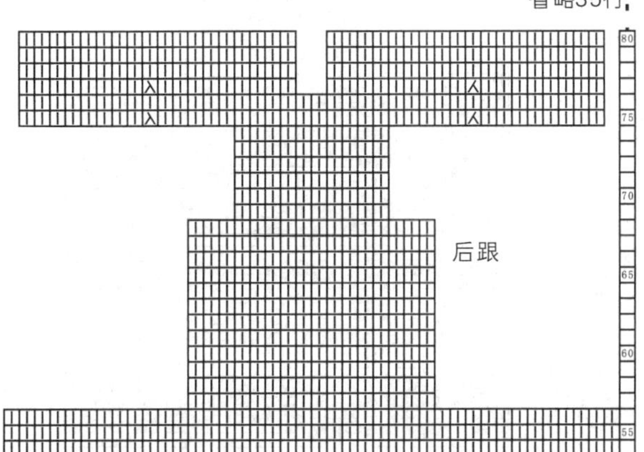

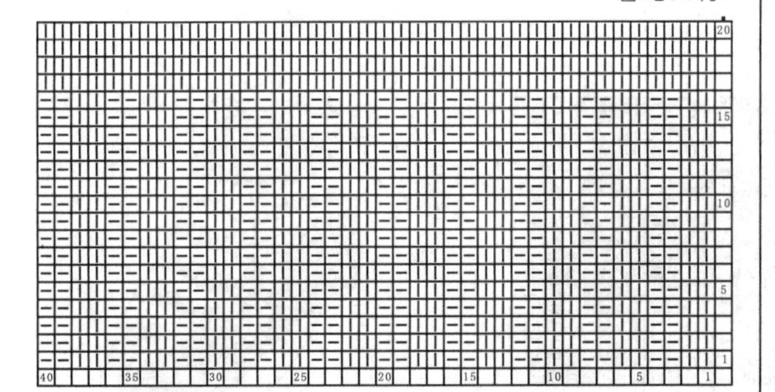

作品100

【成品规格】袜子长22cm

【编织密度】20针x30行=10cm²

【工　　具】8号棒针

【材　　料】浅灰色毛线50g，深紫色毛线10g，玫红色毛线适量

【编织要点】

1.编织袜子主体：从袜口起36针，圈状编织8行单罗纹，往上编织40行下针，并依照结构图及花样编织图所示，进行减针，共减24针，然后缝合固定袜前处。

2.编织耳朵：起15针上下针，两边5针分别是深紫色，中间5针为玫红色，依照耳朵花样图所示进行编织，共编织4片，编织完成后，每个袜子左右侧缝分别缝合一片。

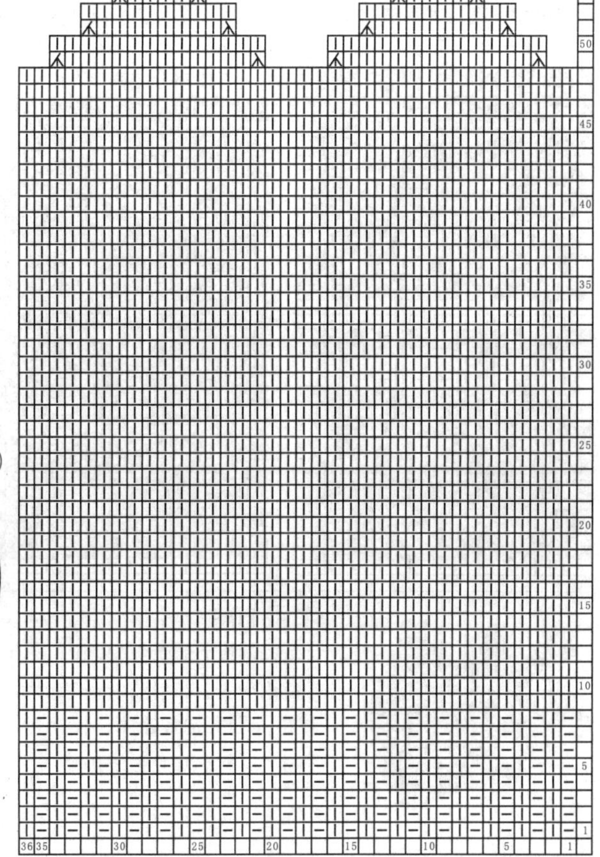

耳朵花样图

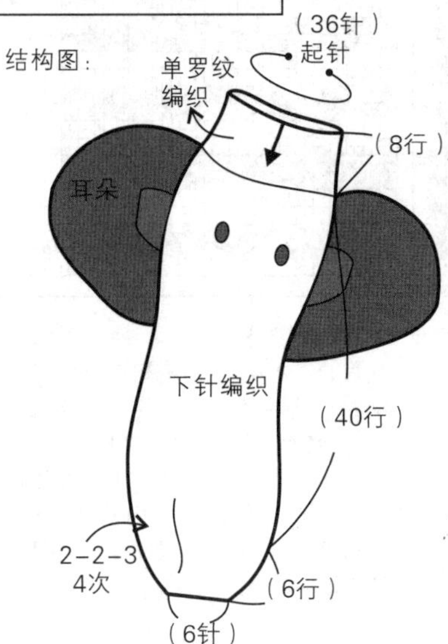

作品101

【成品规格】袜子长17cm

【编织密度】20针x30行=10cm²

【工　　具】8号棒针

【材　　料】红色毛线50g，白色毛线20g

【编织要点】

从袜口起32针，首尾相连圈状编织，先用红色线编织4行双罗纹，再换白色线编织2行双罗纹，红、白每2行交替编织22行，依照后跟花样编织后跟，再依次往上按照后跟花样图编织袜面，并把剩余6针对折缝合。

花样编织

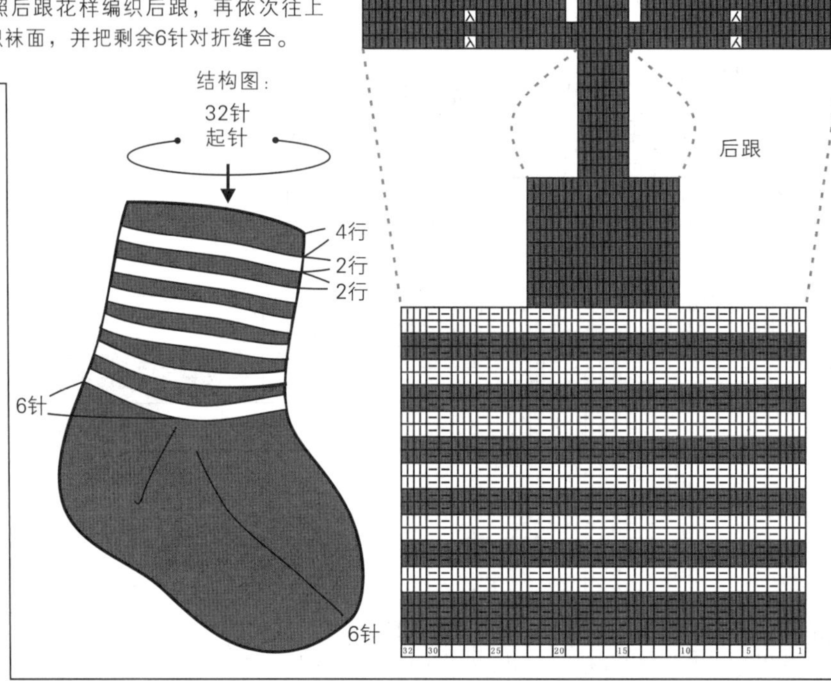

作品102

【成品规格】袜子长12cm

【编织密度】20针x30行=10cm²

【工　　具】8号棒针

【材　　料】绿色、红色、白色毛线各25g

【编织要点】

1.从袜口后跟半边起20针片状编织，先用红色线编织10行单罗纹，再换绿色线编织2行单罗纹，再换白色线编织2行，绿色与白色线分别交替编织4行后，再用绿色线编织4行，然后用红色线编织12行；袜底用绿色线编织20行，再换红色线编织12行为袜尖，依照第三部分配色编织袜面。

2.依照袜子结构图进行缝合。

3.编织装饰花，固定在袜子外侧。

装饰花编织图

第一部分花样

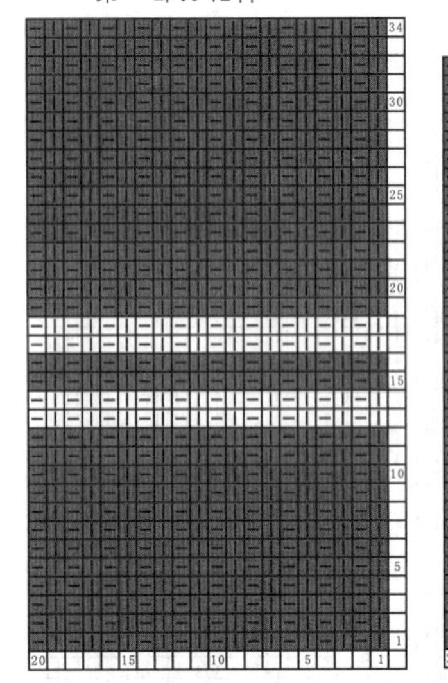

第二部分花样

第三部分花样

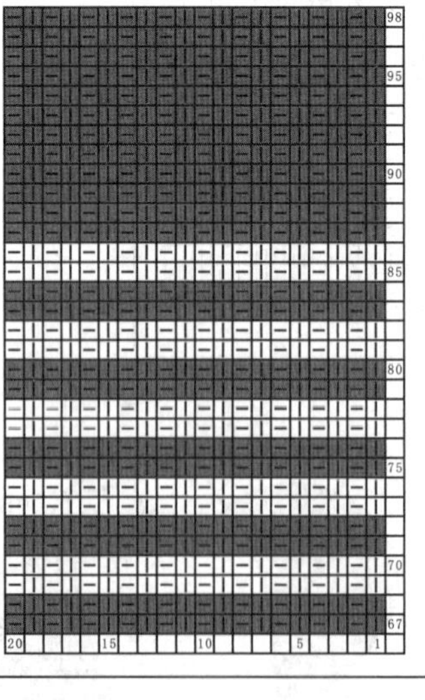

结构图：

20针
起针

装饰花

20针
收针

第一部分花样

第三部分花样

34行

32行

32行

第二部分花样

作品103

【成品规格】袜子长22cm

【编织密度】20针x30行=10cm²

【工　　具】8号棒针

【材　　料】红色毛线40g

【编织要点】

从袜口起40针，首尾相连圈状编织，编织12行单罗纹，再往上分两部分，一部分24针，一部分16针，24针为前面部分，编织花样A，16针为后跟及袜底部位，依照结构图及花样B所示进行编织，编织完整后，把花样A及花样B尖端部位缝合。

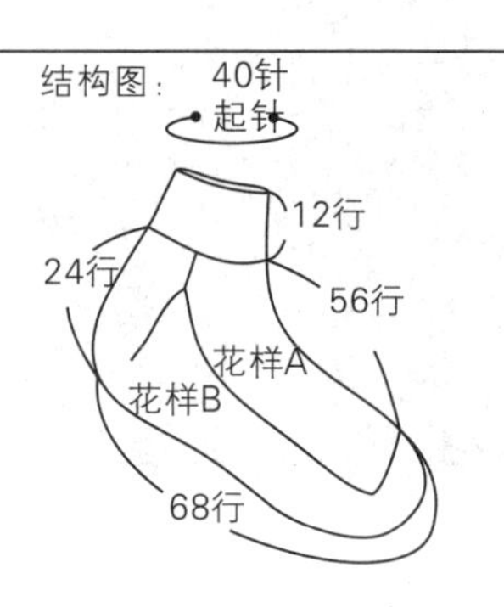

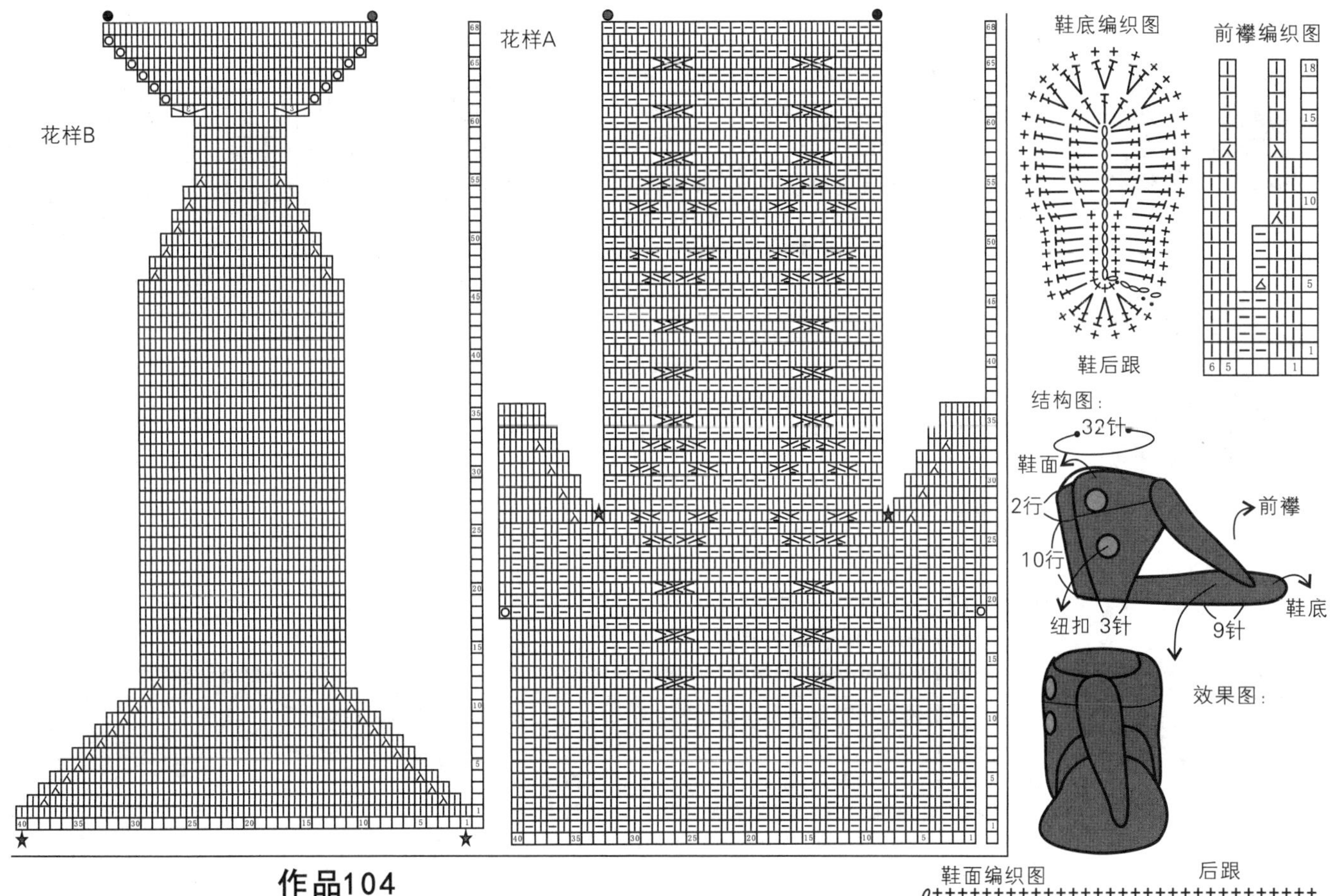

作品104

【成品规格】鞋底长12cm

【编织密度】20针x30行=10cm²

【工　　具】3.5mm钩针，8号棒针

【材　　料】驼色毛线20g，粉色毛线20g

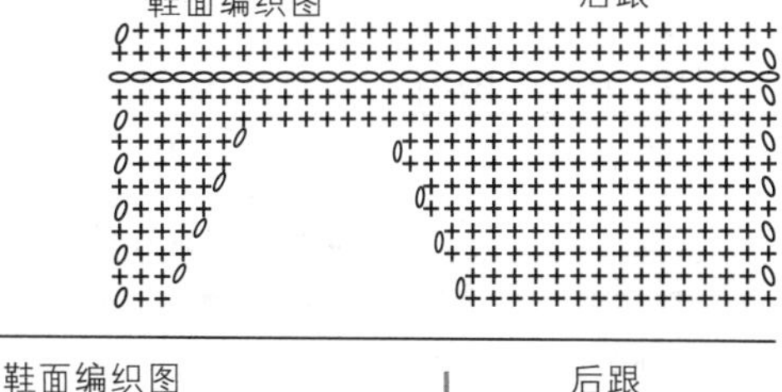

【编织要点】

1.鞋底的钩法：第1行起13针锁针，1针起立针。第2行，依照鞋底编织图所示，先编织6针短针，后编织1针中长针，再编织5针长针，在最后一针上钩织7针长针，继续编织5针长针、1中长针、6针短针，在鞋跟最后一针辫子针上加4针短针，引拔。第3行3针辫子起立针，依照鞋底所示加针编织一圈长针，第4行编织一行短针。

2.钩织鞋面，起32针辫子针，依照鞋面编织图所示进行编织。

3.编织前襻，用棒针起6针，按照鞋襻编织图所示减4针。

4.依照结构图、效果图所示固定鞋子，并在鞋外侧装纽扣。

作品105

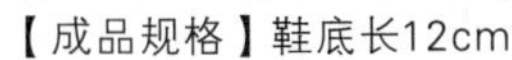

【成品规格】鞋底长12cm

【工　　具】3.5mm钩针

【材　　料】驼色毛线20g，粉色毛线20g

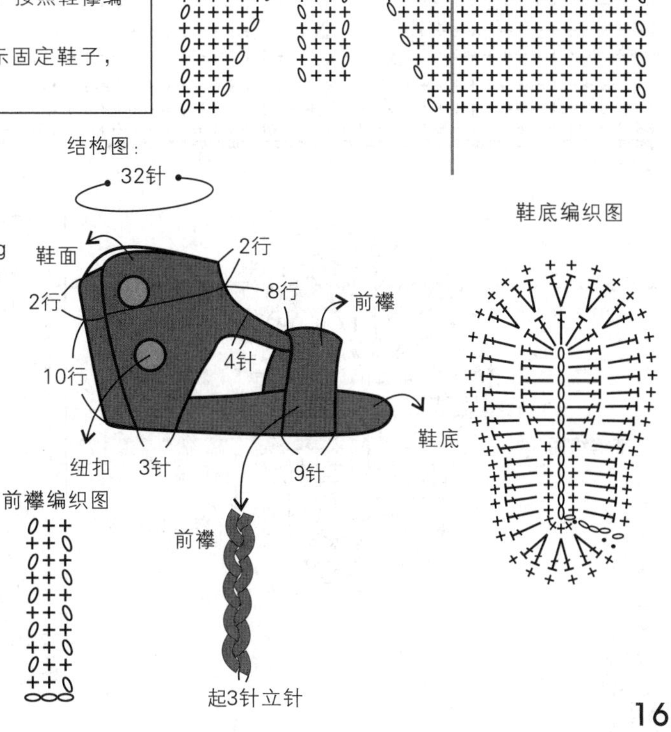

【编织要点】

1.鞋底的钩法：第1行起13针锁针，起1针立针。第2行依照鞋底编织图所示，先编织6针短针，后编织1针中长针，再编织5针长针，在最后一针上钩织7针长针，继续编织5针长针、1针中长针、6针短针，在鞋跟最后一辫子针上加4针短针，引拔；第3行3针起辫子立针，依照鞋底编织图所示加针编织一圈长针，第4行编织一行短针。

2.钩织鞋面：起32针辫子针，依照鞋面编织图所示进行编织。

3.编织3条鞋襻，并扭成麻花状。

4.依照结构图所示固定鞋子，并在鞋外侧装纽扣。

作品106

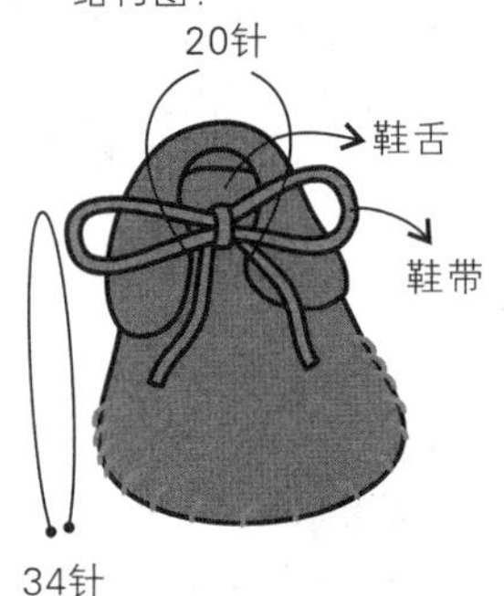

【成品规格】鞋底长10cm，鞋面高6cm

【编织密度】18针x24行=10cm²

【工　　具】8号棒针

【材　　料】驼色毛线40g，蓝色毛线10g

【编织要点】

1.鞋底从后跟起6针，再编织6行下针后，两边各加1针，再编织3行后，两边各减1针，再编织1行。

2.编织鞋面，起34针，圈状编织2行后，在前面鞋舌处进行减针，共减6针，后鞋舌与鞋后侧分开编织，鞋舌往上编织6行后两边各减1针，剩下6针，往上编织1行，收针。鞋后侧在前端两边分别加1针，编织3行后，两边各减1针，往上编织1行，收针。

3.编织鞋带，安装在鞋侧面前端。

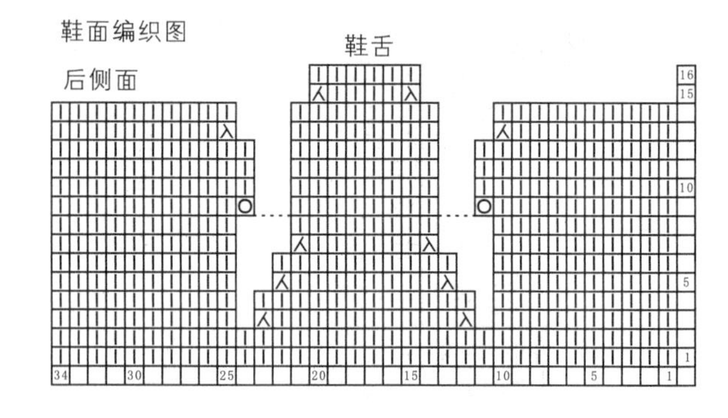

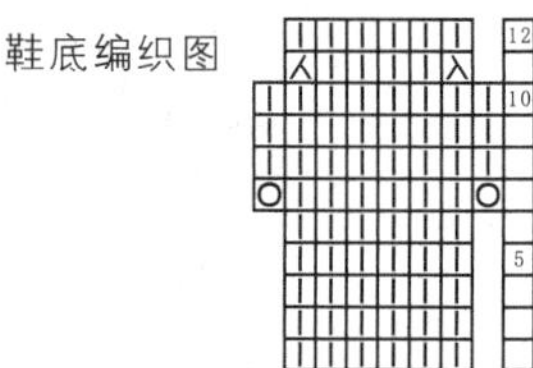

作品107

【成品规格】鞋底长10cm， 鞋面高6cm

【工　　具】2.5mm钩针

【材　　料】灰色毛线50g，粉红色毛线适量

【编织要点】

1.鞋底的钩法：第1行起9针锁针，起1针立针，圈钩19针短针。第2行，起1针立针，参照鞋底编织图，注意中间短针和中长针的过渡，鞋头加针3针，鞋后跟加针1针。第3行，起1针立针，鞋头加针6针，鞋后跟加针4针，后两行编织方法依照鞋底编织图进行编织。

2.鞋侧和鞋面的钩法：在鞋底的基础上，先不加不减钩织2行短针，往上依次依照鞋面编织图进行减针编织。

3.在鞋子内侧面挑3针，钩织一条鞋带。

4.依照装饰花编织图编织装饰花，并卷成花朵状，固定在鞋面前端。

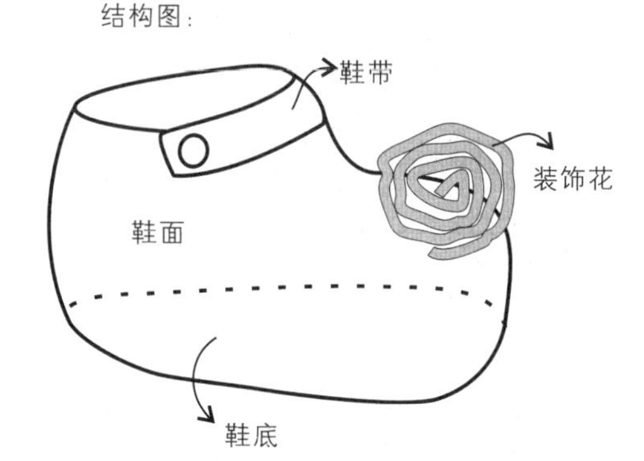

装饰花编织图

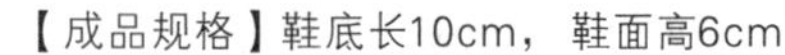

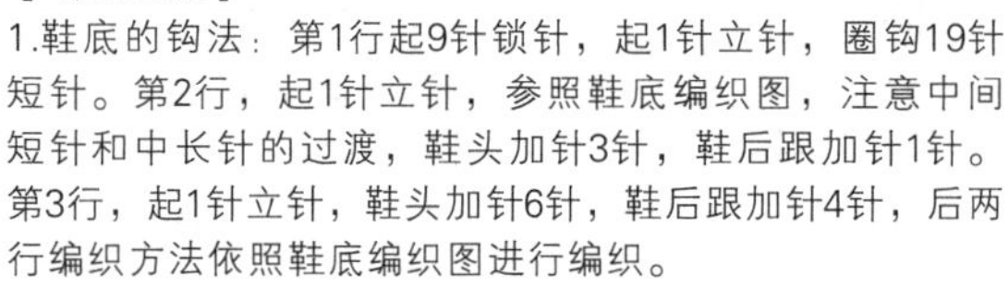

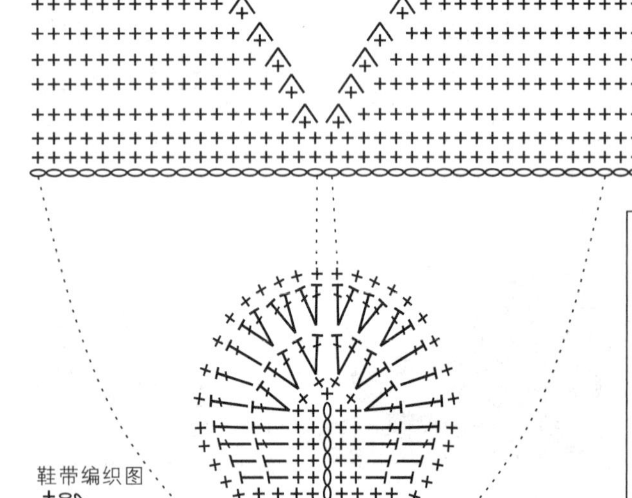

作品108

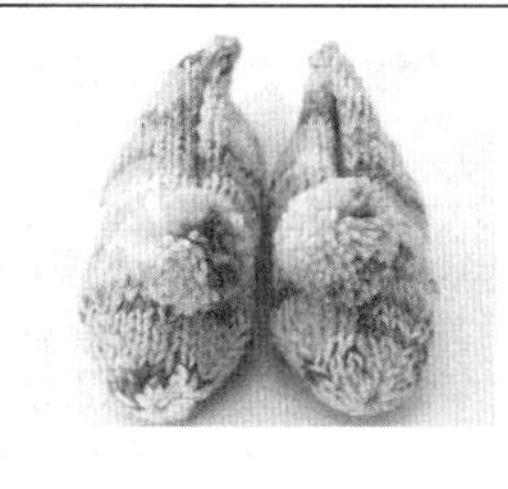

【成品规格】鞋底长16cm，鞋面高6cm

【编织密度】18针x24行=10cm²

【工　　具】8号棒针

【材　　料】黄色段染毛线30g

【编织要点】

1.从后跟起28针，依照结构图及花样编织图所示，片状平行编织22行后，首尾相连编织6行，再依照花样编织图减针方法进行减针编织，最后剩下8针，收拢、固定、断线，后跟处对折缝合固定。

2.制作绒球，缝合固定在鞋面上。

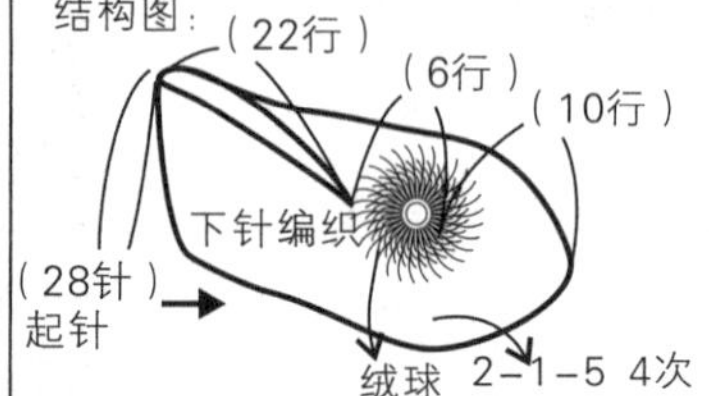

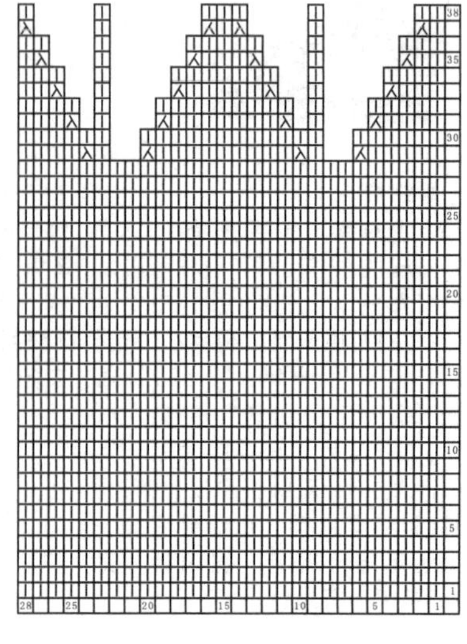

作品109

【成品规格】鞋底长11cm，鞋面高8cm

【工　　具】2.5mm钩针

【材　　料】红色毛线40g，土黄色毛线10g

【编织要点】

1.鞋底的钩法：第1行起11针锁针，起1针立针，钩6针短针、1针中长针、17针长针、1针中长针、10针短针，引拔。第2行起3针立针，参照鞋底编织图圈钩，前鞋头加5针，鞋后跟加针3针。第3行，起3针立针，鞋头加针10针，鞋后跟加针6针。

2.鞋侧和鞋面的钩法：在鞋底的基础上，钩织1行长针，再依照鞋面编织图所示在前鞋头部位进行减针，后跟往上编织花样。

3.编织鞋襻，缝合在鞋前面相应位置处。

4.编织叶子及装饰花，缝合在鞋前尖相应位置处。

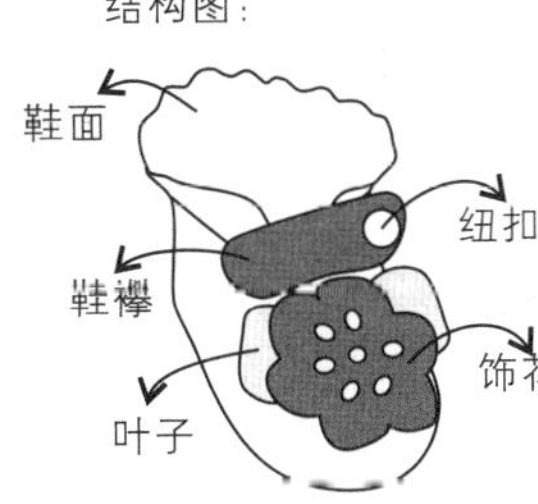

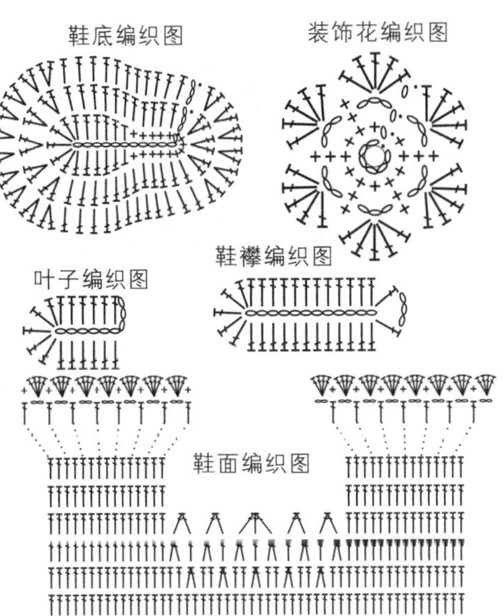

作品110

【成品规格】鞋底长14cm，鞋面高4cm

【工　　具】2.5mm钩针

【材　　料】白色毛线50g，淡黄色毛线10g

【编织要点】

1.鞋底的钩法：第1行起19针锁针、起1针立针，圈钩40针短针。第2行编织一圈短针，鞋尖加3针，鞋后跟加1针，余下分别依照鞋底编织图所示进行编织。

2.鞋侧和鞋面的钩法：在鞋底挑针钩织一行长针，再依照鞋面编织图所示，进行编织，在前鞋面中心处进行减针。

3.在鞋子内侧挑针钩织鞋带，并在外侧装纽扣。

4.缝合装饰花。

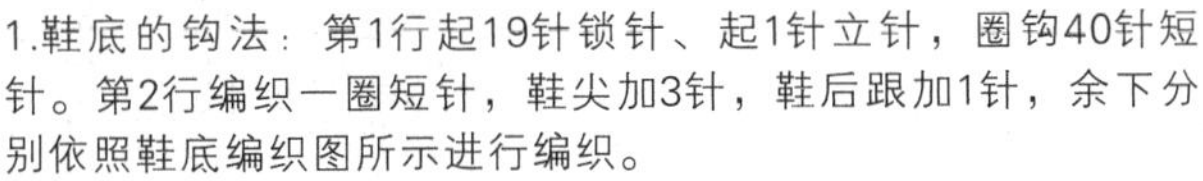

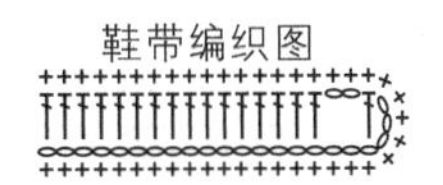

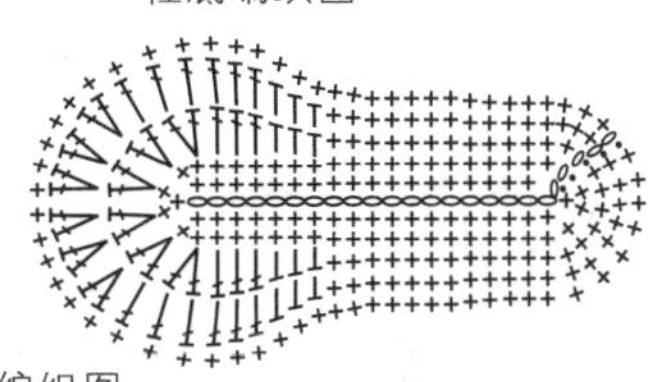

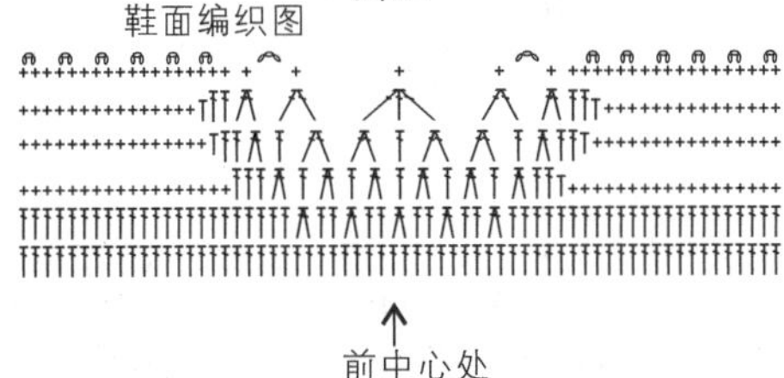

结构效果图：鞋带、装饰花、鞋面、鞋底、纽扣

作品111

【成品规格】鞋底长16cm，鞋面高6cm

【编织密度】18针x24行=10cm²

【工　　具】8号棒针

【材　　料】蓝色段染毛线30g

【编织要点】

1.从后跟起28针，依照结构图及花样编织图所示，片状平行编织20行后，首尾相连编织4行，再依照花样编织图减针方法进行减针编织，最后剩下12针，收拢固定断线，后跟处对折缝合固定。

2.制作鞋带（两端制作绒球），缝合固定在鞋面上。

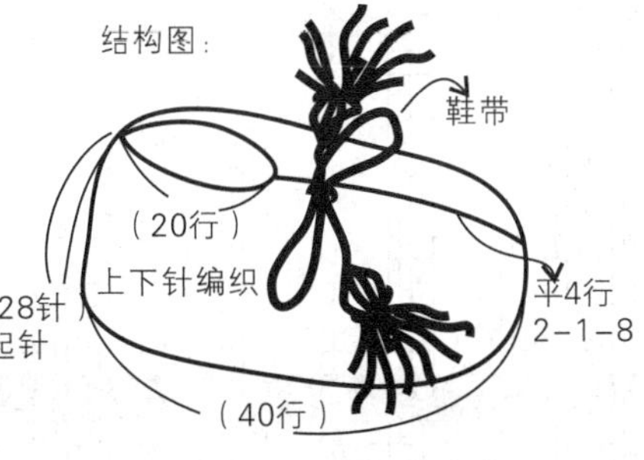

花样编织图

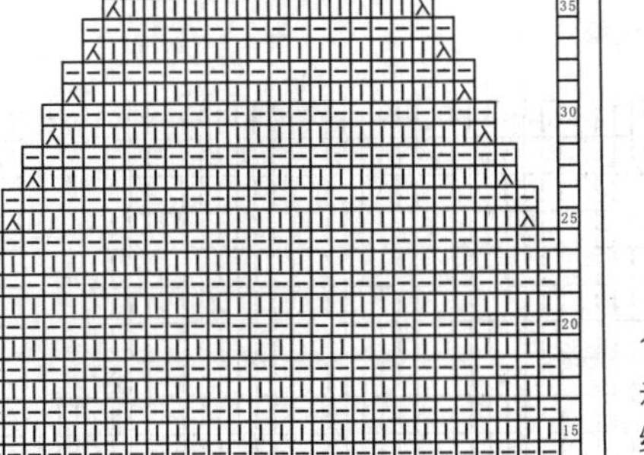

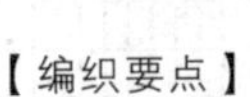

作品112

【成品规格】鞋底长11cm，鞋面高13cm

【编织密度】18针x24行=10cm²

【工　　具】8号棒针

【材　　料】淡紫色毛线60g

【编织要点】

1.从鞋底起15针，依照鞋底编织图所示，圈状编织上下针，两端分别加针编织6行，加针后边缘为42针。

2.编织鞋面，在鞋底基础上往上圈状编织8行单罗纹，然后在前面中心处挑8针，编织6行下针后缝合侧缝，并把剩余的30针往上编织16行元宝针。

3.用扁带做系带，安装在鞋子相应位置处。

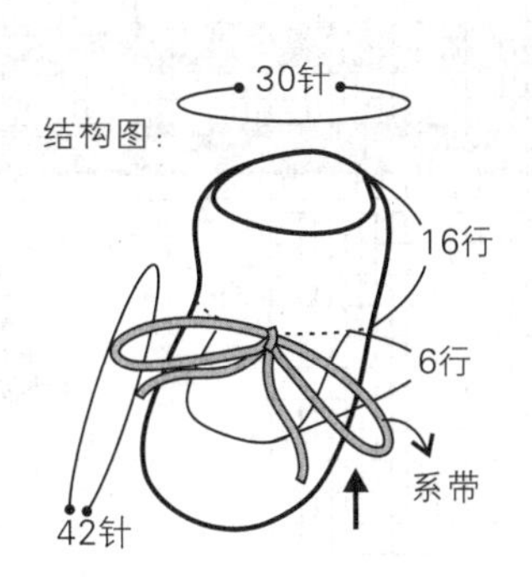

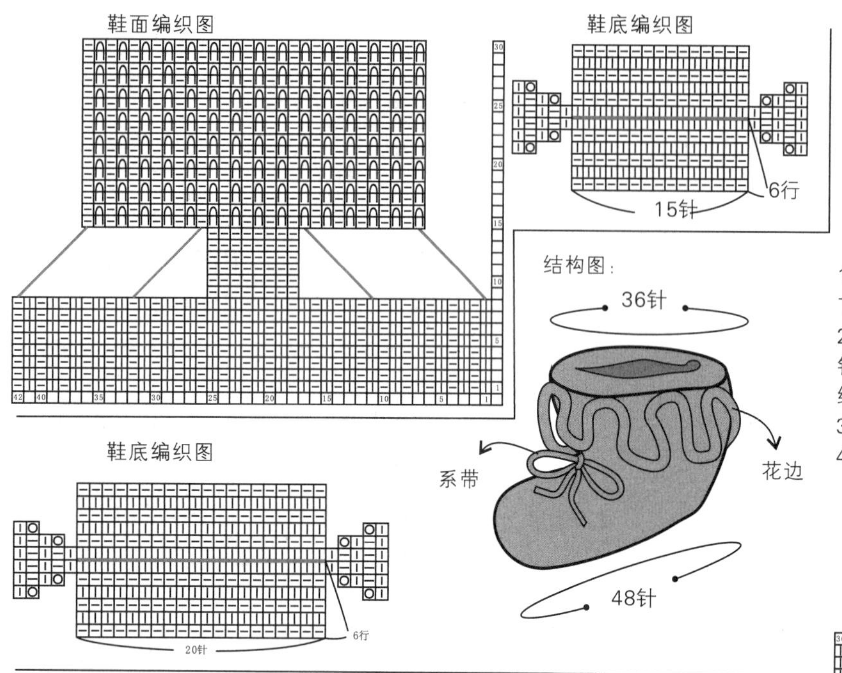

作品113

【成品规格】鞋底长12cm，鞋面高10cm

【编织密度】20针x30行=10cm²

【工　　具】8号棒针

【材　　料】蓝色毛线40g

【编织要点】

1.从鞋底起20针，依照鞋底编织图所示圈状编织上下针，两端分别加针编织6行，加针后边缘为48针。

2.编织鞋面，在鞋底基础上往上圈状编织8行上下针，后在前面中心处挑10针，编织6行下针后缝合侧缝，并把剩余的36针往上编织16行下针。

3.依照花边编织图6行。

4.编织鞋带，固定在鞋面相应位置。

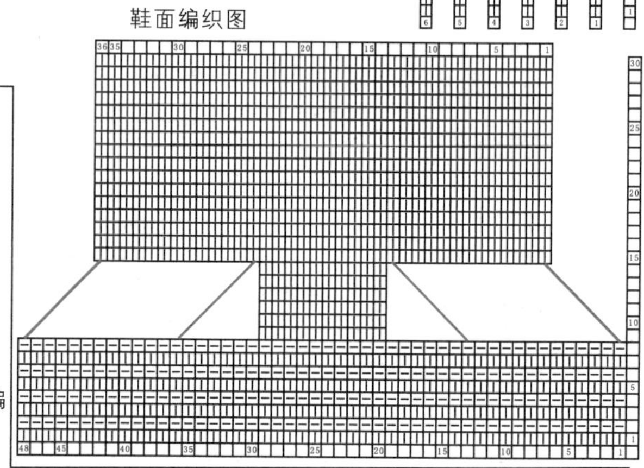

作品114

【成品规格】鞋底长10cm，鞋面高8cm

【编织密度】20针x30行=10cm²

【工　　具】8号棒针

【材　　料】白色、绿色、红色毛线各20g

【编织要点】

1.从后跟起40针，依照花样编织图所示，每编织两行交替换线编织24行下针，然后首尾相连圈状编织40针4行，再依照结构图及花样编织图所示进行减针编织14行，最后一行12针并1针收针，鞋跟处对折缝合固定。

2.编织耳朵，起10针，编织10行下针，共编织两片缝合在鞋子相应位置处。

3.在鞋前相应位置缝合嘴型。

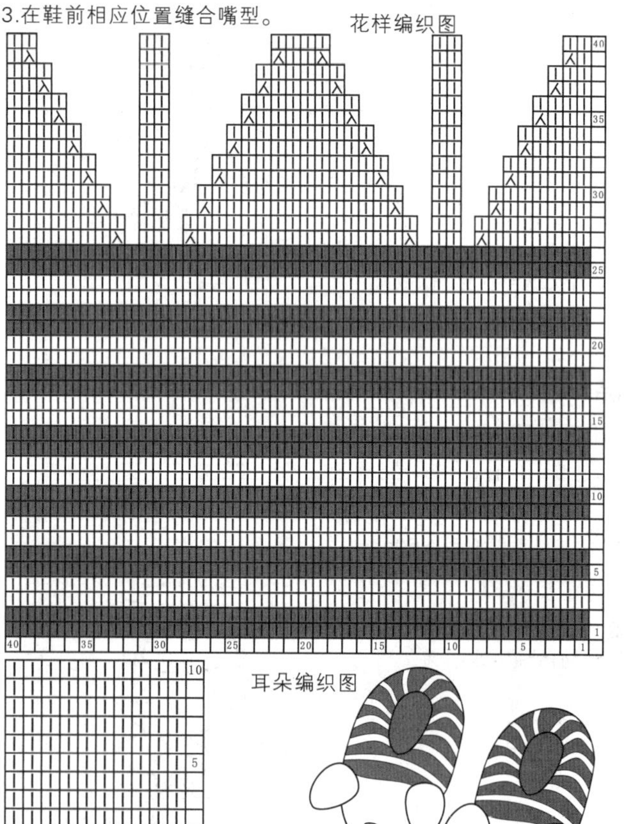

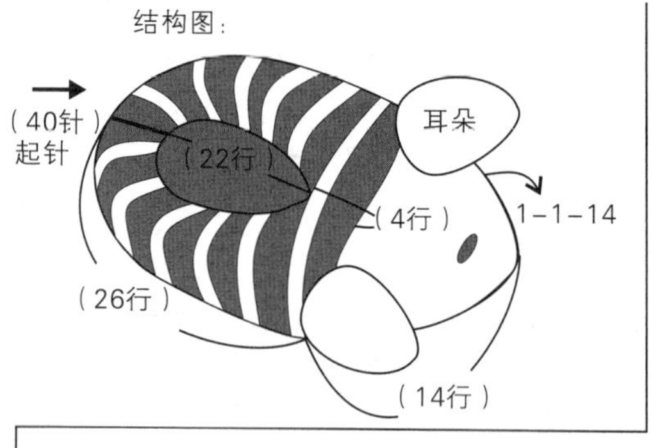

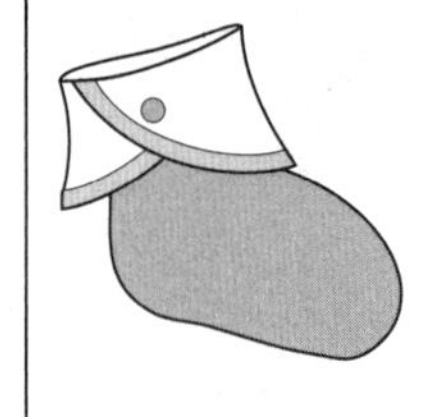

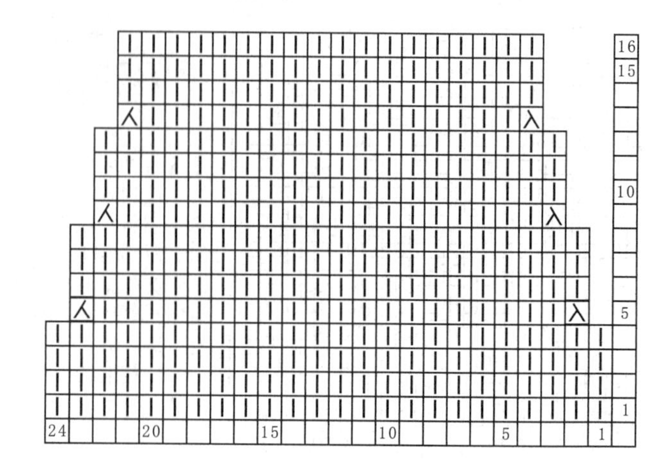

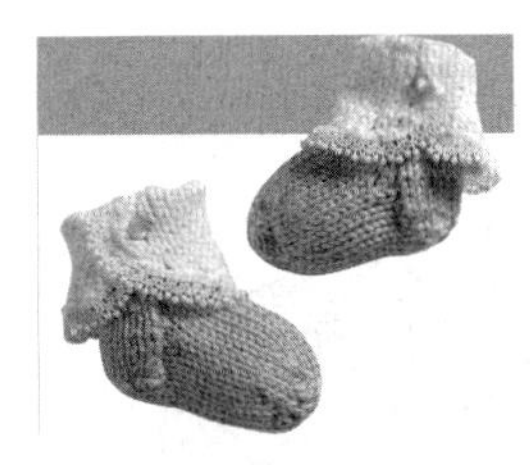

作品115

【成品规格】鞋底长10cm，鞋面高9cm

【编织密度】20针x30行=10cm²

【工　　具】8号棒针，1.0mm蕾丝钩针

【材　　料】粉色毛线30g，白色毛线20g，白色蕾丝适量

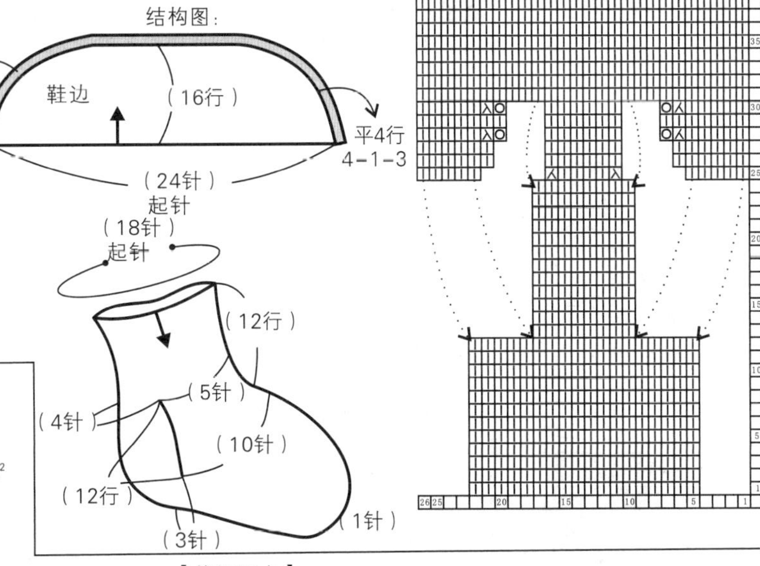

【编织要点】

1.从鞋口起18针，依照结构图及花样编织图所示，圈状编织12行，后跟8针往上编织12行，后左右各减1针。如花样编织图所示，前鞋面部位挑鞋跟剩余的10针，然后分别依照结构图及花样编织图所示，左右侧边分别在鞋跟侧缝挑针7针并在相应位置减2针，然后与鞋跟处6针一起圈状编织18行，再依照花样编织图进行减针，最后6针并1针。

2.编织鞋边，起24针，依照鞋边编织图及花样编织图所示，在两边分别每4行减1针，共减3次；在鞋边缘挑针钩织一圈花边。

3.把鞋边缝合在鞋口上，并在相应位置缝合纽扣。

作品116

【成品规格】鞋底长8cm

【编织密度】18针x24行=10cm²

【工　　具】8号棒针

【材　　料】粉红色毛线40g，米白色毛线10g

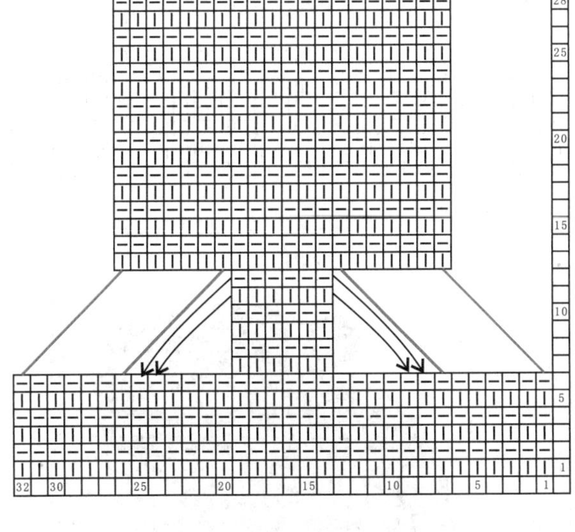

【编织要点】

1.从鞋底起10针，依照鞋底编织图所示，圈状编织，两端分别加针编织6行，加针后边缘为32针。

2.编织鞋面，在鞋底基础上往上圈状编织6行，换米白色线在鞋面前端挑6针，编织6行，后分别与前侧面相连，剩下20针为鞋口针数，往上编织16行。

3.在鞋口依照花边编织图所示编织完整花边。

4.编织鞋带，安装在相应位置处。

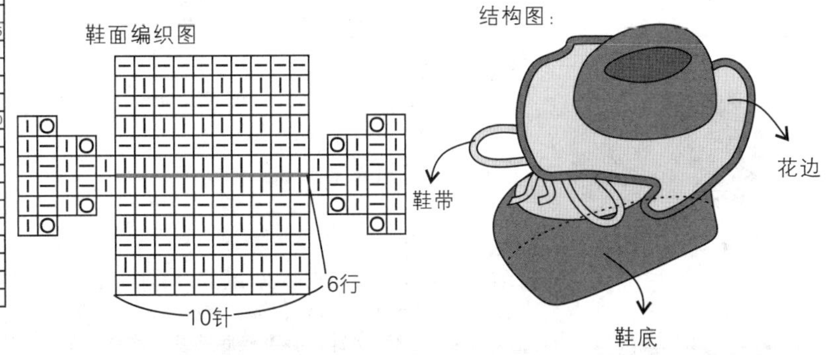

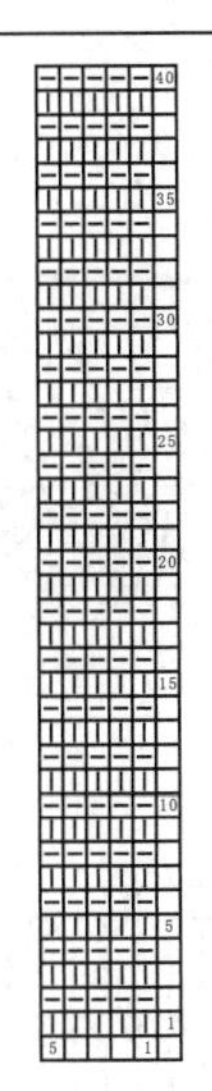

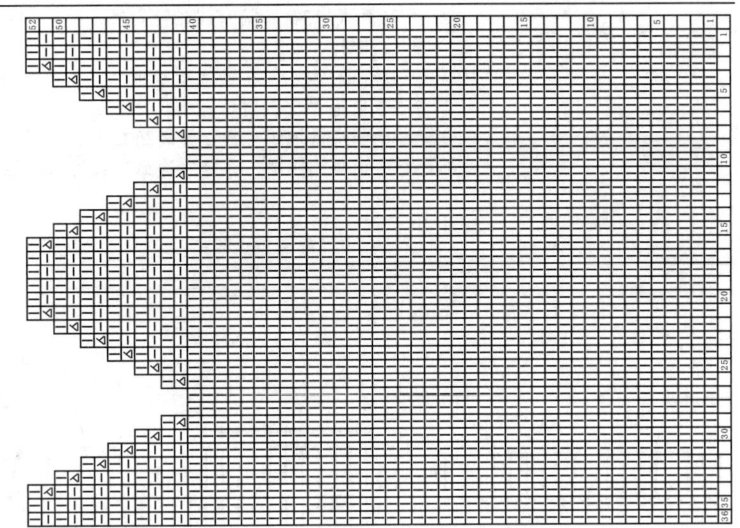

作品117

【成品规格】鞋底长10cm，鞋面高6cm

【编织密度】20针x30行=10cm²

【工　　具】8号棒针

【材　　料】红色毛线30g

【编织要点】

1.后跟起36针，依照花样编织图所示编织28行下针，然后首尾相连圈状编织36针编织12行，鞋前部位编织上下针，依照花样编织图所示进行减针编织12行，最后一行12针对折缝合固定。

2.编织鞋带，起5针，编织40行上下针，把起针一端固定在鞋子内侧，另一端用纽扣固定在外端相应位置处。

结构图：

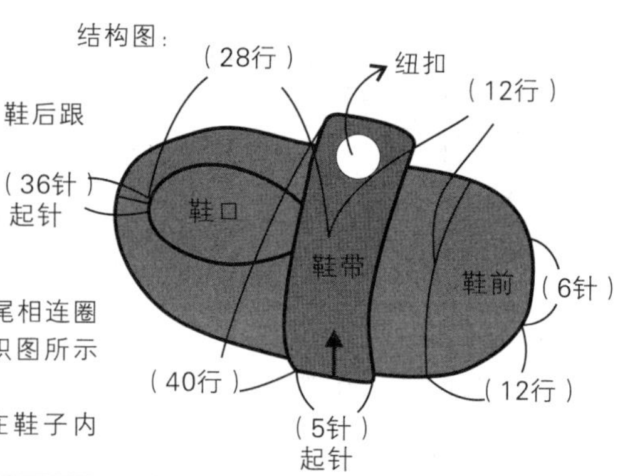

作品118

【成品规格】鞋底长11cm，鞋面高15cm

【编织密度】18针x24行=10cm²

【工　　具】8号棒针

【材　　料】玫红色毛线30g

【编织要点】

1.鞋底编织：起8针编织12行，下针后进行减针，每边每2行减1针减2次共减4针，剩4针。

2.编织鞋面：在鞋底边缘挑40针圈状编织，编织8行后依照鞋面编织图所示进行减针，共减12针，剩下28针，往上编织20行单罗纹。

3.编织鞋带，安装在鞋子相应位置。

结构图：

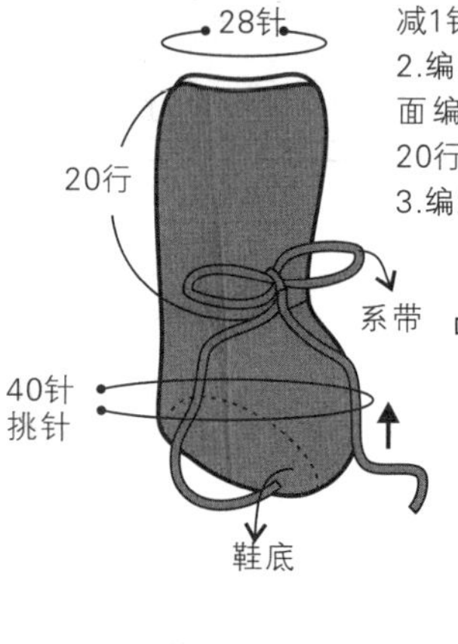

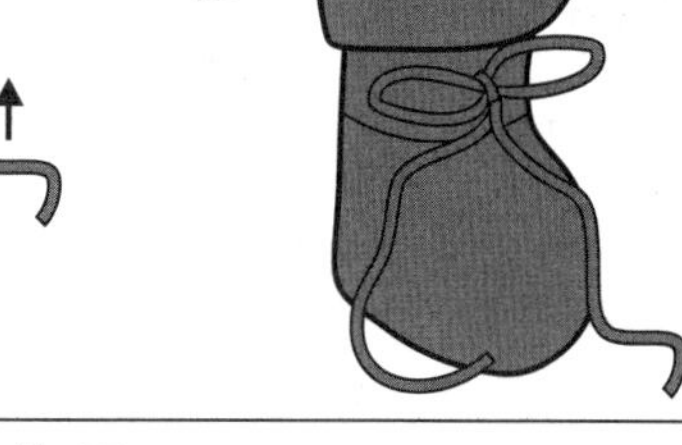

鞋底编织图

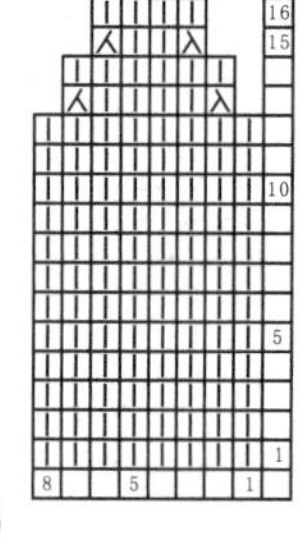

鞋面编织图

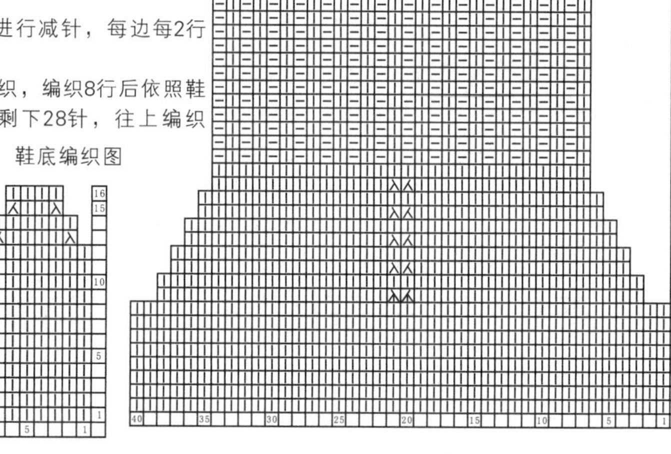

作品119

【成品规格】鞋底长10cm，鞋面高4cm

【工　　具】2.5mm钩针

【材　　料】红色毛线30g

【编织要点】

1.鞋底的钩法：第1行起13针锁针，起1针立针，钩织6针短针、1针中长针、17针长针、1针中长针、10针短针，引拔。第2行起3针立针，参照鞋底编织图圈钩长针，前鞋头加5针，鞋后跟加3针，第3行起3针立针，鞋头加针10针，鞋后跟加针6针。

2.鞋侧和鞋面的钩法：在鞋底的基础上，依照鞋面编织图所示，在前鞋面中心处进行减针。

3.在鞋面内侧挑针编织鞋带，并装纽扣。

4.参照鞋底边缘编织图，在鞋底边缘挑针钩织一圈。

结构图：

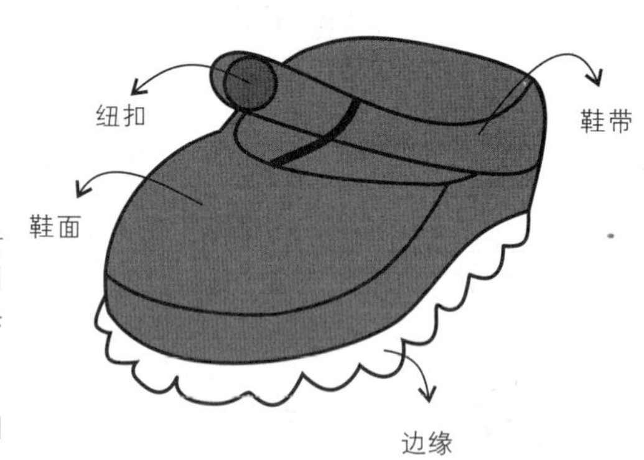

鞋底边缘编织图

鞋底编织图

鞋面编织图

前面中心

鞋带编织图

作品120

【成品规格】鞋底长12cm，鞋面高13cm

【编织密度】20针x34行=10cm²

【工　　具】8号棒针

【材　　料】深蓝色毛线30g，
白色毛线50g

【编织要点】

1.从鞋底中心起23针，圈状编织，依照鞋底编织图所示，加针编织6行。

2.从鞋底往上编织58针，依照鞋面花样图所示往上圈状编织花样。

3.用扁带制作蝴蝶结固定在鞋子外侧。

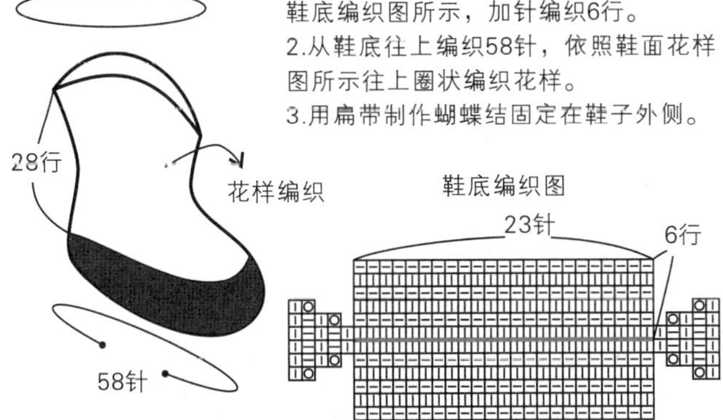

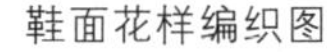

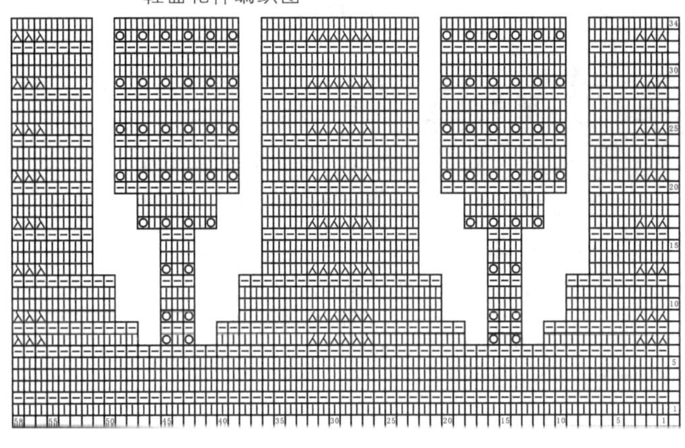

作品121

【成品规格】鞋底长9cm，鞋面高12cm

【工　　具】2.5mm钩针

【材　　料】驼色毛线30g，米色毛线10g

【编织要点】

1.鞋底的钩法：第1行起11针锁针，1针起立针，圈钩24针短针。第2行，1针起立针，参照鞋底编织图圈钩，注意中间有短针和中长针的过渡鞋头加针3针，鞋后跟加针1针。第3行，1针起立针，鞋头加针6针，鞋后跟加针4针，后两行依照鞋底编织图进行编织。

2.鞋侧和鞋面的钩法：在鞋底的基础上，用白色线依照鞋面花样图所示进行编织。

3.在鞋口上依照结构图所示挑针钩织一圈短针。

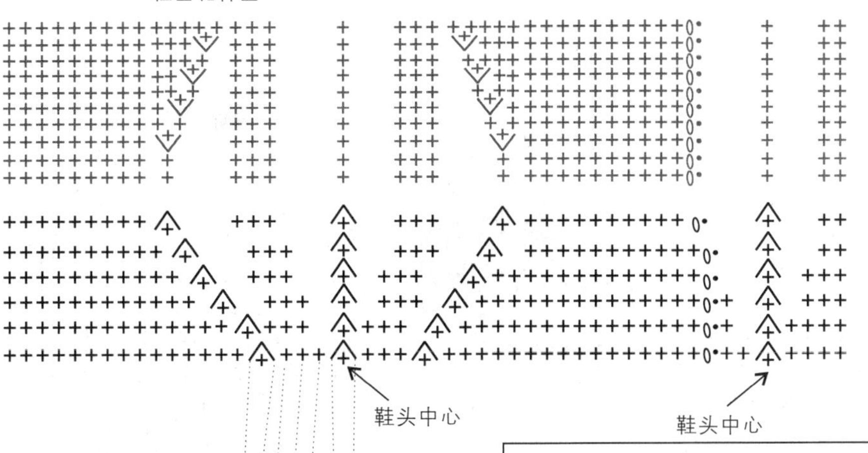

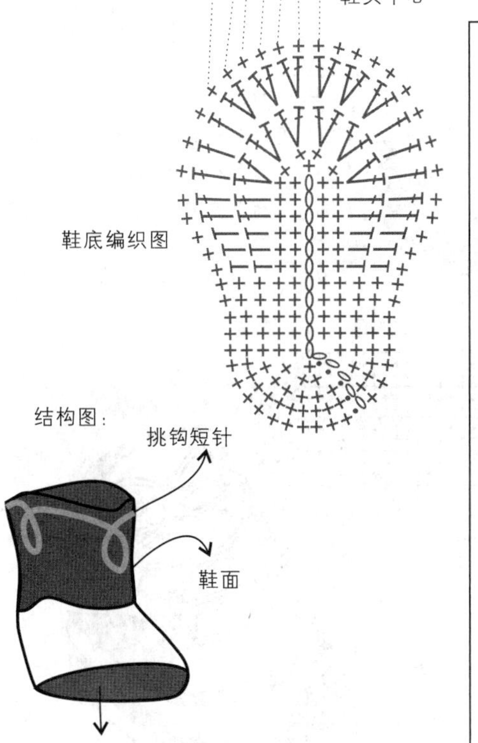

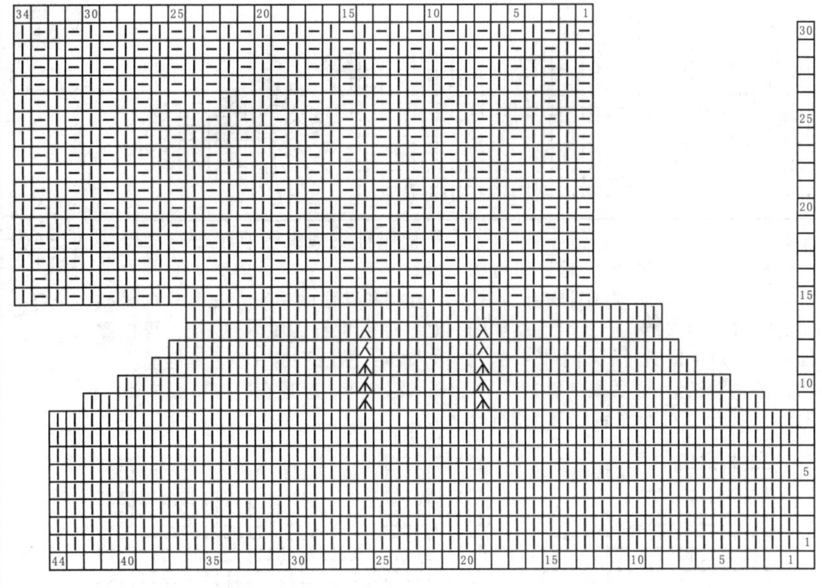

作品122

【成品规格】鞋底长9cm，鞋面高10cm

【编织密度】20针x30行=10cm²

【工　　具】8号棒针

【材　　料】黄色毛线40g

【编织要点】

1.从鞋底中心起16针，圈状编织下针，依照鞋底编织图所示，加针编织6行，外圈为44针。

2.沿着鞋底边缘往上编织8行下针，再在前鞋面进行减针编织，剩28针再在边缘加6针，共34针往上编织16行单罗纹。

3.编织鸭子头，并缝合在鞋面上。

鸭子头编织图

鞋底编织图

16针

6行

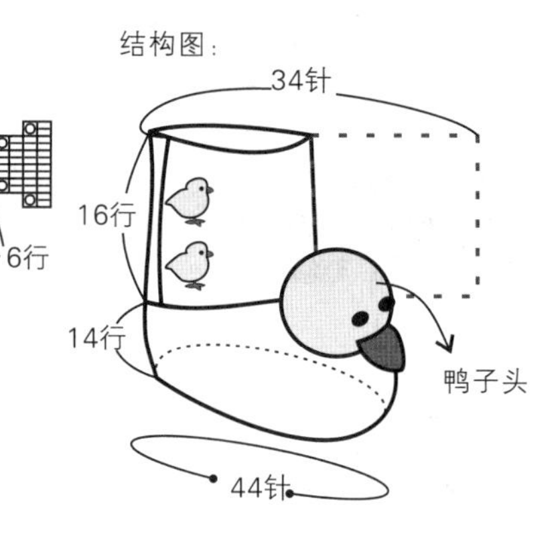

作品123

【编织要点】

1.鞋底的钩法：第1行起16针锁针、起1针立针、钩7针短针、1针中长针、21针长针、1针中长针、11针短针，引拔；第2行起3针立针，参照鞋底编织图圈钩，鞋尖加5针，后跟加3针；第3行，鞋尖加10针，后跟加6针。

2.鞋侧和鞋面的钩法：在鞋底的基础上，依照鞋面花样图所示，先钩织4行短针，再依照花样进行减针钩织，并钩织鞋舌。

3.钩织鞋翼，固定在鞋子左右两侧。编织鞋带，穿插在鞋翼上。

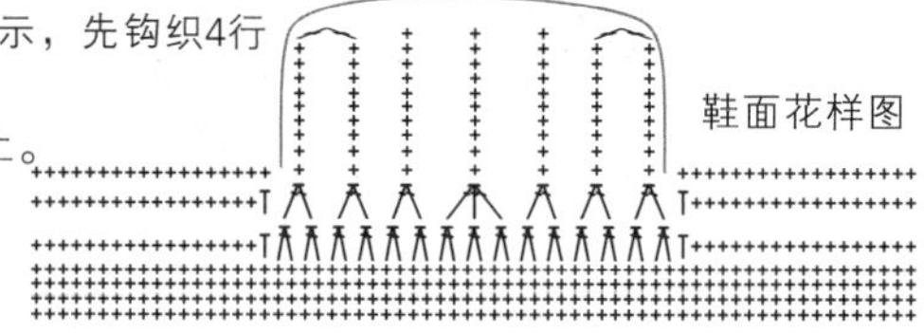

【成品规格】鞋底长12cm，鞋面高8cm

【工　　具】2.5mm钩针

【材　　料】蓝色毛线20g，白色毛线20g

结构图：

鞋舌

鞋带

鞋翼

鞋底

鞋面

鞋翼编织图

鞋底编织图

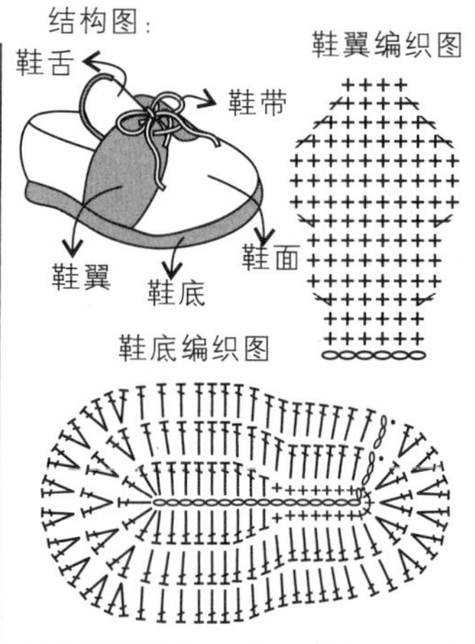

作品124

【成品规格】鞋底长12cm，鞋面高8cm

【工　　具】2.5mm钩针

【材　　料】蓝色毛线30g，白色毛线20g，红色毛线适量

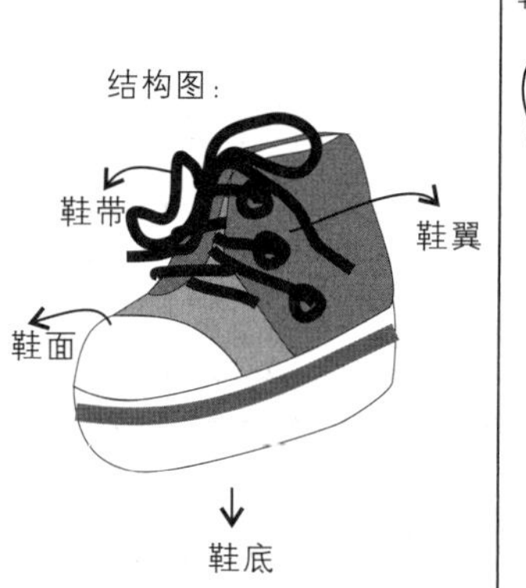

【编织要点】

1.鞋底的钩法：第1行起15针锁针，起1针立针，圈钩32针短针，引拔。第2行起1针立针，参照鞋面编织图圈钩，鞋头加针3针，鞋后跟加针1针。第3行，1针起立针，圈钩，鞋头加针6针，鞋后跟加针4针，后两行编织方法依照鞋底编织图进行编织。

2.鞋侧和鞋面的钩法：在鞋底的基础上，往上编织4行短针，再依照鞋面编织图，编织好鞋头、鞋舌及鞋翼。

3.编织系带，穿插在鞋翼两侧。

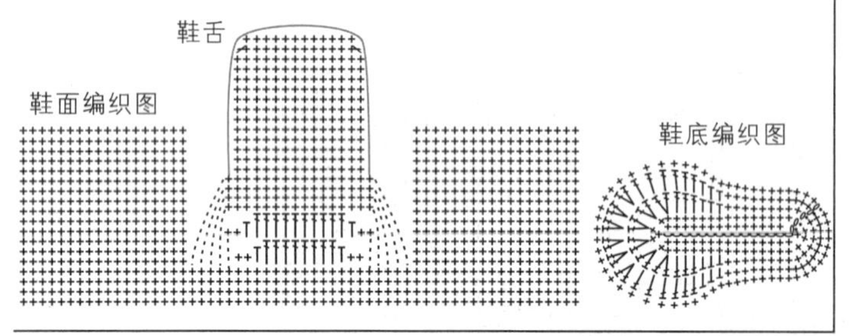

作品125

【成品规格】鞋底长13cm，鞋面高8cm

【工　　具】2.5mm钩针

【材　　料】驼色毛线50g，白色毛线20g

鞋底编织图

【编织要点】

1.鞋底的钩法：第1行，起针17针锁针，1针起立针，圈钩36针短针。

第2行，1针起立针，参照鞋底编织图圈钩，注意中间有短针和中长针的过渡鞋头加针3针，鞋后跟加针1针。第3行，1针起立针，圈钩，其余3行分别依照鞋底编织图所示进行加针编织。

2.鞋侧和鞋面的钩法：在鞋底的基础上，往上挑针钩织4行短针，再依照花样编织图所示编织鞋舌及鞋面。

3.钩织鞋带，穿插在鞋口相应位置。

鞋舌

花样编织图

装饰花编织图

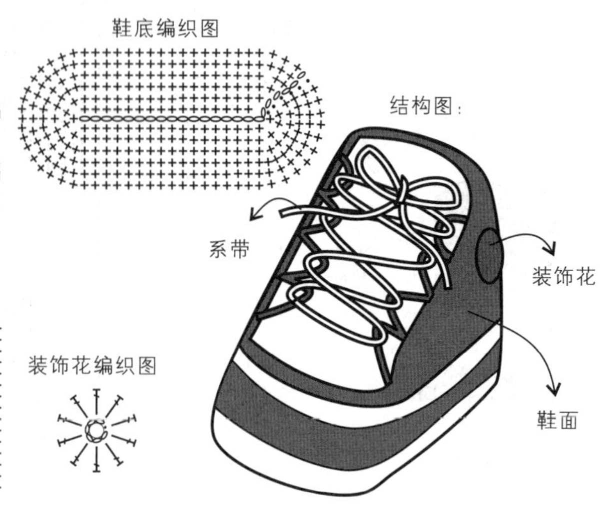

作品126

【成品规格】鞋底长12cm，鞋面高8cm

【工　　具】2.5mm钩针

【材　　料】橘红色毛线40g，白色毛线30g

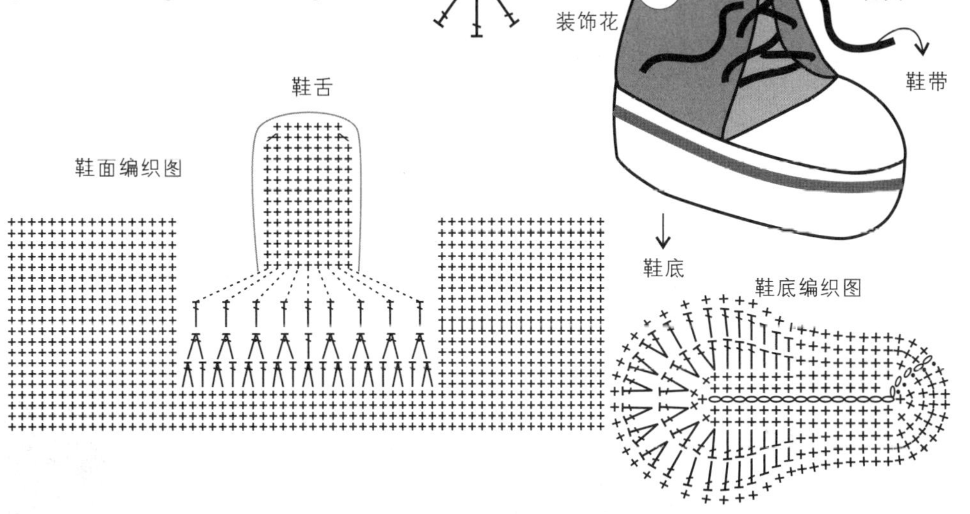

【编织要点】

1.鞋底的钩法：第1行起15针锁针，1针起立针，圈钩32针短针，引拔。第2行，1针起立针，参照鞋底编织图圈钩，鞋头加针3针，鞋后跟加针1针。第3行，1针起立针，圈钩，鞋头加针6针，鞋后跟加针4针，后两行依照鞋底编织图进行编织。

2.鞋侧和鞋面的钩法：在鞋底的基础上，往上编织4行短针，再依照鞋面编织图，编织好鞋头、鞋舌及鞋翼。

3.编织系带，穿插在鞋翼两侧。

4.编织饰花，固定在鞋子相应位置。

作品127

【成品规格】鞋底长11cm，鞋面高8cm

【编织密度】18针x24行=10cm²

【工　　具】8号棒针、2.5mm钩针

【材　　料】蓝色毛线40g，白色毛线30g

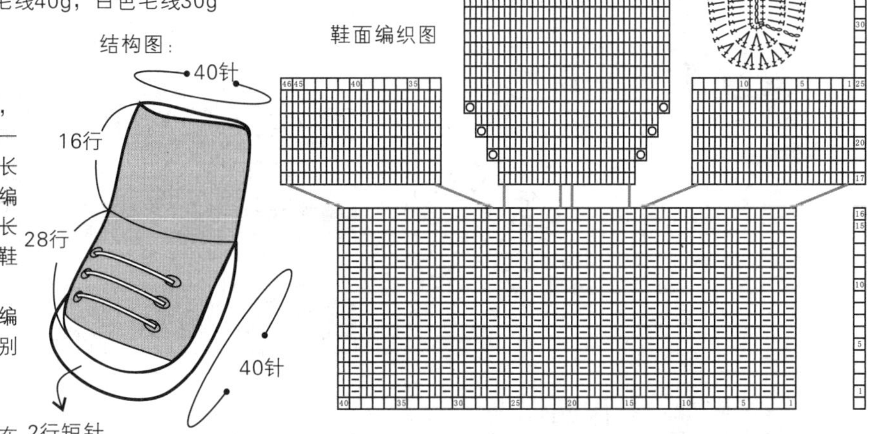

【编织要点】

1.鞋底的钩法：第1行起13针锁针，起1针立针，圈钩6针短针、1针中长针、钩5针长针，在最后一针锁针上钩7针长针，再依次钩5针长针、1针中长针、6针短针，引拔。第2行起3针立针，如鞋底编织图所示，在鞋尖上加5针长针，鞋跟上加3针长针。第3行起3针立针，在鞋尖上加10针长针，鞋后跟加6针长针，引拔收针。

2.依照鞋面编织图所示，从后鞋口起40针片状编织，先编织16行单罗纹，再在前面中心两边分别往上加针编织下针。

3.在前鞋面处依照结构图所示绣花。

4.缝合鞋面后侧缝，并把鞋面安装在鞋底上，在鞋底边缘挑针钩织2行短针。

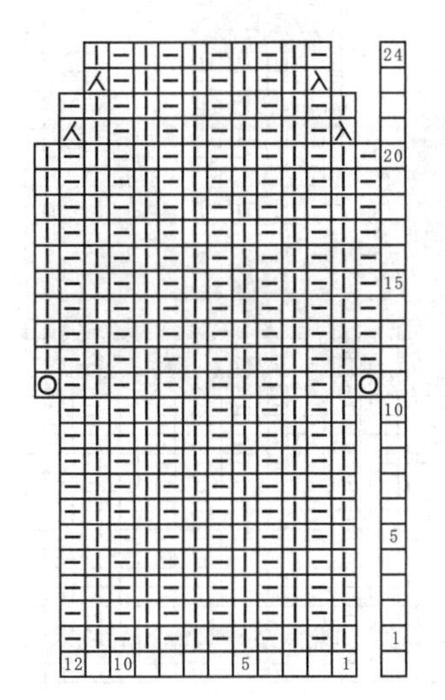

起针

鞋面编织图

作品128

【成品规格】鞋底长10cm，鞋面高8cm

【编织密度】34针x40行=10cm²

【工　　具】5号棒针

【材　　料】粉色毛线40g

【编织要点】

1.从鞋底后跟起12针，片状编织，依照鞋底编织图所示，进行加针编织24行。

2.从鞋口起64针，依照鞋面编织图所示，先编织12行单罗纹，再往上编织阿富汗针，然后在前鞋面中心进行加针。

3.编织鞋带，缝合在鞋子相应位置处。

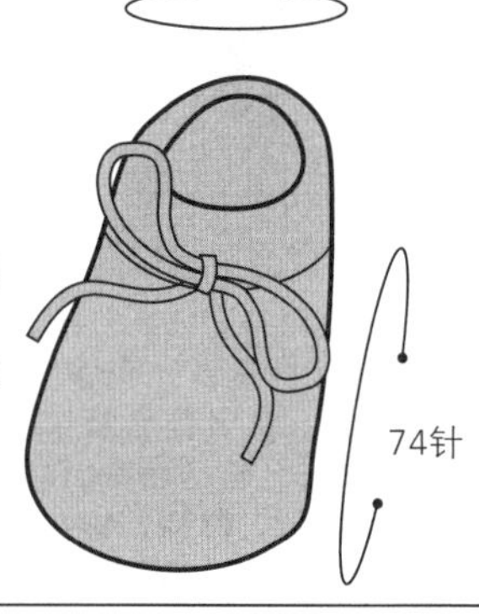

作品129

【成品规格】鞋底长10cm，鞋面高6cm

【编织密度】20针x30行=10cm²

【工　　具】8号棒针

【材　　料】玫红色毛线60g，白色毛线20g

【编织要点】

1.从侧边起22针，依照前鞋面花样编织图所示加行编织。

2.从侧面起34针，依照后鞋面花样编织图所示，编织80行上下针。

3.编织装饰花。

4.依照结构图所示，缝合前鞋面及后鞋面，并固定装饰花。

结构图：

后鞋面

80行

装饰花

38行

前鞋面

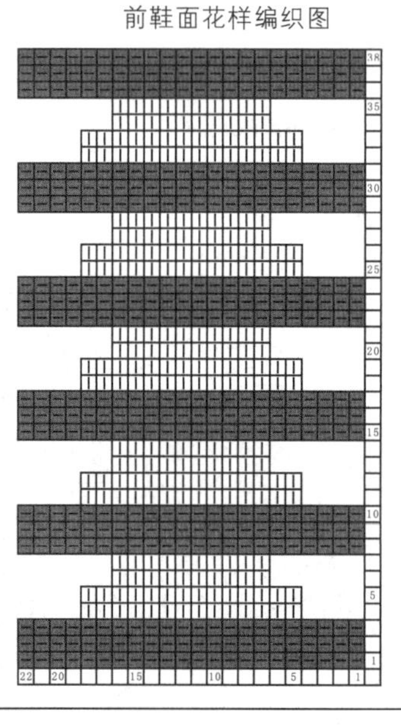

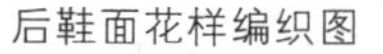

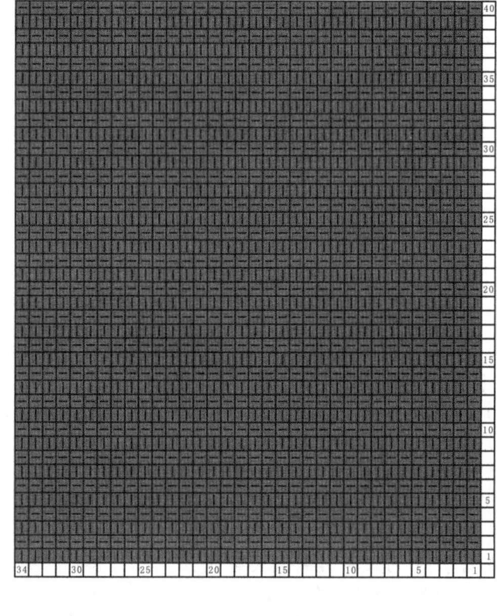

作品130

【成品规格】鞋底长13cm，鞋面高10cm

【编织密度】20针x30行=10cm²

【工　　具】8号棒针

【材　　料】蓝色、白色毛线各20g

【编织要点】

从鞋口起24针，首尾相连圈状编织，先用蓝色线编织2行单罗纹，再往上用白色线编织12行单罗纹，在鞋跟处加行编织，再依照结构图所示上下针换色编织20行鞋面，鞋底用白色线上下针编织，鞋侧用蓝色线编织6行单桂花针，编织完成后在前鞋尖处缝合固定，并把前鞋尖顶端与前鞋面顶端缝合固定。

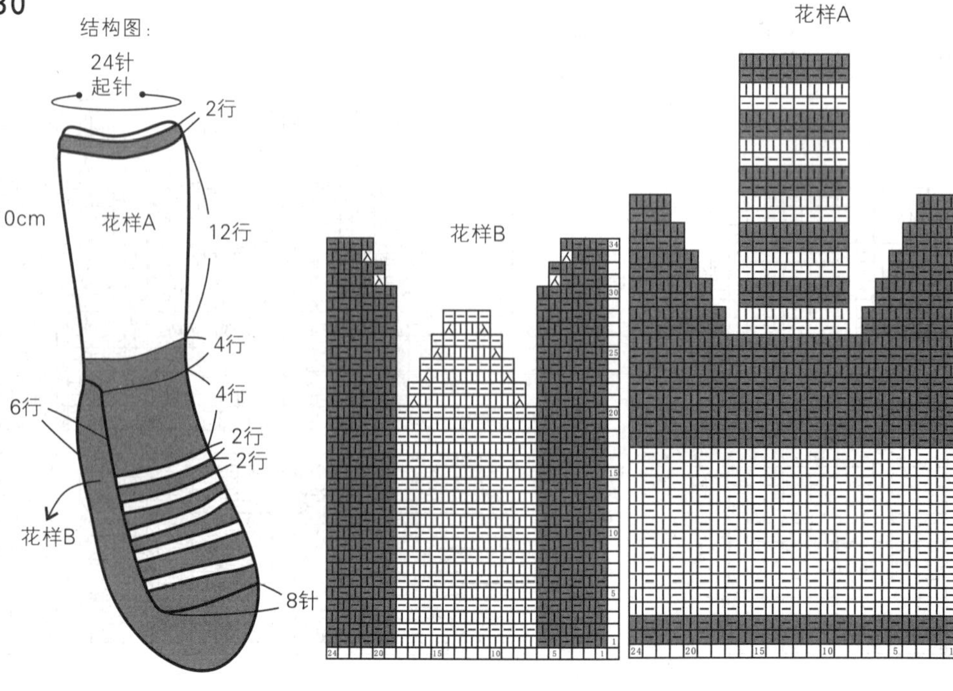

作品131

【成品规格】鞋底长9cm，鞋面高10cm

【编织密度】20针x30行=10cm²

【工　　具】8号棒针

【材　　料】蓝色毛线40g

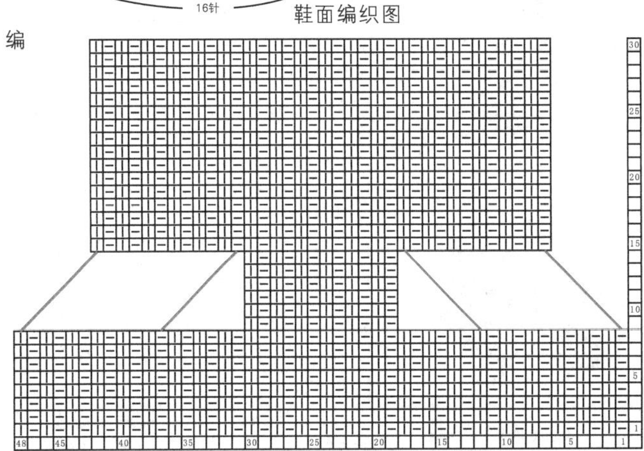

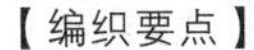

1.从鞋底起16针，依照鞋底编织图所示圈状编织，两端分别加针编织8行，加针后边缘为48针。

2.编织鞋面，在鞋底基础上往上圈状编织8行，后在前面中心处挑12针，编织6行后缝合侧缝，并把剩余的36针往上编织16行单罗纹。

3.用扁带做系带，安装在鞋子相应位置处。

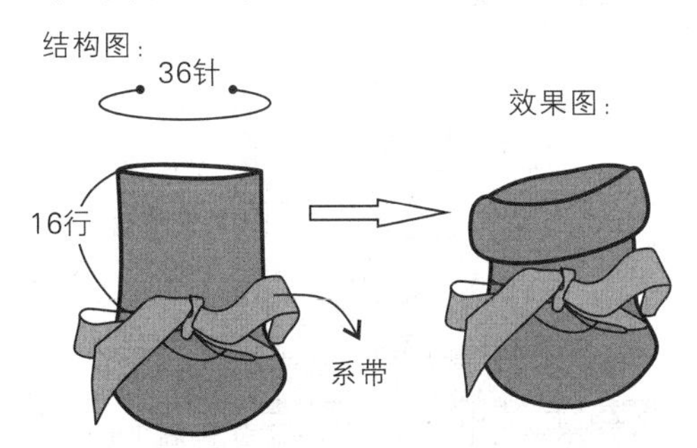

作品132

【成品规格】鞋底长9cm，鞋面高8cm

【编织密度】18针x24行=10cm²

【工　　具】8号棒针

【材　　料】蓝色毛线40g

【编织要点】

1.从鞋底中心起17针，后跟中心处片状编织，依照鞋底编织图所示，进行加针编织。

2.编织鞋侧，在鞋底基础往上不加不减片状编织6行上下针，断线收针。

3.编织鞋面，从鞋口起24针，依照鞋面编织图所示片状编织鞋面。

4.缝合鞋面、鞋侧及后跟中线处。

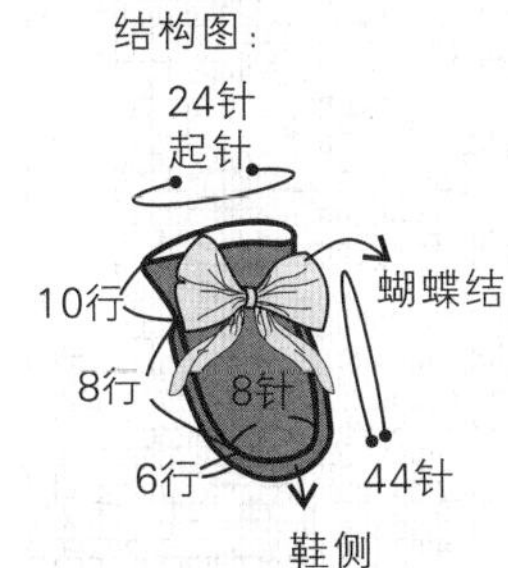

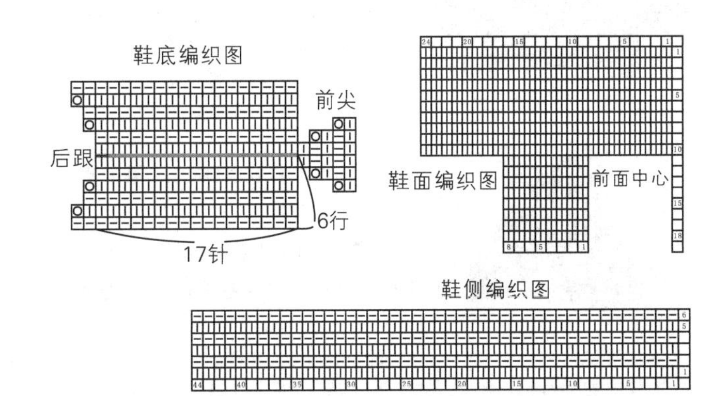

作品133

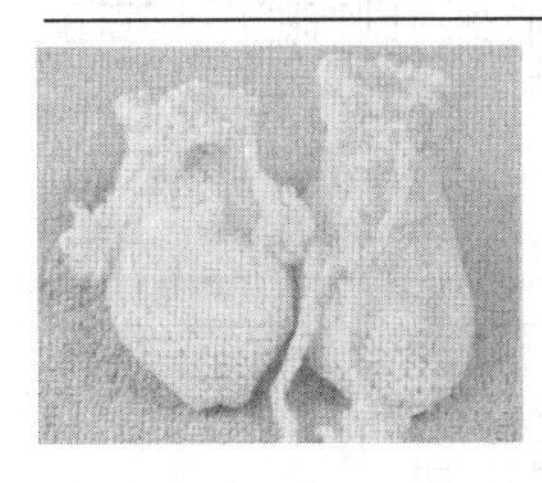

【成品规格】鞋底长12cm，鞋面高10cm

【编织密度】20针x30行=10cm²

【工　　具】8号棒针

【材　　料】白色段染毛线80g

【编织要点】

1.从鞋底起32针，依照鞋底、鞋侧编织图所示，在鞋尖部位进行加针，后跟不加针，缝合后跟。

2.在鞋尖处挑14针编织22行下针，侧边与鞋底侧面缝合，后跟处挑1 6 针 ，共30针，依照鞋口、鞋面编织图圈状往上编织18行。

3.编织鞋带，安装在鞋面相应位置。

结构图:

30针

18行

16行

22行

32针
起针

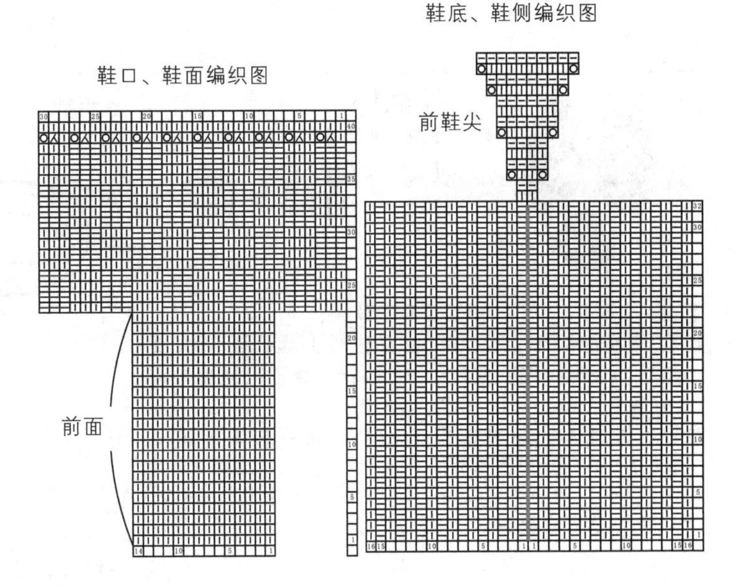

作品134

【成品规格】鞋底长20cm，鞋面高8cm

【编织密度】20针x30行=10cm²

【工　　具】8号棒针

【材　　料】驼色毛线40g

【编织要点】

1.从鞋前尖起3针片状编织，依照鞋子编织图所示编织14行下针，每两行加2针，然后编织28行上下针，每两行加2针，不加不减编织18行后，在中心位置进行减针，每两行减2针，具体编织方法如图所示。

2.缝合前面中心，从鞋尖依次缝合到第42行。

3.缝合后鞋跟。

结构图：

28行　33针　28行　56行　14行　3针起针

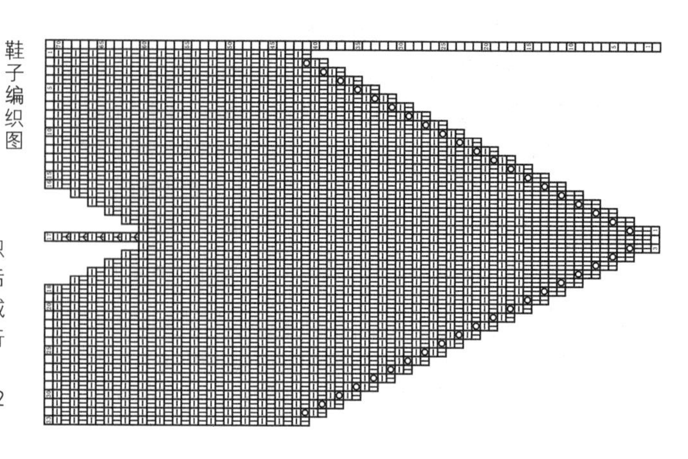

作品135

【成品规格】鞋底长15cm，鞋面高12cm

【编织密度】20针x30行=10cm²

【工　　具】8号棒针、2.5mm钩针

【材　　料】橘红色、黄色毛线各20g

【编织要点】

1.从鞋底起24针，依照鞋底编织图所示圈状编织，两端分别加针编织8行，加针后边缘为66针。

2.编织鞋面，在鞋底基础上往上依照鞋面编织图进行减针，共减36针，后剩下30针往上编织14行上下针，收针。

3.在鞋口挑针钩织一圈边缘。

4.编织鞋带，安装在相应位置处。

结构图：30针　鞋边　40行　鞋面　系带　鞋底

鞋面编织图

鞋边缘编织图

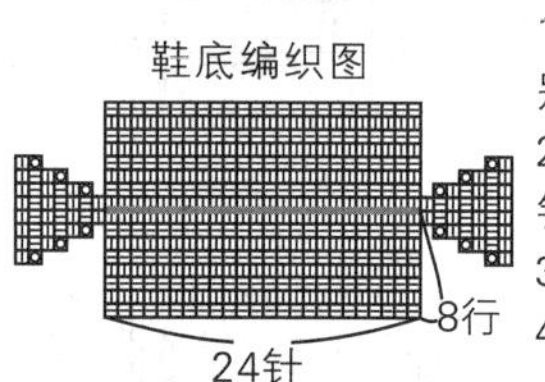

作品136

【成品规格】鞋底长16cm，鞋面高5cm

【编织密度】20针x30行=10cm²

【工　　具】8号棒针、2.5mm钩针

【材　　料】驼色毛线60g，黄色毛线适量

【编织要点】

1.从鞋前起8针圈状编织，依照鞋面编织图所示进行加针编织28行，然后依照结构图及花样图所示，留8针片状编织24针下针，编织20行后，两边各留8针，中间8针向上减针编织6行。

2.在后跟处挑16针，编织8行后收针，两侧面与鞋面相连缝合，固定。

3.在鞋口挑针钩织3行短针，并用黄色线在鞋口编织一行逆短针。

后跟编织图

鞋口边缘编织

鞋面编织图

结构图：3行　20行　16针　鞋口边缘　8针　28行　8行　8针　鞋面　后跟　（8针）起针

作品137

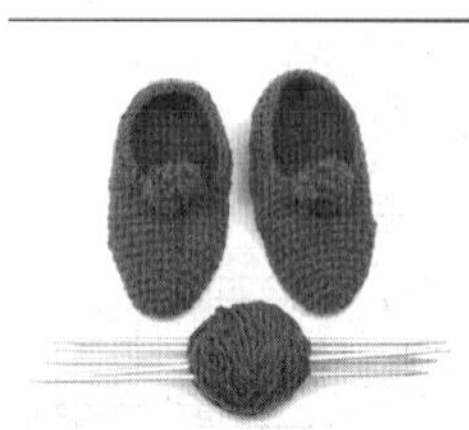

【成品规格】鞋底长10cm

【工　　具】2.5mm钩针

【材　　料】驼色毛线30g

【编织要点】

1.鞋面及鞋底钩织方法：4辫子起针，首尾相连；第1行钩6针短针；第2行加4针，对称每边加2针，依照鞋子编织图所示，第3行到第8行每圈加4针，对称每边加2针，后不加不减编织5行，留出鞋底。

2.在鞋底上挑30针，钩织8行短针，并把两侧边与鞋片相连。

3.在鞋口挑针钩织一圈短针。

4.制作绒球，并固定在前鞋口处。

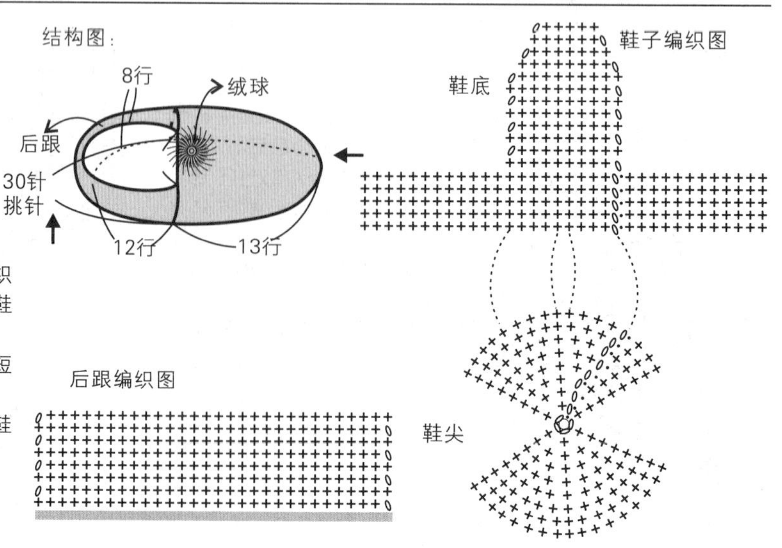

作品138

【成品规格】鞋底长14cm，鞋面4cm

【编织密度】20针x30行=10cm²

【工　　具】8号棒针、2.5mm钩针

【材　　料】驼色毛线40g

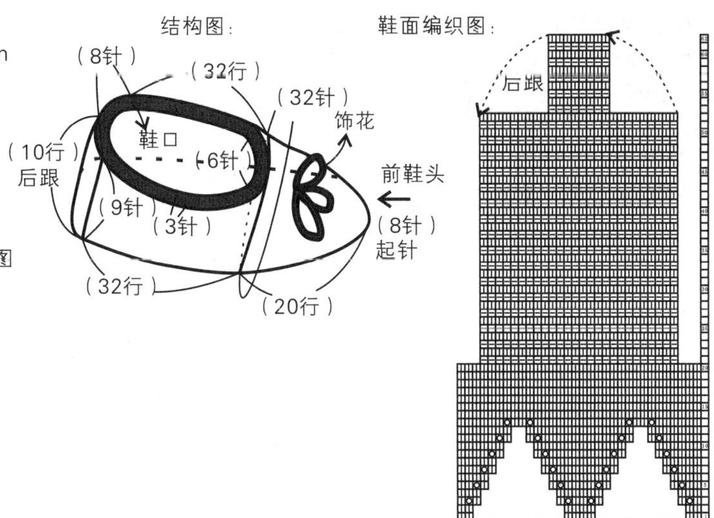

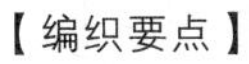

【编织要点】

1.从鞋前起8针圈状编织，依照鞋面编织图所示进行加针，编织20行，然后依照结构图及鞋面编织图所示，留6针片状编织26针上下针，编织32行后，两边各留9针，中间8针向上编织10行，把后跟两边缝合固定。

2.在鞋口挑针钩织3行短针，并在鞋口和鞋面上依照结构图花样所示，挑针钩织花型。

作品139

【成品规格】鞋底长9cm

【工　　具】2.5mm钩针

【材　　料】白色绒线40g

结构图：鞋舌、鞋带

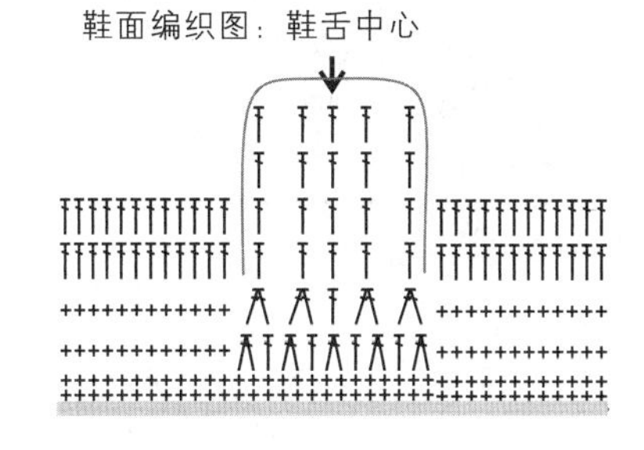

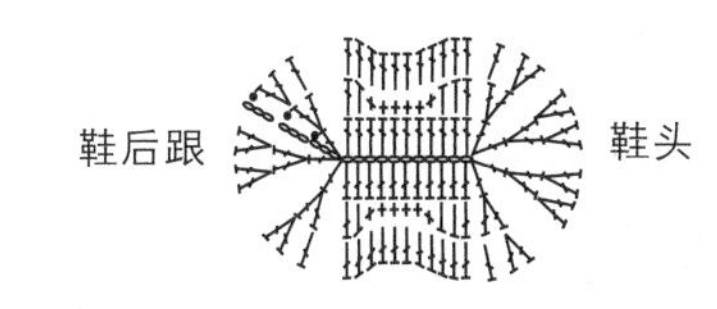

【编织要点】

1.鞋底的钩法：第1行起11针锁针，起3针立针，圈钩29针长针。第2行起3针立针，参照鞋底编织图圈钩，注意中间有短针和中长针的过渡鞋头加针4针，鞋后跟加针3针。第3行起3针立针，鞋头加针6针，鞋后跟加针4针。

2.鞋侧和鞋面的钩法：在鞋底的基础上，依照鞋面编织图所示进行鞋面编织，注意前鞋面中心处进行减针编织，后剩5针往上编织4行，为鞋舌，侧边与后跟往上编织2行。

3.用扁带做系带，安装在鞋两侧面上。

作品140

【成品规格】鞋底长10cm

【工　　具】2.5mm钩针

【材　　料】绿色毛线40g，米色毛线10g

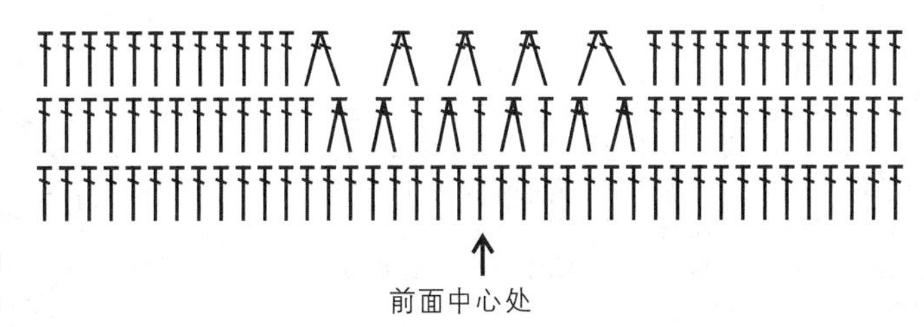

【编织要点】

1.鞋底的钩法：第1行起11针锁针，起1针立针，圈钩24针短针，引拔。第2行，起1针立针，参照鞋底编织图圈钩，注意中间有短针和中长针的过渡鞋头加针3针，鞋后跟加1针。第3行，起1针立针，参照鞋底编织图圈钩，鞋头加针6针，鞋后跟加针4针，后两行编织方法依照鞋底编织图进行编织。

2.鞋侧和鞋面的钩法：在鞋底的基础上，先挑针一圈长针，再在鞋前面部位依照鞋面编织图所示进行减针，共编织3行。

3.编织鞋襻，缝合在鞋子内侧，并在外侧钉上纽扣。

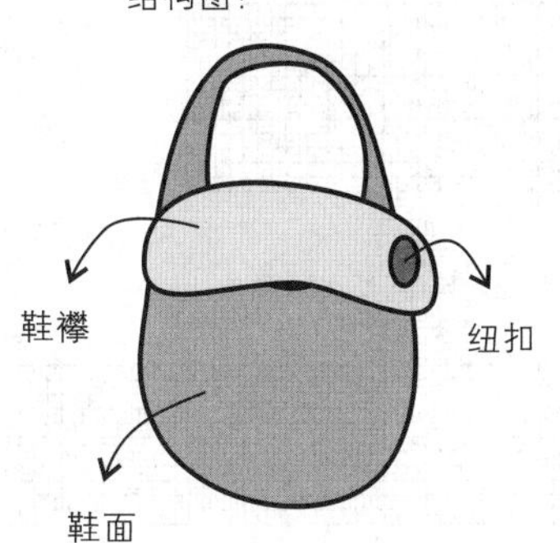

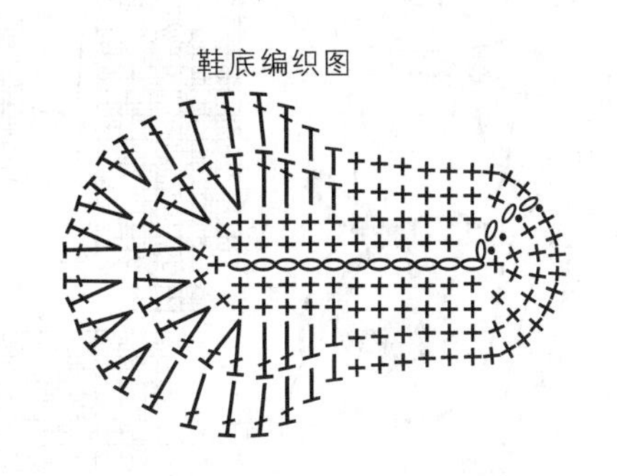

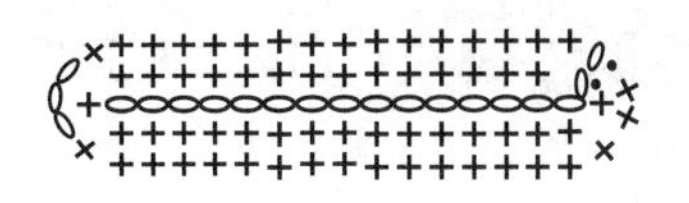

作品141

【成品规格】鞋底长10cm

【编织密度】20针x30行=10cm²

【工　　具】8号棒针

【材　　料】绿色毛线20g，淡绿色毛线10g

【编织要点】

1.从鞋底起12针，用绿色线依照鞋底编织图所示圈状编织上下针，两端分别加针编织6行，加针后边缘为36针。

2.编织鞋面，在鞋底基础上用绿色线往上圈状编织10行，换淡绿色线在鞋面上编织6行，在后跟处留18针，两边分别加12针，编织4行作为左右鞋带。

3.在鞋子左右两侧装订纽扣。

结构图：

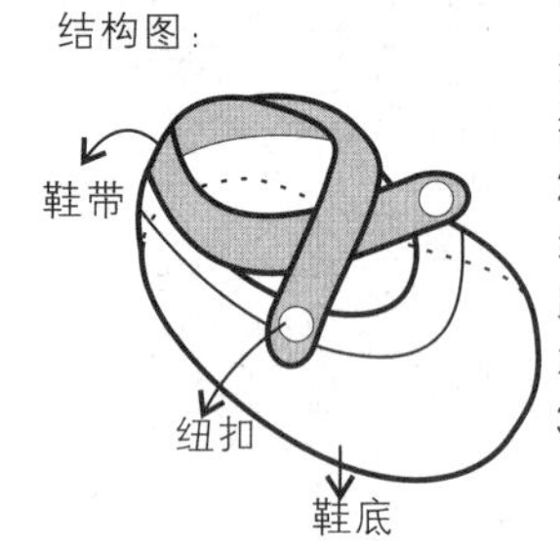

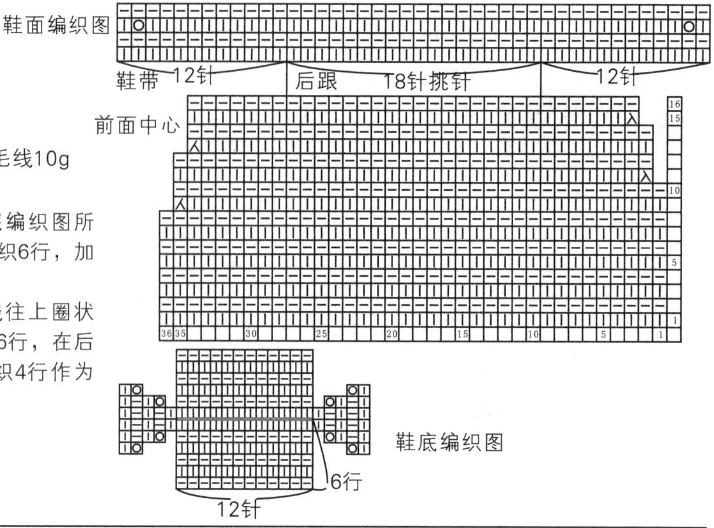

作品142

【成品规格】鞋底长8cm

【工　　具】3mm钩针

【材　　料】黄色毛线20g，蓝色毛线10g

【编织要点】

1.鞋面及鞋底钩织方法：起4针辫子针，首尾相连。第1行钩6针，第2行每针加1针，共12针；第3行隔1针加1针，共18针。第4行隔2针加1针，共24针，第5行不加针编织24针，第6行减6针，共18针，后8行分别平行往上编织18针，后对折缝合尾部。

2.在鞋口用黄色毛线钩织一圈短针。

3.用编织20针的辫子做成蝴蝶结，固定在鞋面上。

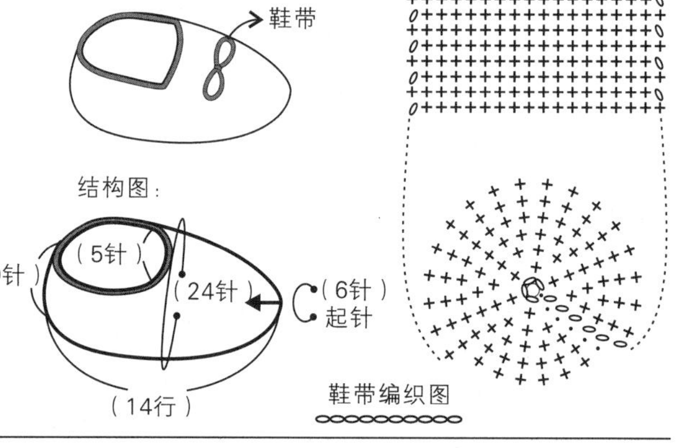

作品143

【成品规格】鞋底长8cm

【工　　具】3mm钩针

【材　　料】蓝色毛线20g，黄色毛线10g

【编织要点】

1.鞋面及鞋底钩织方法：起4针辫子针，首尾相连。第1行钩6针，第2行每针加1针，共12针，第3行隔1针加1针，共18针。第4行隔2针加1针，共24针，第5行不加针编织24针。第6行减6针，共18针，后8行分别平行往上编织18针，后对折缝合尾部。

2.在鞋口用黄色毛线钩织一圈短针。

3.用编织60针的辫子做鞋带，折中固定在鞋后跟。

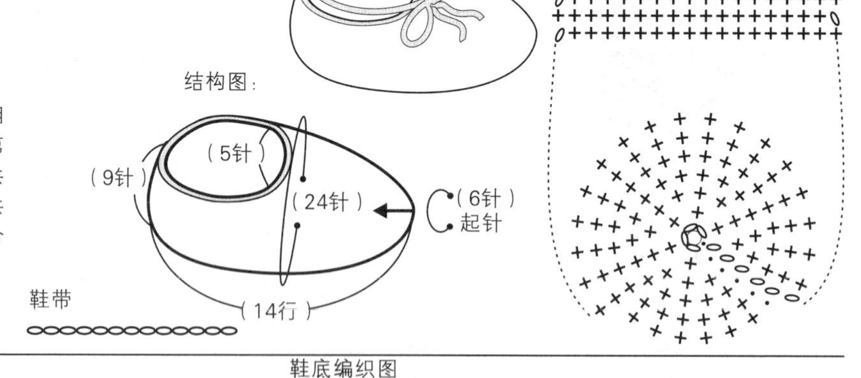

作品144

【成品规格】鞋底长12cm

【编织密度】20针x30行=10cm²

【工　　具】8号棒针

【材　　料】蓝色毛线40g

【编织要点】

1.从鞋底中心起24针，圈状编织，依照鞋底编织图所示，进行加针编织6行，共60针。

2.在鞋底边缘往上依照鞋面编织图所示，编织10行花样，再在鞋前中心10针往上编织12行，缝合两侧边缘，后剩36针往上编织12行单罗纹。

3.编织鞋带，缝合在鞋面相应位置。

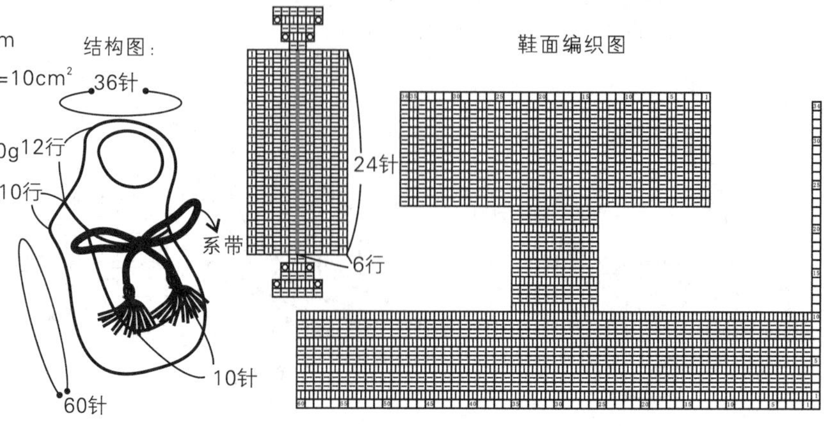

作品145

【成品规格】鞋底长12cm

【工　　具】2.5mm钩针

【材　　料】黄色毛线20g，粉红色毛线10g

【编织要点】

1.鞋底的钩法：第1行起13针锁针，起1针立针，钩6针短针、1针中长针、17针长针、1针中长针、10针短针，引拔。第2行起3针立针，参照鞋底编织图圈钩，前鞋尖加5针，后跟加3针。第3行，3针起立针，参照鞋底编织图圈钩，鞋头加针10针，鞋后跟加针6针。

2.鞋面的钩法：在鞋尖中心处留6针，依照结构图及鞋面编织图所示，编织鞋面。

3.在鞋底边缘钩织一圈。

4.用扁带做系带，穿插在鞋子相应位置。

结构图：

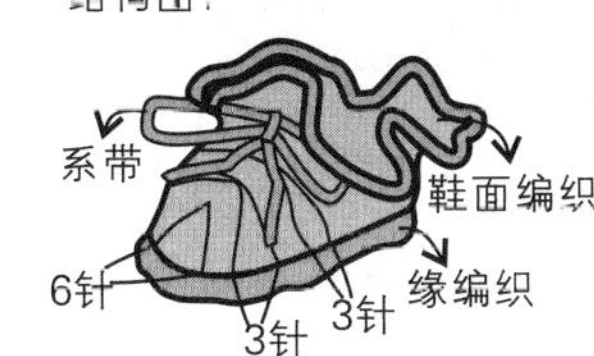

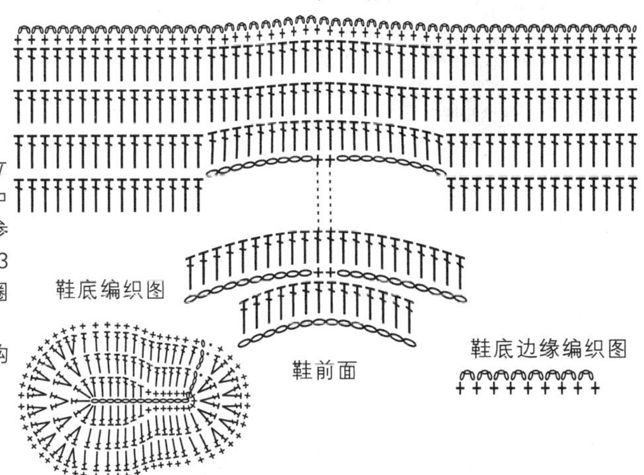

作品146

【成品规格】鞋底长9cm，鞋面高5cm

【工　　具】2.5mm钩针

【材　　料】淡粉色毛线40g

【编织要点】

1.鞋底的钩法：第1行起11针锁针，起1针立针，圈钩24针短针，引拔。第2行，1针起立针，参照鞋底编织图圈钩，注意中间有短针和中长针的过渡鞋头加针3针，鞋后跟加针1针。第3行起1针立针，如图圈钩，鞋头加针6针，鞋后跟加针4针，后两行编织方法依照鞋底编织图进行编织。

2.鞋侧和鞋面的钩法：在鞋底的基础上，先挑针钩织2行短针，再在鞋前面部位依鞋面编织图所示进行减针，并编织鞋舌及左右侧面。

3.在鞋底边缘钩织一行短针。

4.用扁带做系带，穿插在鞋子相应位置。

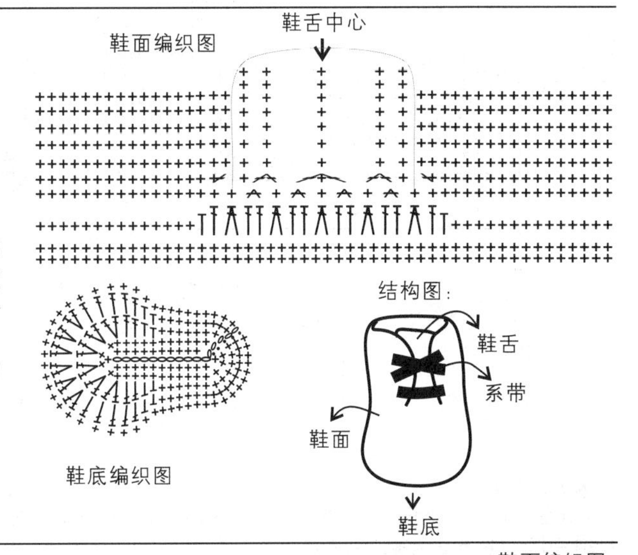

作品147

【成品规格】鞋底14cm，鞋面高16cm

【编织密度】20针x30行=10cm²

【工　　具】8号棒针

【材　　料】玫红毛线30g，白色毛线10g

【编织要点】

1.从鞋底起20针，依照鞋底编织图所示圈状编织下针，两端分别加针编织6行。

2.编织鞋面，从鞋口起40针，依照鞋面编织图所示，先编织32行鞋筒，中间留12针往上编织16行，再分别从两边进行加针编织，共加至66针，往上编织10行，依照结构图及鞋面编织图进行缝合鞋面。

3.编织耳朵，缝合在鞋面上。

4.在鞋面上缝制眼睛，鼻子及嘴巴。

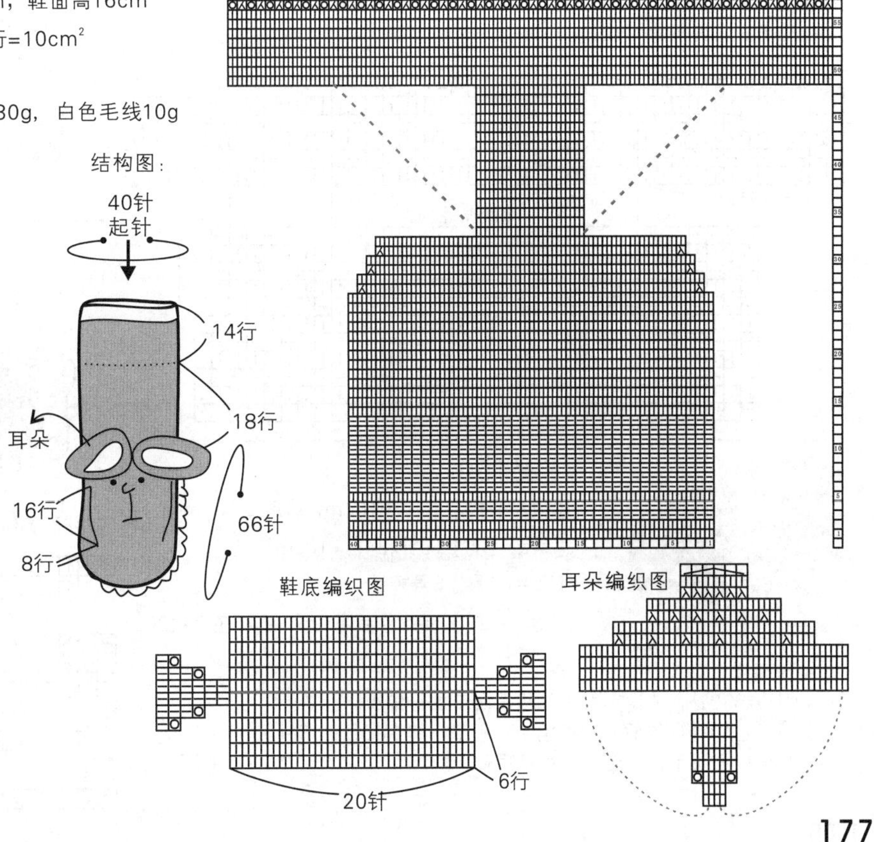

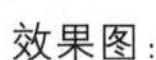

效果图：

作品148

【成品规格】鞋底长15cm，鞋面高10cm

【编织密度】20针x30行=10cm²

【工　　具】8号棒针

【材　　料】绿色毛线30g，红色毛线少许

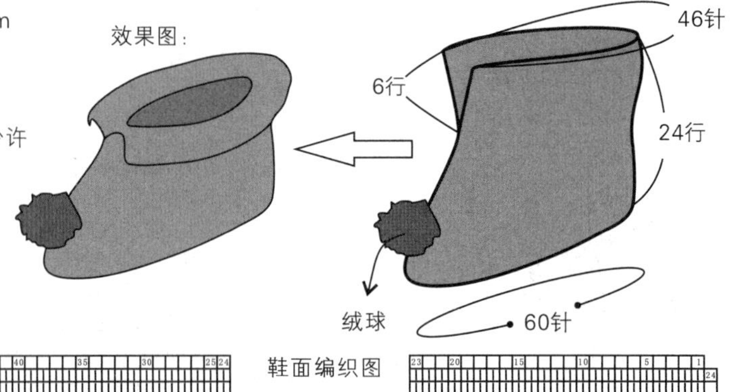

【编织要点】

1.从鞋底起24针，依照鞋底编织图所示圈状编织上下针，两端分别加针编织8行，加针后边缘为60针。

2.编织鞋面，在鞋底基础上往上圈状编织6行下针，在前面中心处依照进行减针编织，两边对称各减7针，剩余46针往上片状编织6行下针。

3.制作绒球，缝合在鞋尖处。

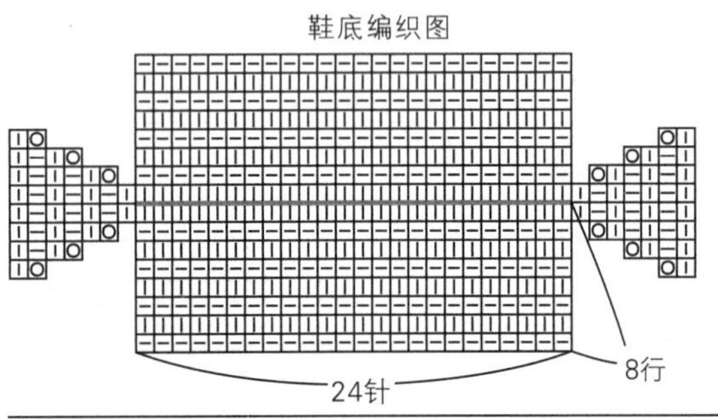

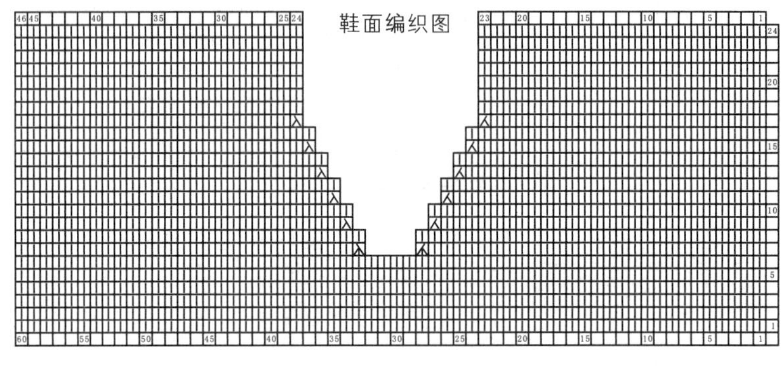

作品149

【成品规格】鞋底长8cm，鞋面高5cm

【编织密度】20针x30行=10cm²

【工　　具】8号棒针

【材　　料】粉红色毛线30g，黄色毛线20g

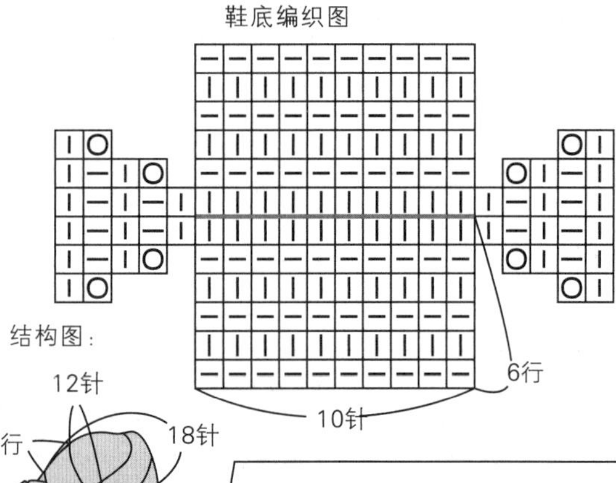

【编织要点】

1.从鞋底起10针，用粉红色线依照鞋底编织图所示圈状编织上下针，两端分别加针编织6行，加针后边缘为32针。

2.编织鞋面，在鞋底基础上往上圈状编织6行，换黄色线在鞋面上编织4行，在后跟处留18针，两边分别加12针，编织6行作为左右鞋带。

3.在鞋子左右两侧装订纽扣。

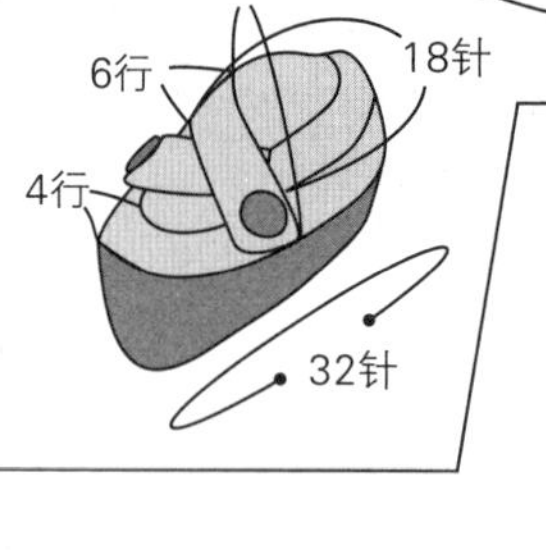

鞋面编织图

鞋带　后跟

12针　18针挑针　12针

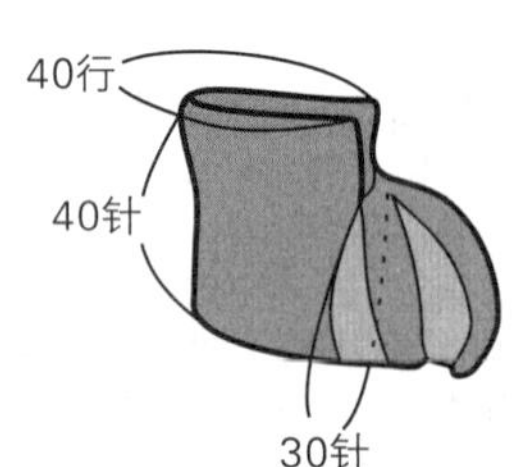

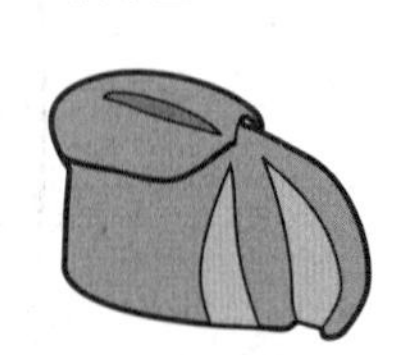

作品150

【成品规格】鞋底长10cm，鞋面高10cm

【编织密度】18针x24行=10cm²

【工　　具】8号棒针

【材　　料】土黄色毛线50g，浅灰色毛线20g

【编织要点】

1.从侧边起30针，依照前鞋面编织图所示加行编织。

2.从侧面起40针，依照后鞋面编织图所示，编织40行上下针。

3.依照结构图所示，缝合前鞋面及后鞋面。

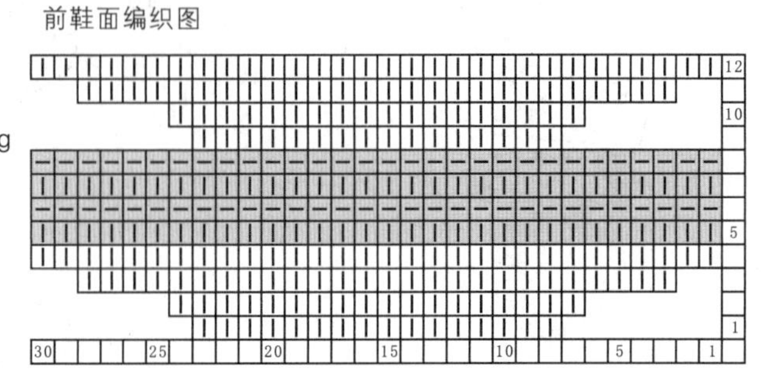

鞋后面编织图

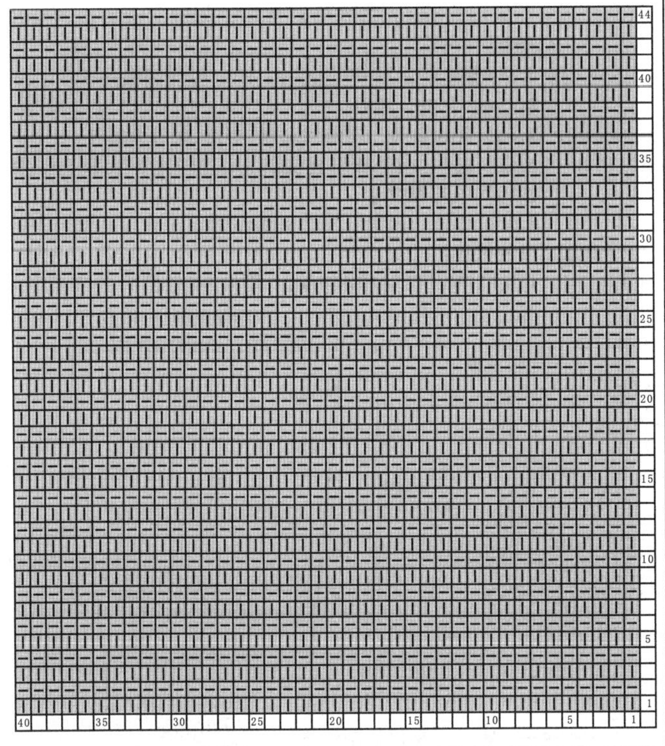

作品151

【成品规格】鞋底长12cm，鞋面高8cm

【工　　具】2.5mm钩针

【材　　料】蓝色毛线60g

【编织要点】

1.鞋底的钩法：第1行起13针锁针，起1针立针，钩6针短针、1针中长针、17针长针、1针中长针、10针短针，引拔。第2行起3针立针，参照鞋底编织图圈钩，注意中间有短针和中长针的过渡鞋尖加针5针，鞋后跟加3针。第3行起3针立针，如图圈钩，鞋头加针10针，鞋后跟加针6针。

2.鞋侧和鞋面的钩法：在鞋底的基础上，往上挑钩3行长针，再依照鞋面编织图所示，在鞋前面中心处进行减针编织。

3.编织系带穿插在鞋子相应位置。

4.在鞋底边缘挑针钩织一圈。

鞋底编织图

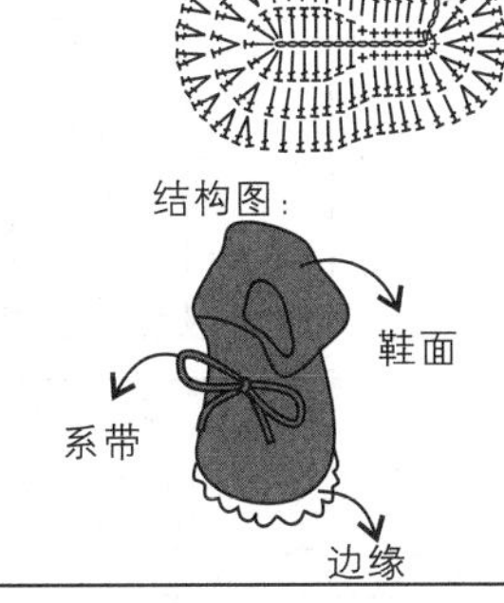

鞋面编织图

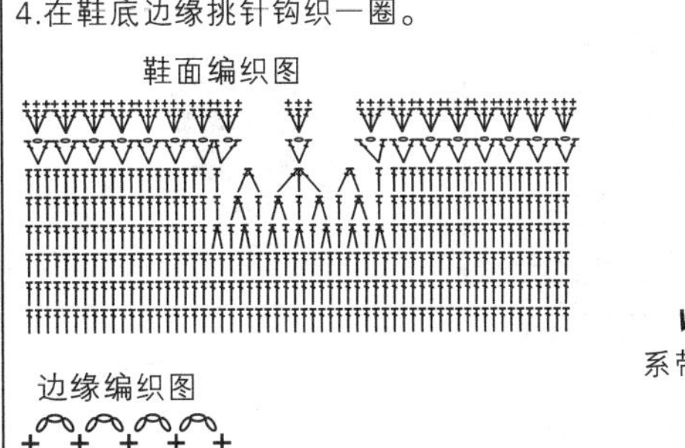

边缘编织图

作品152

【成品规格】披肩长59.5cm

【编织密度】20针×27行=10cm²

【工　　具】8号棒针

【材　　料】白色毛巾线400g

【编织要点】

1.使用棒针编织法。披肩由衣身和帽片组成。

2.从下摆起织，起240针，起织花样A单罗纹针，不加减针，织8行的高度后，下一行起全织花样B，不加减针，织90行的高度，在最后一行里，每3针并为1针，针数减少160针，余下80针，下一行继续编织花样A，不加减针，织20行的高度，折回衣内缝合。形成的管状，中间穿过系带，两端缝上一个毛线球，衣身完成。

3.在花样A对折线上挑针，挑60针，起织花样A，不加减针，织8行后全部改织花样B，不加减针，再织46行。以中心对称对折缝合。

4.领襟的编织：分别沿着右衣襟边、帽前檐边、左衣襟边挑针240针，起织花样A，不加减针，织8行的高度后，收针断线。最后制作兔耳朵：起8针，首尾闭合，然后分为8部分加针，2-1-5，加成48针，不加减针，织下针12行后，再分为8部分减针，1-1-6，最后余下8针，收为1针打结，藏好线尾。在帽顶钉上两个大红扣子做眼睛，一个小红扣子做鼻子，再用红线绣出嘴巴，衣服完成。

符号说明：

⊟　上针

□=▯　下针

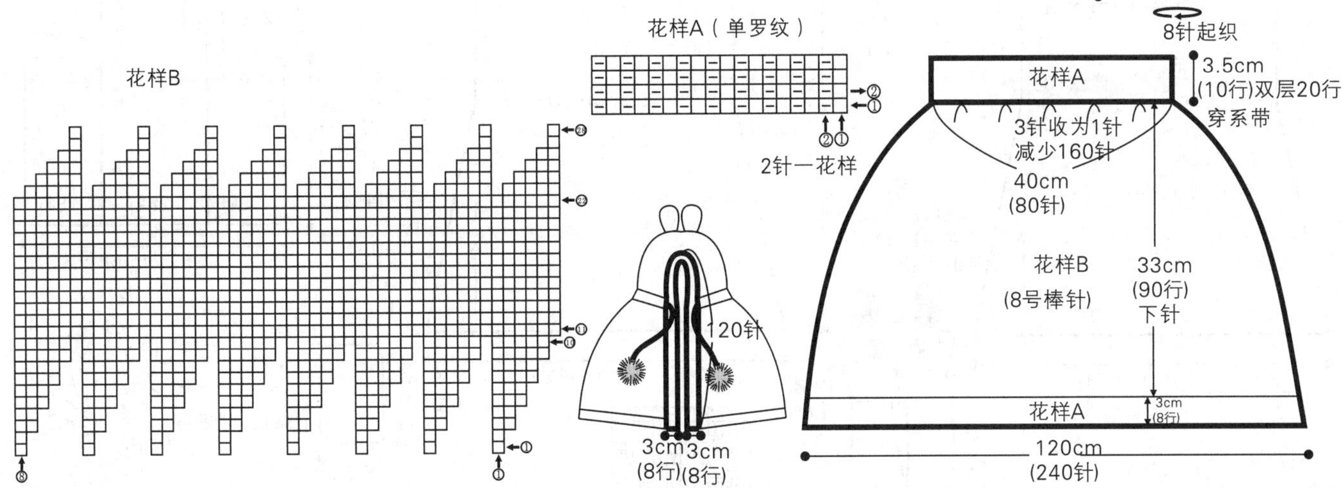

作品153

【成品规格】胸宽32cm，下摆42cm，衣长42cm，肩宽32cm，袖长30.5cm

【编织密度】18针×24行=10cm²

【工　　具】7号棒针

【材　　料】驼色圈圈绒线300g，黑色圈圈绒线300g

【编织要点】

1.先织后片，用7号棒针起76针，编织下针，两侧按图示减针，织25cm到腋下，不加不减织17cm，收针，断线。

2.前片用7号棒针起76针，编织下针，两侧按图示减针，织25cm到腋下，不加不减继续往上编织，织至衣长最后6cm时，开始领口减针，减针方法如图，肩留15针，待用。

3.袖7号棒针起36针，编织下针，两侧按图示加针，织30cm，收针，断线。

4.分别合并肩线，侧缝线和袖下线，并缝合袖子。

5.编织帽子：7号棒针挑56针，编织下针，如图示，并按相同的符号缝合。

6.编织口袋：用钩针按口袋编织钩编口袋，并缝合在相应的位置。

7.眼睛嘴巴按花样A钩编。耳朵用7号棒针按花样B编织。

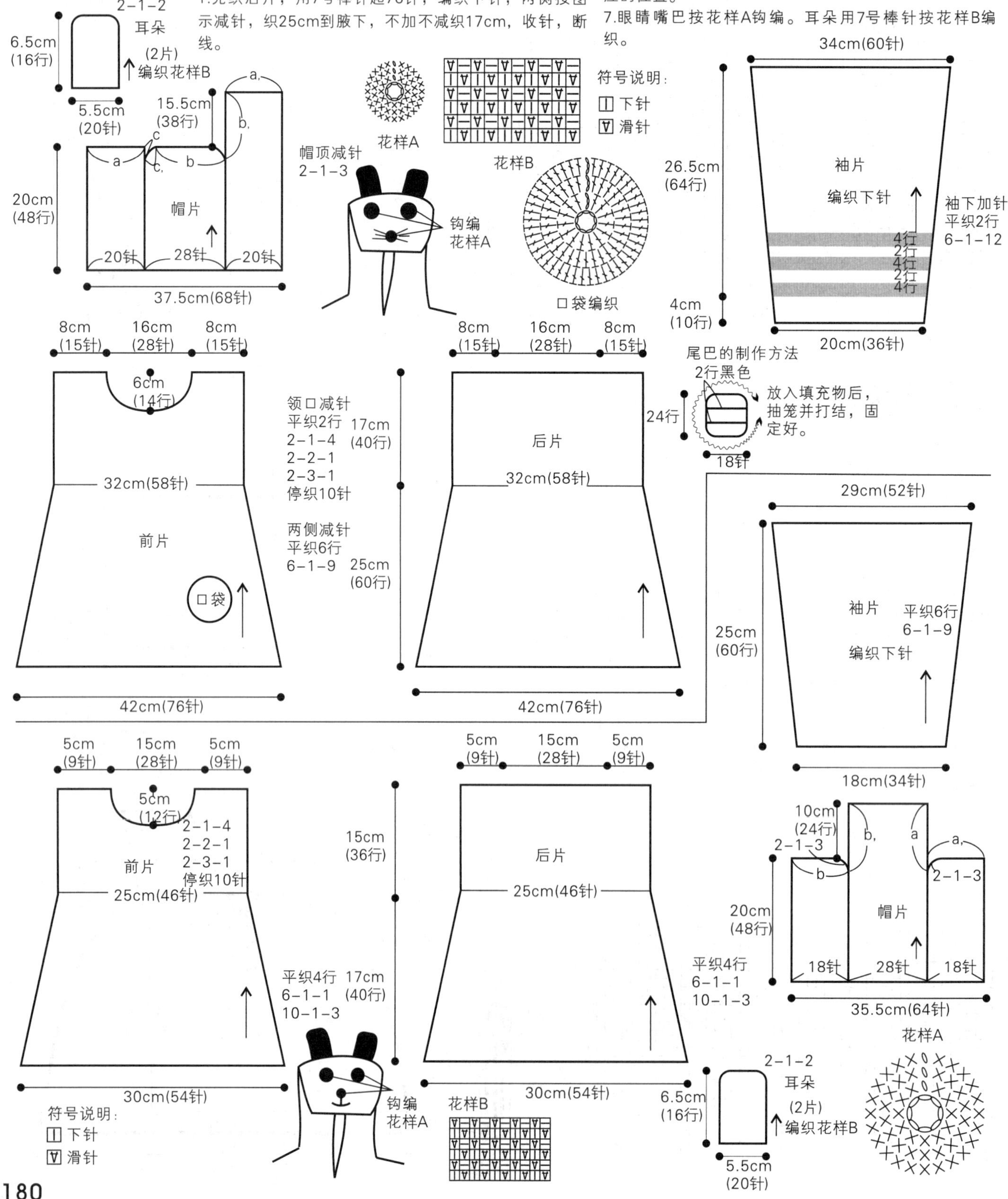

作品154

【成品规格】胸宽25cm，下摆30cm，衣长32cm，肩宽25cm，袖长25cm

【编织密度】18针×24行=10cm²

【工　　具】7号棒针

【材　　料】米白色圈圈绒线350g

【编织要点】

1.先织后片，用7号棒针起54针，编织下针，两侧按图示减针，织17cm到腋下，不加不减织15cm，收针，断线。

2.前片用7号棒针起54针，编织下针，两侧按图示减针，织17cm到腋下，不加不减继续往上编织，织至衣长最后5cm时，开始领口减针，减针方法如图，肩膀处留9针。

3.衣袖用7号棒针起34针，编织下针，两侧按图示加针，织25cm，收针，断线。

4.分别合并肩线，侧缝线和袖下线，并缝合袖子。

5.帽子用7号棒针挑64针，编织下针，如图所示，并按相同的符号缝合。

6.眼睛和嘴巴按花样A钩编。耳朵用7号棒针按花样B编织。

作品155

【成品规格】衣长31cm，下摆宽30cm，连肩袖长31cm

【编织密度】36针×48行=10cm²

【工　　具】10号棒针

【材　　料】白色、绿色羊毛线各400g，红色等线少许

【编织要点】

1.插肩毛衣用棒针编织，由一片前片、一片后片、两片袖片组成，从下往上编织。

2.先编织前片：

(1) 用下针起针法起108针，先织20行单罗纹后，改织全下针，并编入图案，侧缝不用加减针，织76行至插肩袖窿。

(2) 袖窿以上的编织：两边平收5针后，进行插肩袖窿减针，方法为每4行减2针减13次，各减26针，不用开领窝，织至顶部针数余46针。

3.编织后片：后片的编织方法与前片一样。

4.编织袖片：用下针起针法起56针，织20行单罗纹后改织全下针，两边袖下加针，方法为每6行加1针加12次，织至76行两边平收5针后，开始插肩减针，方法为每4行减2针减13次，至顶部余18针，同样方法编织另一袖，收针断线。

5.缝合：将前片的侧缝与后片的侧缝对应缝合。袖片的袖下分别缝合，袖片的插肩部与衣片的插肩部缝合。

6.领片编织：领圈边挑108针，以左侧前片的插肩为开口点，用于缝上纽扣，片织12行双罗纹，形成圆领。

7.缝上前片的刺绣图案和纽扣，毛衣编织完成。

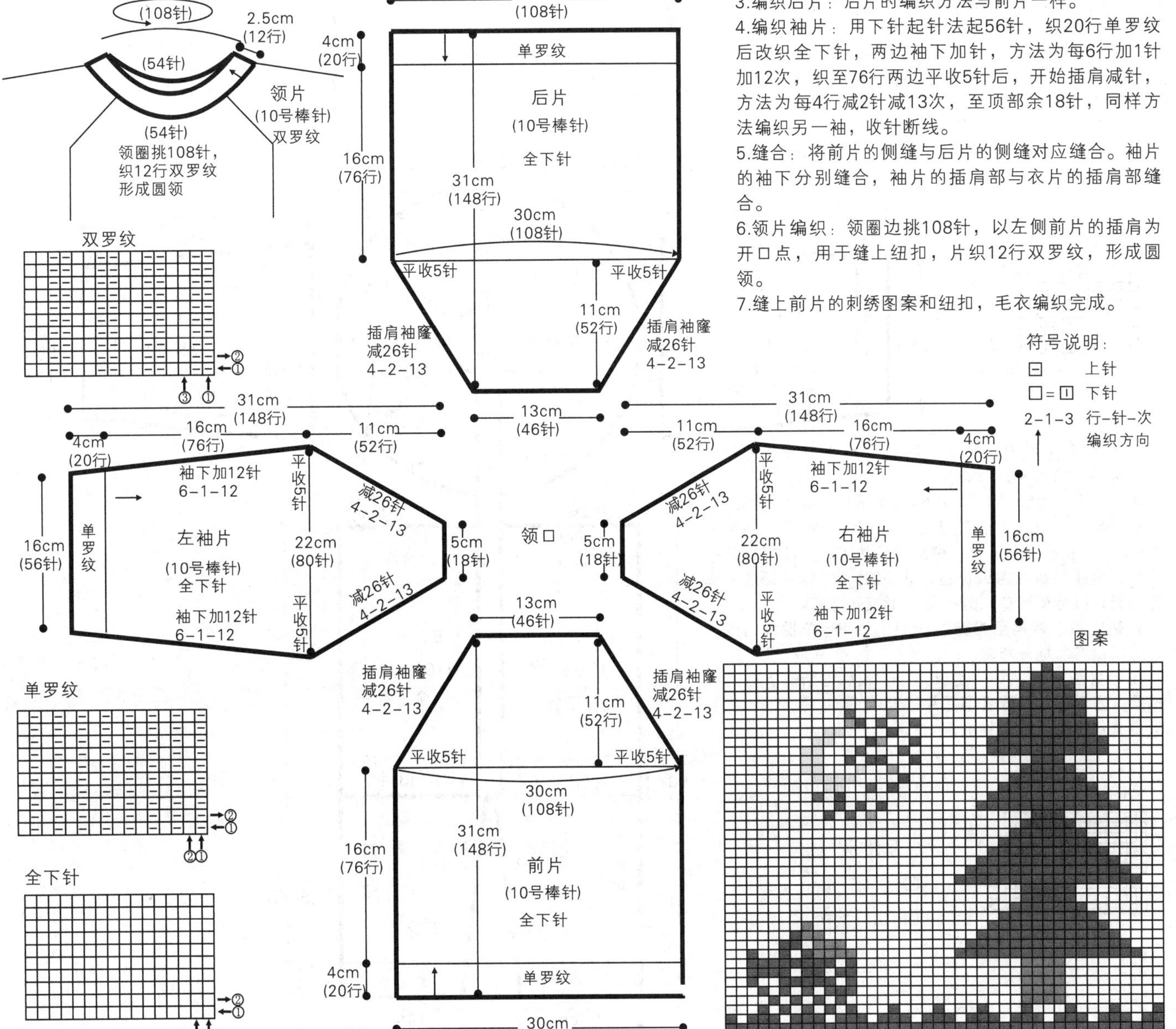

作品156

【成品规格】衣长60cm，胸宽32cm，
连肩袖长34cm
【编织密度】20针×34行=10cm²
【工　　具】10号棒针
【材　　料】黄色、咖啡色羊毛线各200g，
纽扣6枚

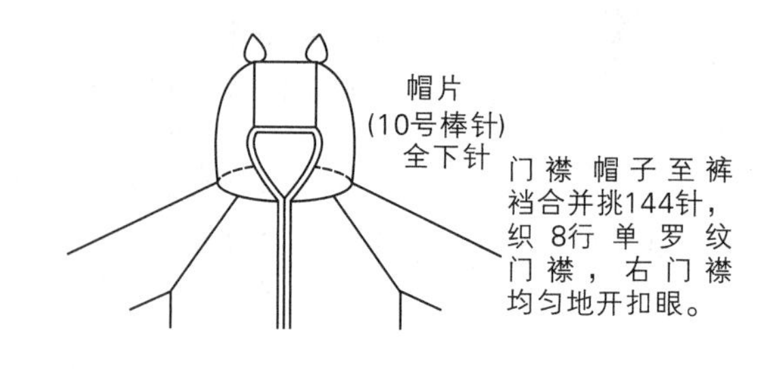

【编织要点】

1.毛衣用棒针编织，由2片前片、1片后片、2片袖片组成，用黄色线和咖啡色线交替配色，从上往下编织。

2. 先从领口环形片起织。用下针起针法起104针，片织全下针，并开始分前后片和两边袖片，每分片的中间留2针径，两边加针，每边每2行加1针加14次，共加112针，织44行环形片完成，此时织片的针数为216针。

3. 开始分出2片前片、后片和2片袖片：

(1) 右前片分出28针，袖窿平加4针，继续编织全下针，侧缝不用加减针，织至88行时，开始织裤腿，裤裆处平收4针后，内侧裤腿减针，方法是每6行减1针减8次，织至54行后改织18行单罗纹，余28针，收针断线。同样方法编织左前片。

(2) 后片分出56针，两边袖窿各平加4针，继续织全下针，侧缝不用加减针，织至88行时，中间平加4针，在内侧同时平加4针，形成重叠裤裆，开始编织裤腿，裤裆的4针织24行花样A，其余织全下针，两边裤腿各36针，内侧裤腿减针，方法是每6行减1针减8次，织至54行后，改织18行单罗纹，余28针，收针断线。

(3)左袖片分出52针，织全下针，两边平加4针，至60针，袖下减针，方法是每4行减1针减10次，织至54行时，改织18行单罗纹，袖口余40针，收针断线。同样方法编织右袖片。

全下针

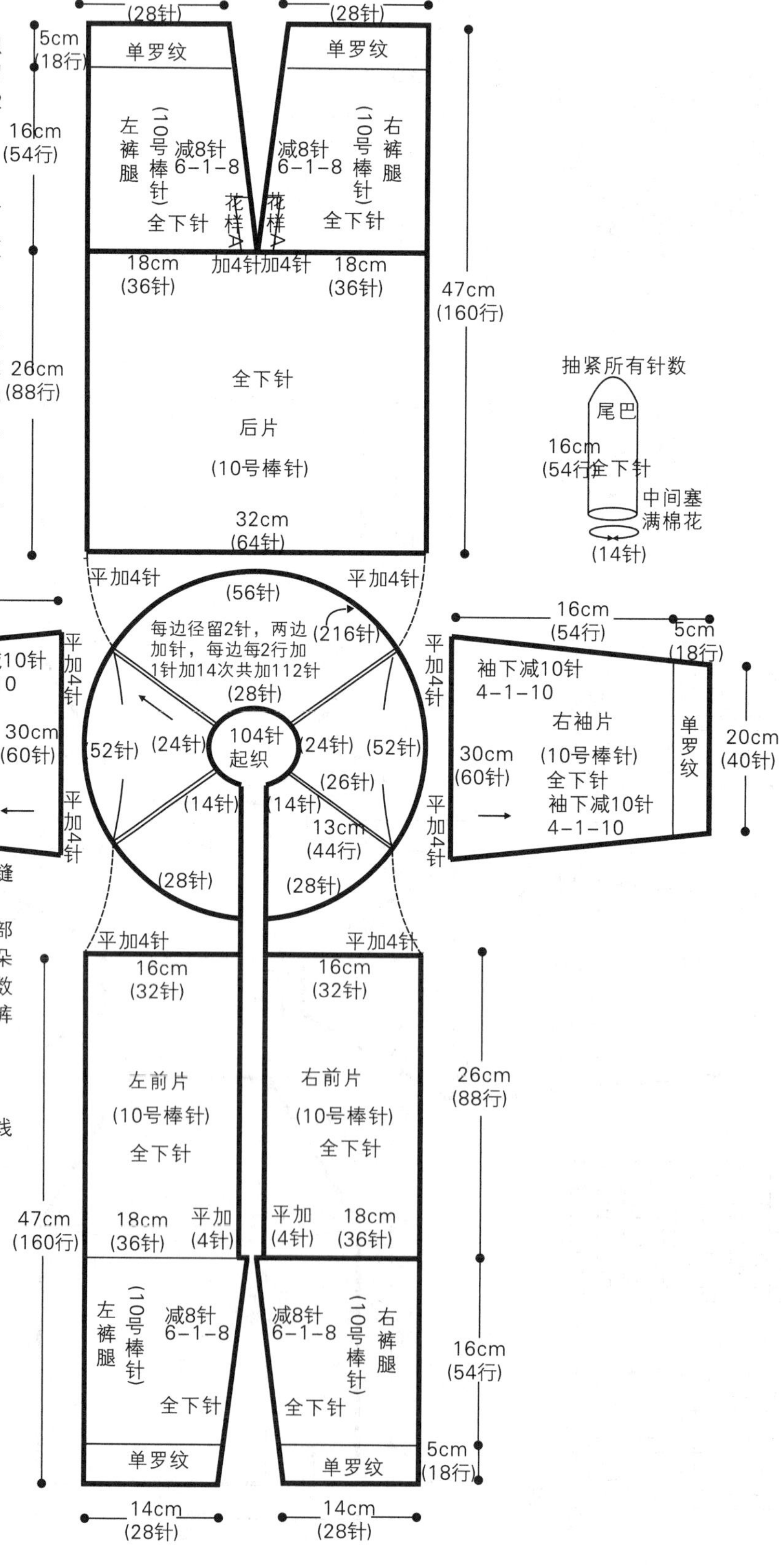

4. 缝合：将前片的侧缝至裤腿和后片的侧缝至裤腿缝合。两袖片的袖下分别缝合。

5.编织帽子：挑针104针，织64行全下针，并配色，顶部另起26针，织40行“王”字图案，缝合于帽顶。帽耳朵另织，起8针，织全下针，两边边织边减针，织16行针数减完，边缘用钩针钩织花边，共织2片，往帽片缝合。裤腿内侧只缝合裤腿口上54行处，形成开裆裤。

6. 两边门襟、裤裆至帽檐挑144针，织8行单罗纹门襟，右边门襟均匀地开扣眼。

7. 尾巴另织，起14针，圈织54行，最后把所有针数用线抽紧，塞满棉花，缝合到后片裤裆中间。

8. 缝上纽扣。毛衣编织完成。

花样A

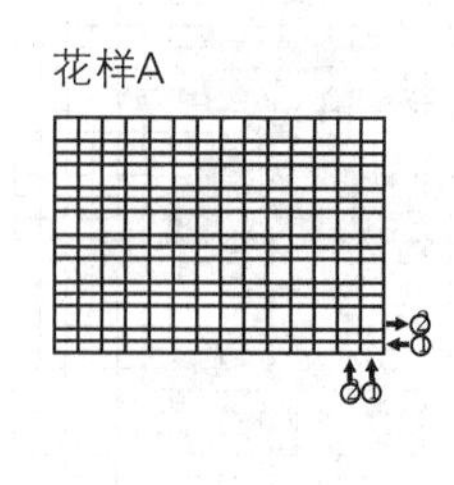

符号说明：

⊟　上针

□=⊡　下针

作品157

【成品规格】衣长32cm，下摆宽29cm，肩宽23cm

【编织密度】24针×32行=10cm²

【工　　具】10号棒针

【材　　料】白色羊毛线400g，深灰色、浅灰色线各少许，肩部纽扣2枚，图案纽扣4枚

【编织要点】

1.毛衣用棒针编织，由一片前片、一片后片、两片袖片组成，从下往上编织。

2.先编织前片：

(1) 用深灰色线，机器边起针法起68针，编织12行单罗纹后，改用白色线织全下针，并编入图案，侧缝不用加减针，织42行至袖窿。

(2) 袖窿以上的编织：两边袖窿减针，方法为每2行减1针减6次，各减6针，不加不减织36行至肩部。

(3) 从袖窿算起织至28行时，开始开领窝，中间平收12针，然后两边减针，方法为每2行减2针减6次，各减12针，不加不减织8行，至肩部余9针，右侧肩部最后织4行单罗纹。

3.编织后片：(1) 用深灰色线，机器边起针法起68针，编织12行单罗纹后，改用白色线织全下针，侧缝不用加减针，织42行至袖窿。

(2)袖窿以上的编织：两边袖窿减针，方法为每2行减1针减6次，各减6针，不加不减织36行至肩部。

(3) 同时从袖窿算起织至42行时，开始开领窝，中间平收30针，然后两边减针，方法为每2行减1针减2次，至肩部余9针，左侧肩部最后4行织单罗纹。

4.袖片编织：用深灰色线，机器边起针法，起44针，织16行单罗纹后，改用白色线织全下针，袖下加针，方法为每6行加1针加8次，织至58行时，开始袖山减针，方法为每2行减3针减4次，每2行减2针减3次，每2行减1针减2次，至顶部余20针。

5.缝合：将前片的侧缝与后片的侧缝对应缝合。前片的肩部与后片的肩部缝合右肩不用缝合，用于缝纽扣，两边袖片的袖下缝合后，分别与衣片的袖边缝合。

6.领片编织：领圈边挑112针，自右肩部纽扣处来回片织10行单罗纹，并配色形成圆领。

7.右肩部和图案处缝上纽扣，毛衣编织完成。

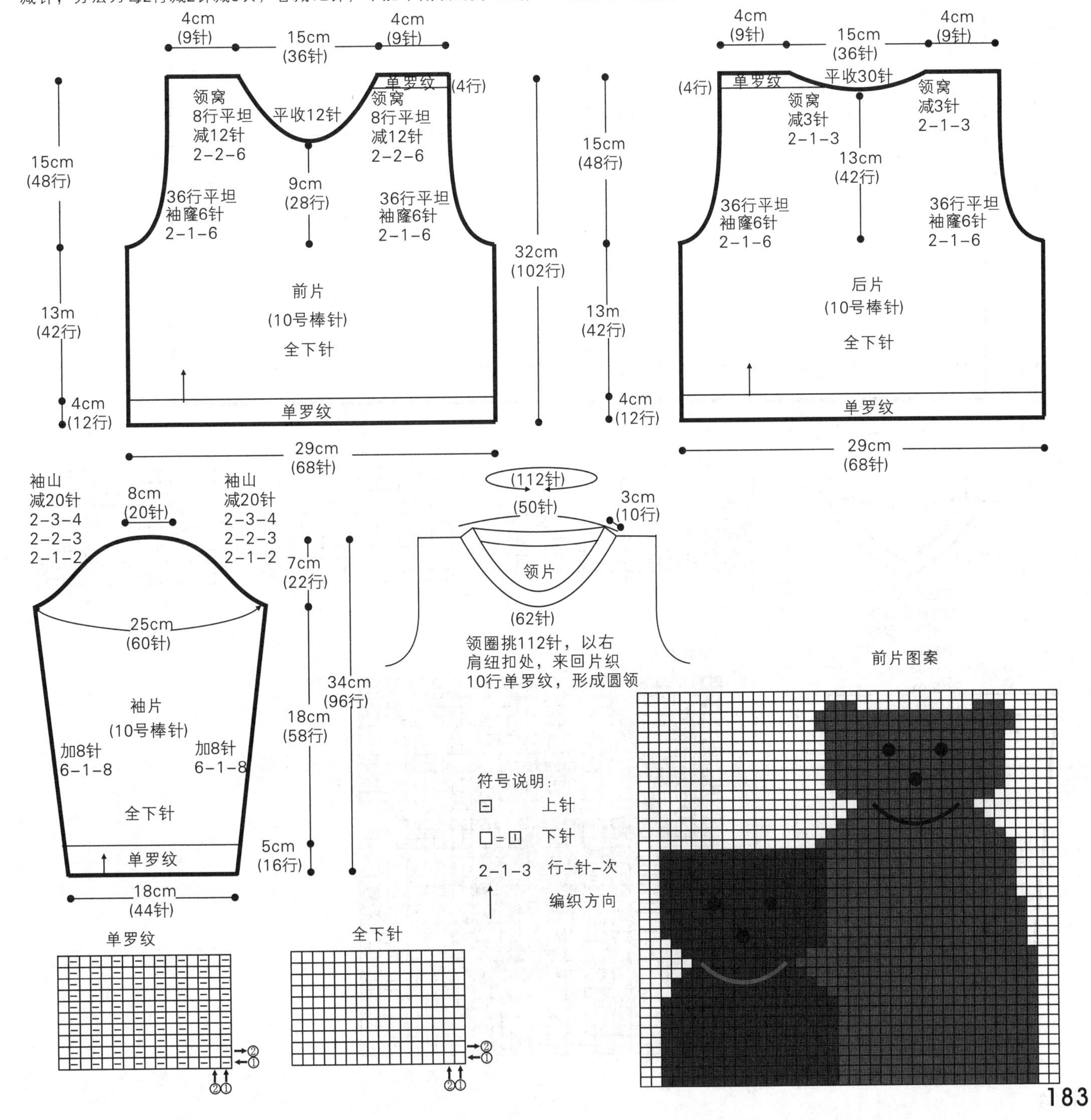

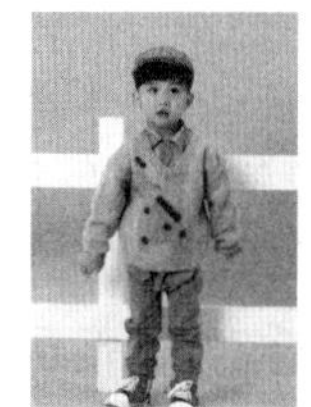

作品158

【成品规格】衣长34cm，下摆宽34cm，袖长30cm

【编织密度】20针×32行=10cm²

【工　　具】11号棒针

【材　　料】灰色羊毛线400g，黄色等线少许

【编织要点】

1.毛衣用棒针编织，由两片前片、一片后片、两片袖片组成，从下往上编织。

2.先编织前片。用机器边起针法起69针，先织12行单罗纹后，改织全下针，并编入图案，侧缝不用加减针，织52行至袖窿。

(1) 袖窿以上的编织：袖窿不用减针。

(2) 同时从袖窿算起织至12行时，开始领窝减针，中间留1针待用，两边领窝减针，方法为每2行减2针减16次，至肩部余18针。

3.编织后片：

(1) 用机器边起针法，起69针，先织12行单罗纹后，改织全下针，侧缝不用加减针，织52行至袖窿。

(2)袖窿以上编织：袖窿不用减针，领窝不用减针，一直织至44行余69针，收针断线。

4.编织袖片：从袖口织起，用机器边起针法，起44针，先织12行单罗纹后，改织全下针，袖侧缝两边加8针，方法为每10行加1针加8次，织84行至袖窿余60针，收针断线。同样方法编织另一袖片。

5.缝合：将前片的侧缝与后片的侧缝对应缝合，前后片的肩部对应缝合，再将两袖片的袖下缝合后，袖口边线与衣身的袖口边对应缝合。

6.领子编织：领圈边挑120针，按V领花样图解，织8行单罗纹，形成V领。

7.用钩针钩织小花朵装饰前片的图案，衣服编织完成。

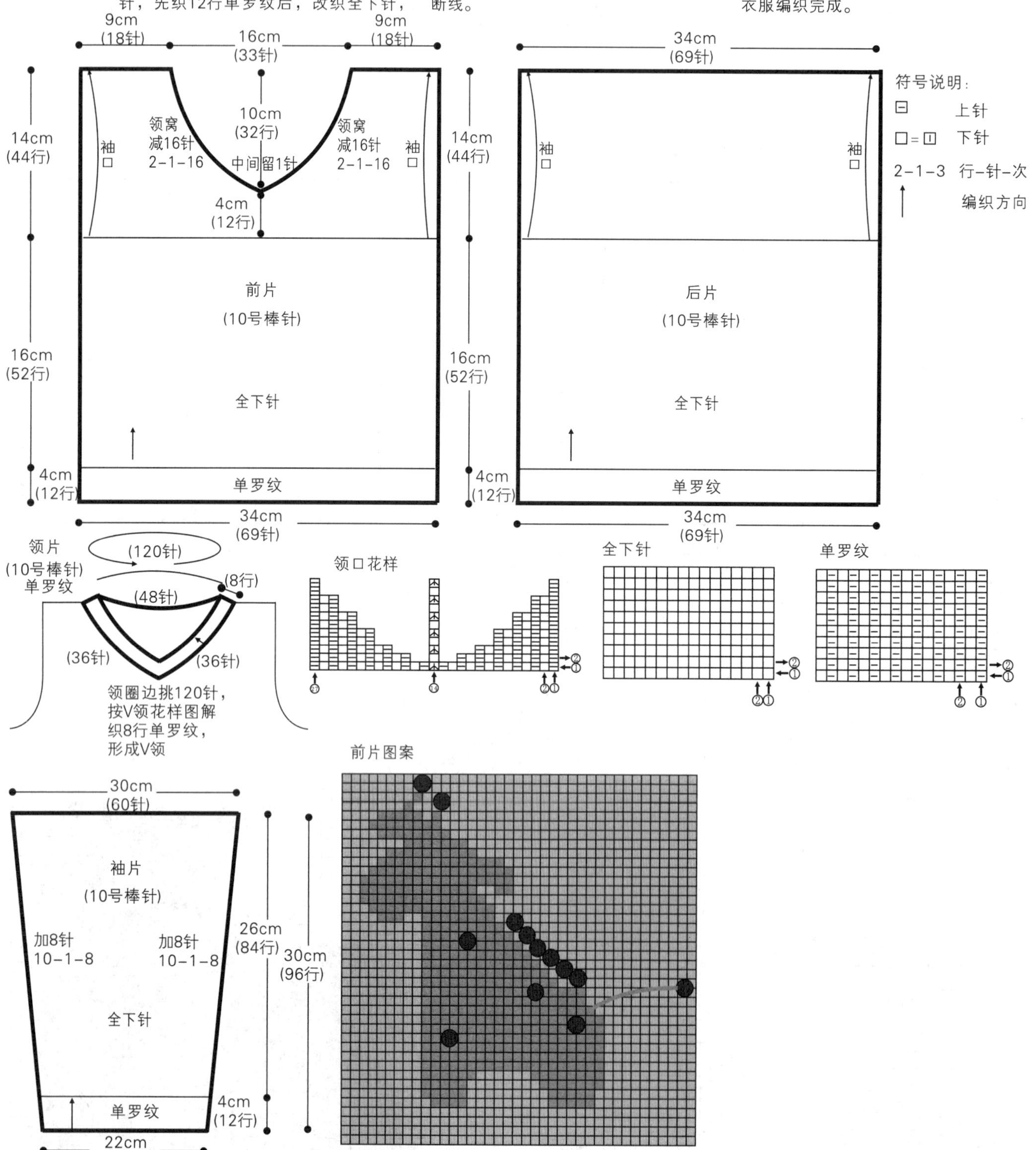

作品159

【成品规格】衣长32cm，下摆宽33cm，肩宽27cm

【编织密度】20针×30行=10cm²

【工　　具】10号棒针

【材　　料】深灰色羊毛线400g，浅灰色线少许

【编织要点】

1.毛衣用棒针编织，由一片前片、一片后片、两片袖片组成，从下往上编织。

2.先编织前片：

(1) 用机器边起针法起66针，编织12行单罗纹后，改织全下针，并编入图案，侧缝不用加减针，织46行至袖窿。

(2) 袖窿以上的编织：两边袖窿减针，方法为每2行减1针减6次，各减6针，不加不减织26行至肩部。

(3) 同时织至袖窿算起24行时，开始开领窝，中间平收18针，然后两边减针，方法为每2行减2针减4次，各减4针，至肩部余10针。

3.编织后片：

(1) 用机器边起针法起66针，编织12行单罗纹后，改织全下针，并配色，侧缝不用加减针，织46行至袖窿。

(2)袖窿以上的编织：两边袖窿减针，方法为每2行减1针减6次，各减6针，不加不减织26行至肩部。

(3) 同时织至从袖窿算起32行时，开始开领窝，中间平收28针，然后两边减针，方法为每2行减1针减3次，至肩部余10针。

4.袖片编织：用下针起针法起40针，织12行单罗纹后，改织全下针，袖下加针，方法为每6行加1针加10次，织至68行时，开始袖山减针，方法为每2行减2针减7次，至顶部余32针。

5.缝合：将前片的侧缝与后片的侧缝对应缝合。前片的肩部与后片的肩部缝合，两边袖片的袖下缝合后，肩部衬片另织，起10针织18行单罗纹，分别与衣片的袖边缝合。

6.领片编织：领圈边挑114针，圈织10行单罗纹，形成圆领，毛衣编织完成。

作品160

【成品规格】衣长30cm，下摆宽30cm，袖长24cm

【编织密度】20针×26行=10cm²

【工　　具】10号棒针

【材　　料】蓝色羊毛线400g，黄色线少许

【编织要点】

1.毛衣用棒针编织，由一片前片、一片后片、两片袖片组成，从下往上编织。

2.先编织前片：

(1) 用下针起针法起60针，先织10行单罗纹后，改织全下针，并编入图案，侧缝不用加减针，织36行至袖窿。

(2) 袖窿以上的编织：两边袖窿不用收针，继续织22行时，开始开领窝，中间平收16针，然后两边减针，方法为每2行减2针减3次，各减6针，至肩部余16针，其中最后织4行单罗纹。

3.编织后片：

(1) 用下针起针法起60针，先织10行单罗纹后，改织全下针，并编入图案，侧缝不用加减针，织36行至袖窿。

(2) 袖窿以上的编织：两边袖窿不用收针，继续织26行时，开始开领窝，中间平收24针，然后两边减针，方法为每2行减1针减2次，各减2针，至肩部余16针，其中最后织4行单罗纹。

4.袖片编织：用下针起针法，起36针，先织10行单罗纹后，改织全下针，袖下加针，方法为每4行加1针加9次，织至52行时余54针，收针断线。同样方法编织另一袖片。

5.缝合：将前片的侧缝与后片的侧缝对应缝合，两边袖片的袖下缝合后，分别与衣片的袖口缝合。肩部不用缝合。

6.领片编织：前后片的肩部重叠后，领圈边挑66针，圈织6行单罗纹，形成圆领。

7.两边肩部和前片图案缝上纽扣，毛衣编织完成。

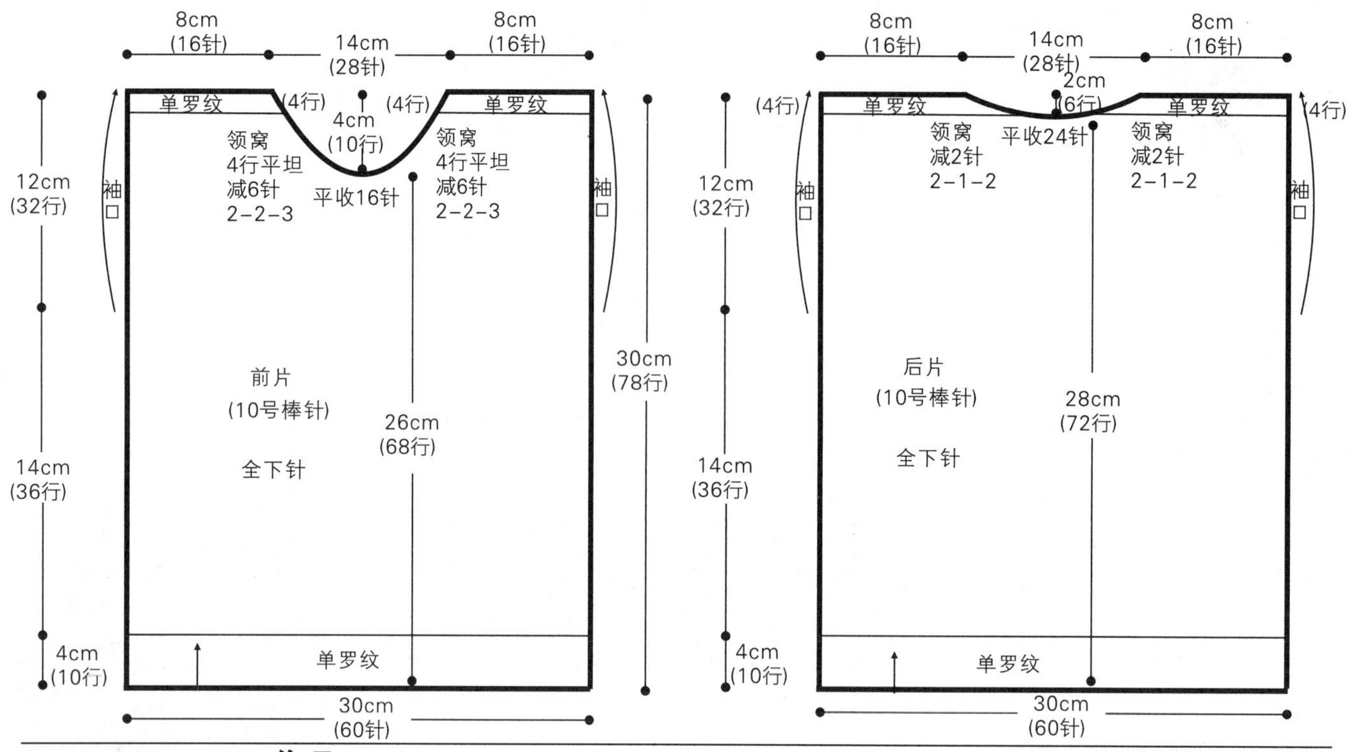

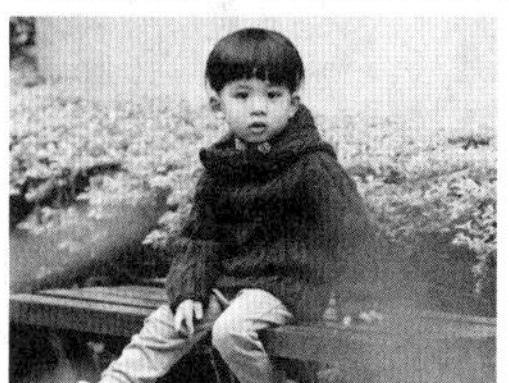

作品161

【成品规格】胸宽27cm，衣长38cm，

肩宽20cm，袖长36cm

【编织密度】22针×22行=10cm²

【工　　具】6号、7号棒针

【材　　料】蓝色羊毛线300g，纽扣4枚

【编织要点】

1.先织后片，用6号棒针起60针，织1行下针1行上针，换织花样A，不加不减织22cm到腋下，开始袖窿减针，减针方法如图示，织至12.5cm，开始斜肩减针，后领留24针待用。

2.用6号棒针起60针编织前片，织1行上针1行下针，换织花样A，不加不减织22cm到腋下，开始袖窿减针，减针方法如图示，织到最后剩4.5cm时，进行领口减针，减针方法见图，肩部留10针。

3.用7号棒针起34针编织衣袖，织1行下针1行上针，换织扭针双罗纹，织4.5cm，换6号棒针，编织花样B，按图进行两侧加针，织20.5cm到腋下，开始袖山减针，减针方法如图示，减针完毕，袖山形成。

4.缝合，分别合并侧缝线，袖下线和肩线，并缝合袖子。

5.用6号棒针起16针编织帽子，织花样B，织14cm(织2片)，在衣服领口一次挑出60针，帽后按图示加针，织21cm，收针断线。

扭针双罗纹

符号说明：

[I] 下针　[Q] 扭针

[ ] 上针

[X] 左上2针和1针的交叉针

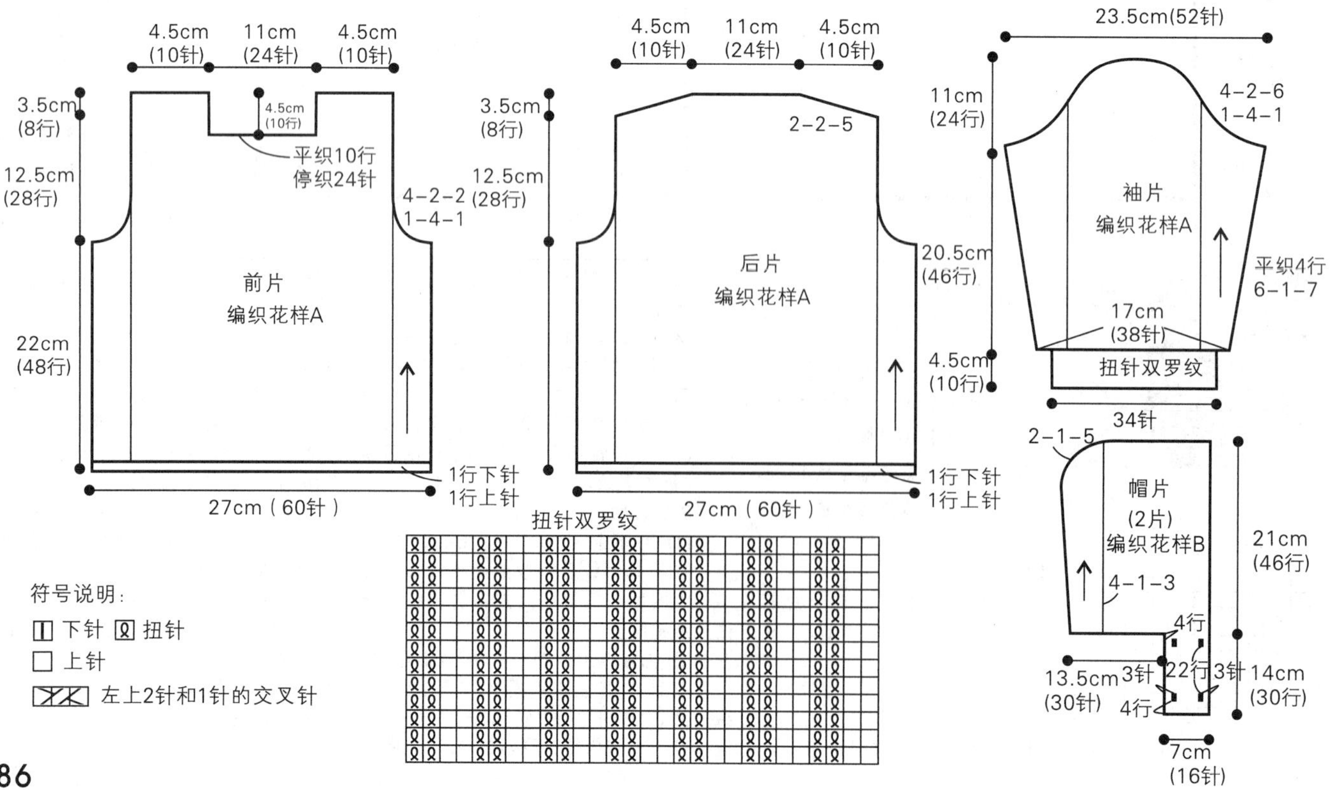

花样A

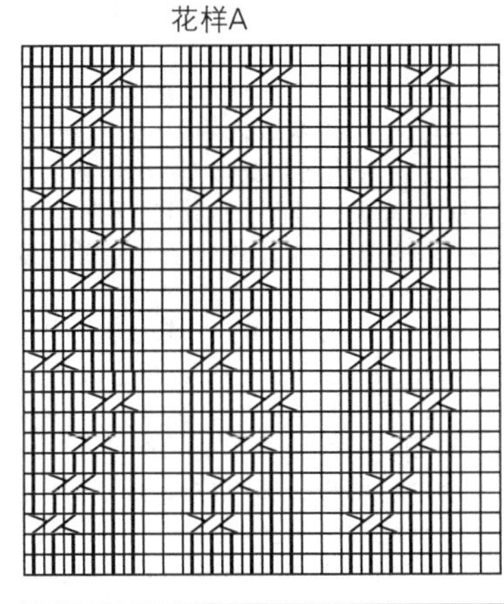

花样B

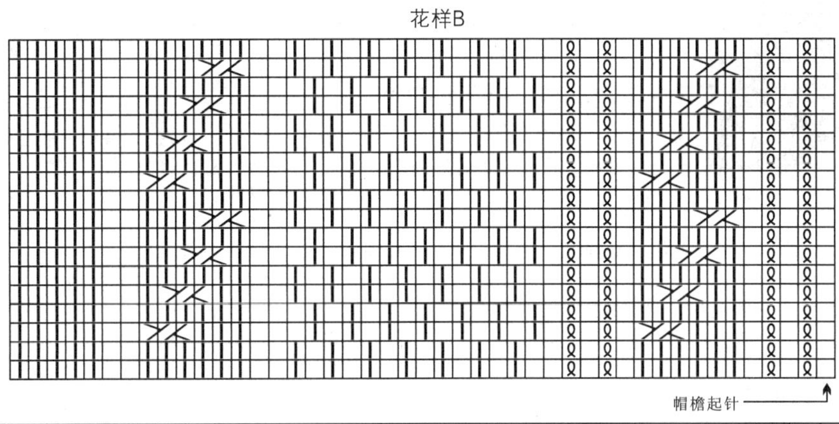

作品162

【成品规格】衣长34cm，胸围60cm，袖长30cm

【编织密度】24针×34行=10cm²

【工　　具】11、12号棒针

【材　　料】深咖啡色毛线250g，浅咖啡色毛线50g

【编织要点】

1.后片：深咖啡色起72针按图示织间色双罗纹，换11号棒针织上针，织间色花样，平织16cm开挂肩，腋下各平收4针，再依次减针，肩平收，领窝留1.5cm。

2.前片：织法同后片；中心10针织交叉花样，织72行后将花样一分为二，织V领，减针在花样的两侧进行。

3.衣袖：起12针按图示加出袖山后，织间色花样36行，剩下的全部织深咖啡色。

4.领子：缝合各片，挑针织领；挑88针用12号棒针织间色双罗纹8行平收，完成。

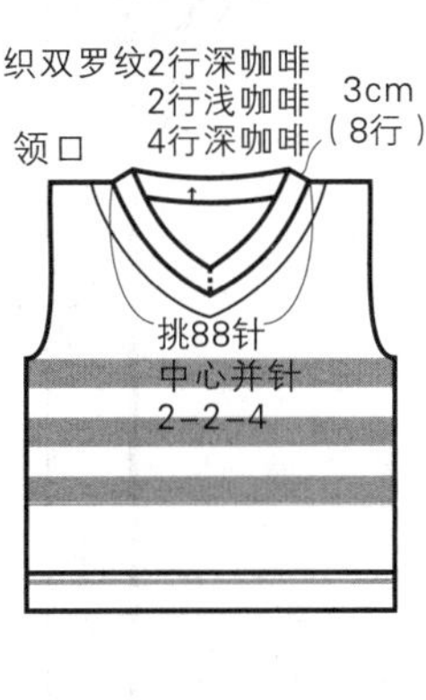

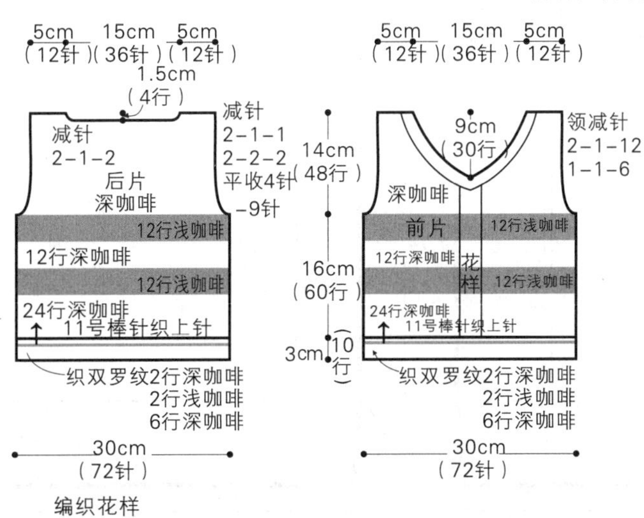

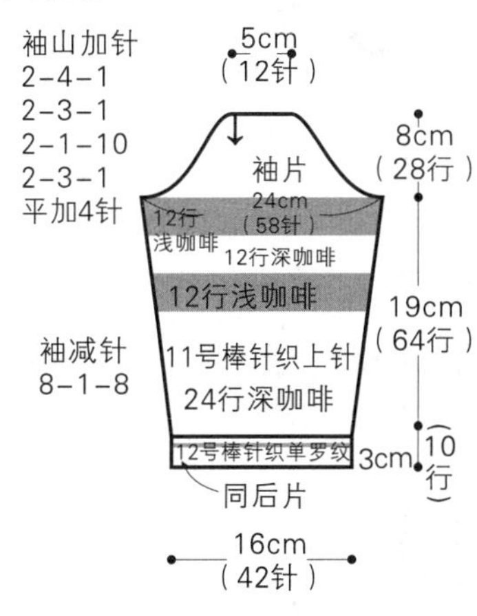

编织花样

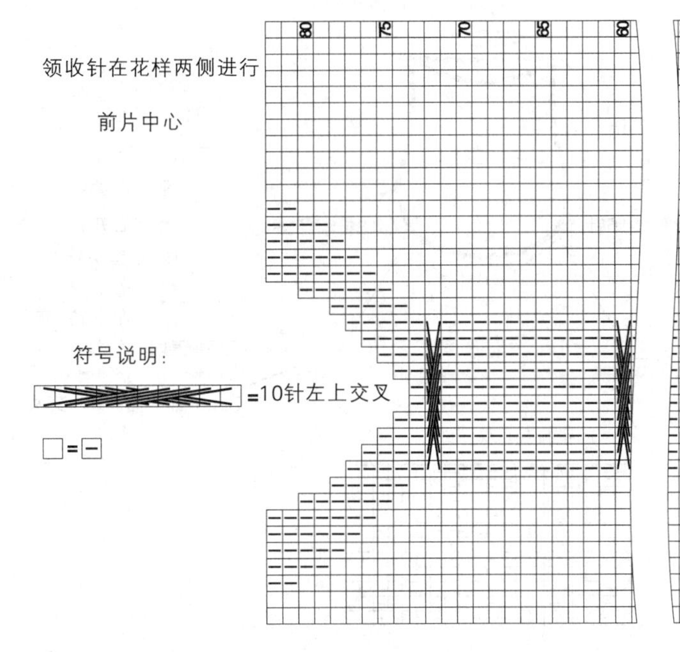

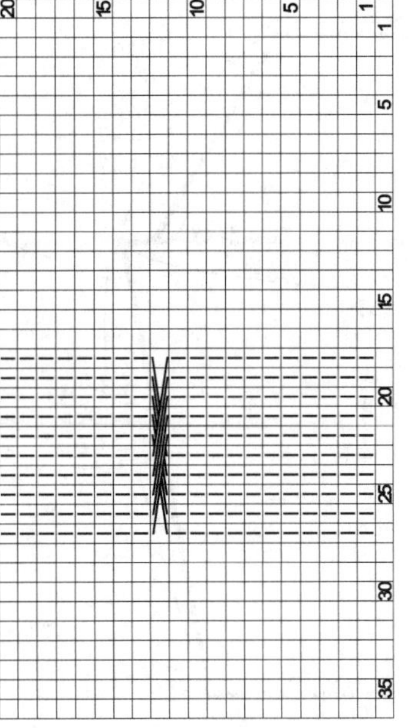

作品163

【成品规格】衣长33cm，胸宽27cm，肩宽19cm

【编织密度】36针×37行=10cm²

【工　　具】9号棒针

【材　　料】深蓝色羊毛线310g

【编织要点】

1.使用棒针编织法，从下摆起织，分前片、后片和两个袖片编织，最后编织领片。

2.前片的编织：从下摆起织，双罗纹起针法起98针，起织花样A，平织12行，在下一行起，依照花样B排花样编织，平织60行后全改织花样A，平织12行后开始袖窿减针，两边各自先收针4针，然后两边并针位置为4并4，两边的4针织单罗纹，即1针上针1针下针。并针位置在第4针上，将第5针起往内并针8-4-6，织至袖窿算起36行时，下一行中间平收12针，两边减针，2-2-5，2-1-1，最后余下4针，收针断线。

3.后片的编织：从下摆起织，双罗纹起针法起98针，起织花样A，平织12行，在下一行起，依照花样B排花样编织，平织60行后全改织花样A，平织12行后开始袖窿减针，两边各自先收针4针，然后两边并针位置为4并4，两边的4针织单罗纹，即1针上针1针下针。并针位置在第4针上，将第5针起往内并针8-4-7，最后余下34针，收针断线。

4.袖片的编织：从袖口起织，双罗纹起针法起54针，起织花样A，并开始在袖侧缝上加针，3-1-16，平织32行，织成80行，加成86针，下一行两边收针，各收4针，然后4并4减针，8-4-7，织成56行高，余下22针，收针断线。相同的方法去编织另一个袖片。完成后，将袖片的袖山边线与衣身的前后袖窿边线对应缝合，再将袖侧缝对应缝合。最后将衣身前后片侧缝对应缝合。

5.领片的编织：沿着前后衣领边挑72针，起织花样A，平织40行后收针断线，衣服完成。

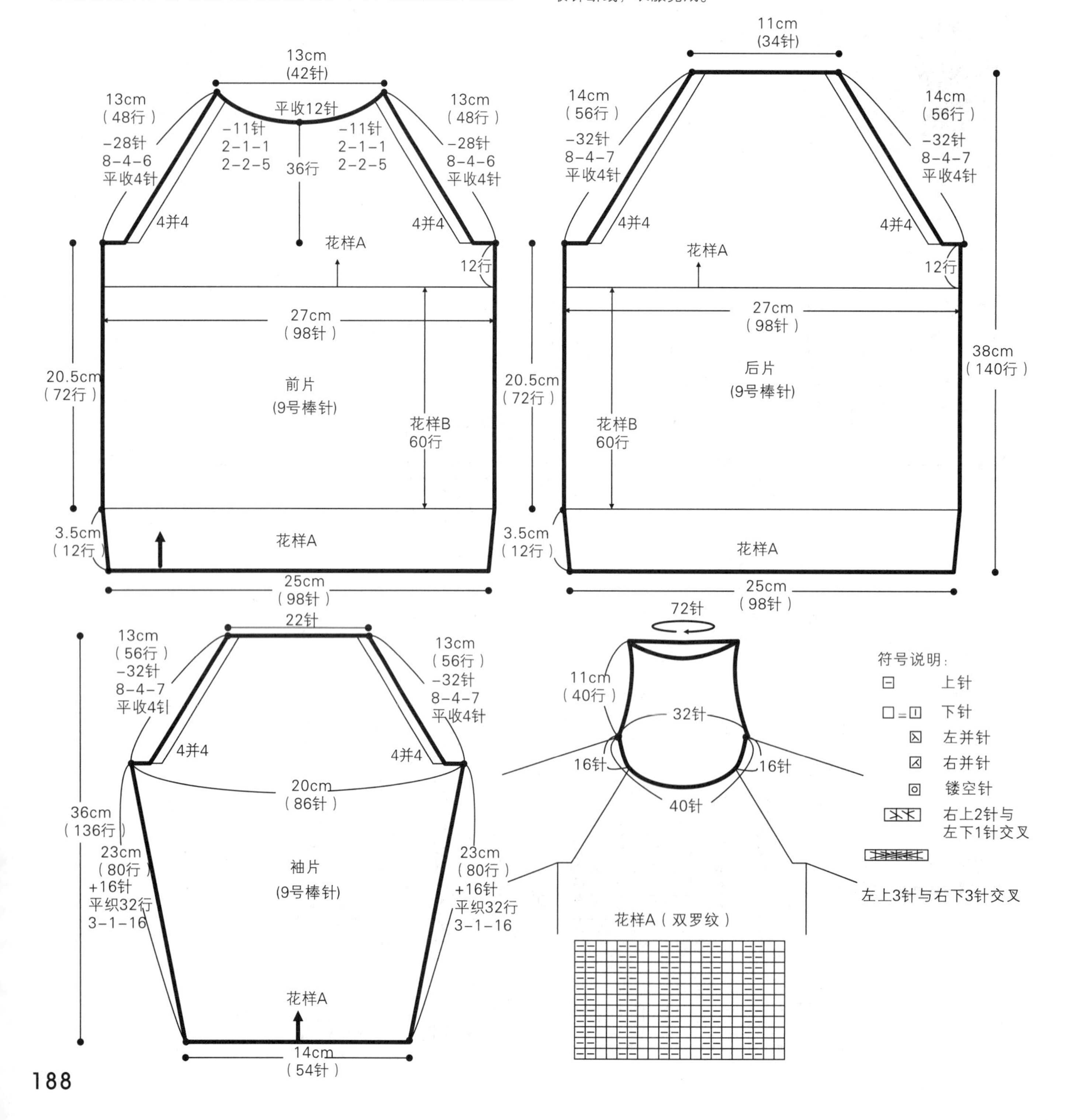

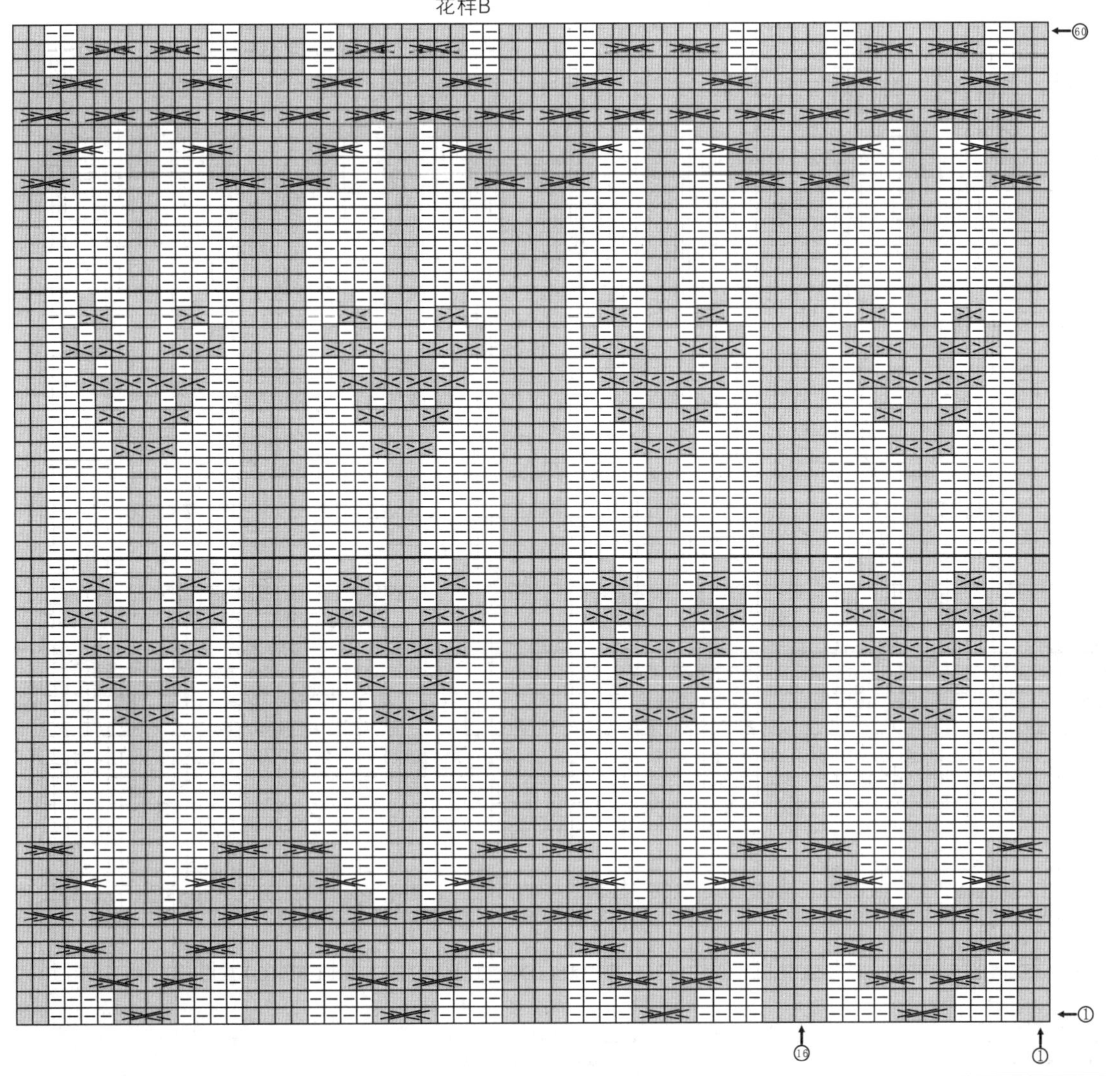

作品164

【成品规格】衣长37cm，胸宽29cm，肩宽23cm，袖长38cm

【编织密度】33针×36行=10cm²

【工　　具】10号棒针

【材　　料】棕色羊毛线330g

【编织要点】

1.使用棒针编织法。分为前片与后片、袖片、领片各自编织。10号棒针。

2.前片与后片的编织：前后片的结构相同。以前片为例说明，下摆起织，双罗纹起针法，起98针，起织花样A，平织40行，然后依照花样图解B进行排花编织，平织54行，下一行开始进行袖窿减针，两边平收4针，然后以4并2的并针方法，进行减针，4-2-14，织成56行高，余下42针，收针断线。后片织法与前片相同。后片可以再减少至余下34针，亦可以不减。

3.袖片的编织：从袖口起织，起50针，编织花样A，平织12行后，在两边袖侧缝上进行加针，8-2-8，各加16针，然后平织8行后开始减针，两边各收4针，然后在第4针的位置上进行并针，该袖片为4并4针，8行并一次，即8-4-7，减少32针后，余下18针，收针断线。

4.领片的编织：沿着前后衣领边，挑出96针，先织1行上针，再起织花样A，平织42行后，收针断线。衣服完成。

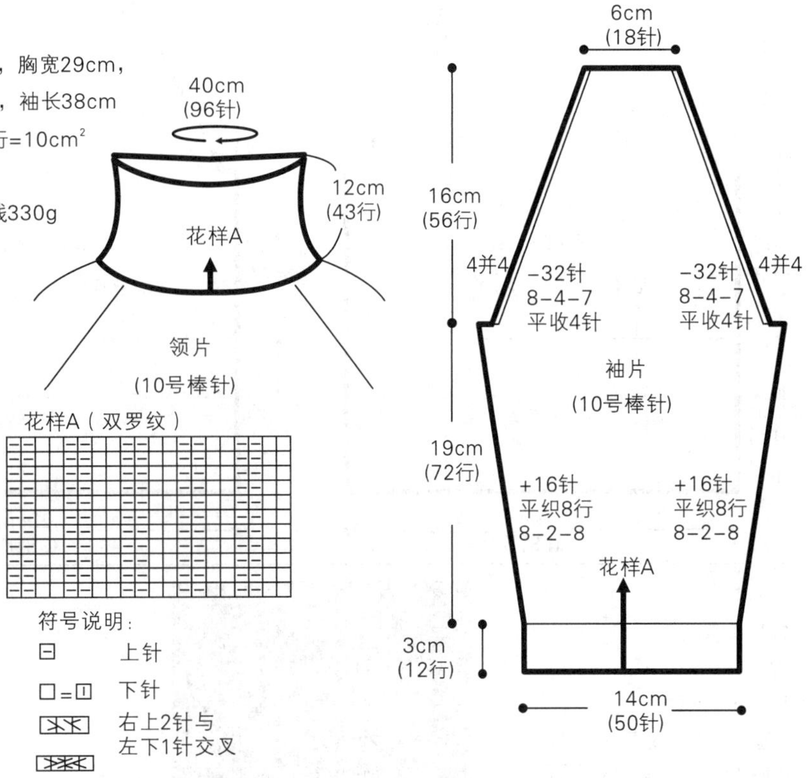

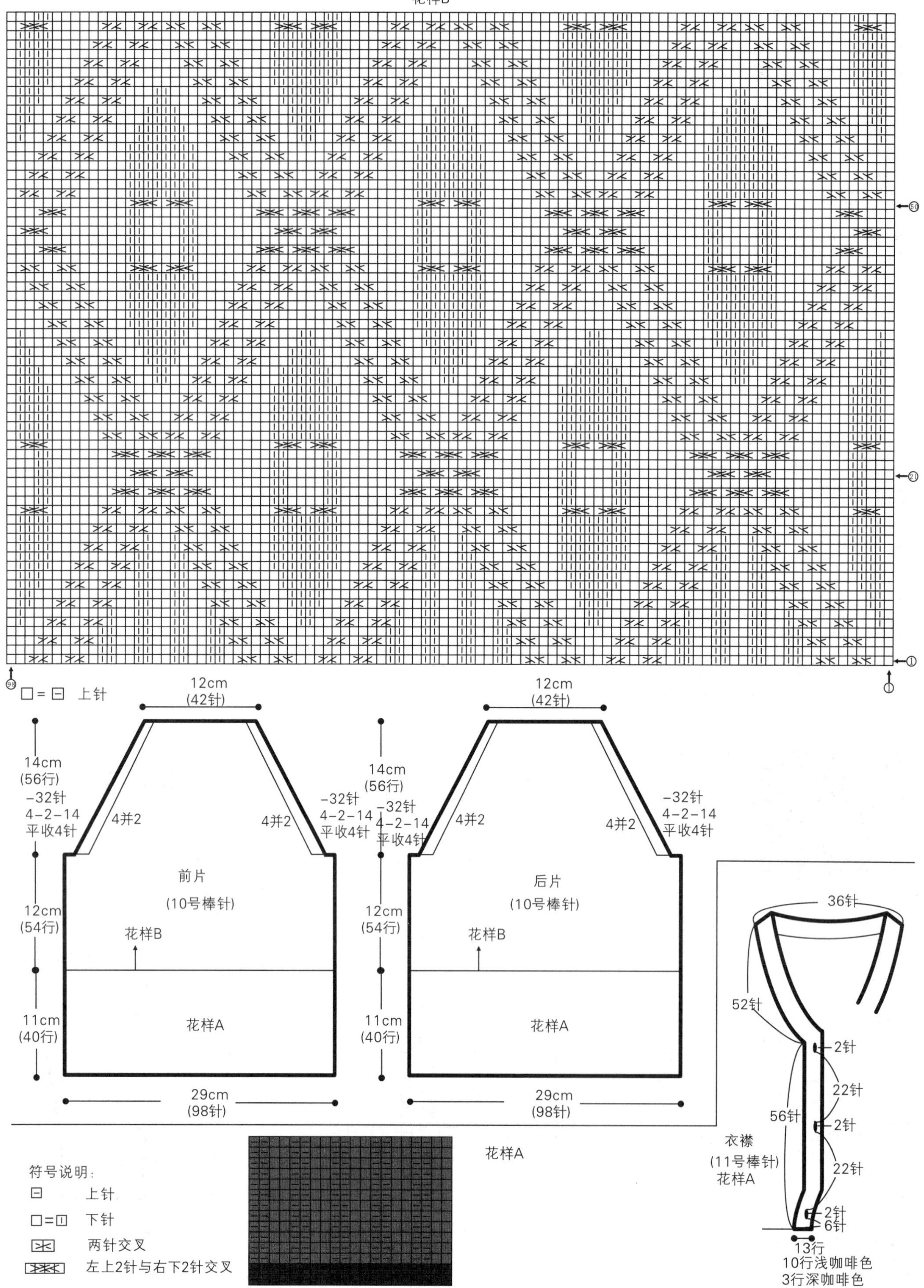

花样B
50
21
1
98
1
□=⊟ 上针
12cm
(42针)
14cm
(56行)
-32针
4-2-14
平收4针
4并2
4并2
-32针
4-2-14
平收4针
前片
(10号棒针)
12cm
(54行)
花样B
11cm
(40行)
花样A
29cm
(98针)
12cm
(42针)
14cm
(56行)
-32针
4-2-14
平收4针
4并2
4并2
-32针
4-2-14
平收4针
后片
(10号棒针)
12cm
(54行)
花样B
11cm
(40行)
花样A
29cm
(98针)
36针
52针
2针
22针
56针
2针
衣襟
(11号棒针)
花样A
22针
2针
6针
13行
10行浅咖啡色
3行深咖啡色
花样A
符号说明:
⊟ 上针
□=⊡ 下针
两针交叉
左上2针与右下2针交叉

作品165

【成品规格】衣长36cm，胸宽30cm，袖长32cm

【编织密度】27针×32行=10cm²

【工　　具】11、13号棒针

【材　　料】浅咖啡色毛线250g，深咖啡色毛线50g，纽扣3枚

【编织要点】

1.使用棒针编织法。分为前片、后片和两个袖片。

2.前片的编织：分为左前片和右前片，以右前片为例说明。下摆起织，深咖啡色线起织。双罗纹起针法起40针，起织花样A，深咖啡色织2行后换浅咖啡色织12行，然后下一行依照花样B编织，平织29行，下一行衣襟留11针继续花样编织，余下的29针编织下针，平织29行至袖窿减针，左侧收针4针，然后依次2-2-3，并同时减前衣领，从右往左，依次减针2-1-2，4-1-1，重复5次，共减少15针，然后是2-1-1，平织14行后，肩部余下14针，收针断线。使用相同的方法，从相反的减针方向编织左前片。

3.后片的编织：起针法与前片相同。用深咖啡色线起82针，起织花样A，织2行后换浅咖啡色织12行，下一行起排花样编织，两边各选23针织下针，中间36针依照花样C排花样编织，平织58行至袖窿减针。两边袖窿同时收针，各收4针，2-2-3，两边袖窿减少的针数为10针，余下62针。当织至袖窿算起52行的高度时，下一行中间收针30针，两边进行减针，2-1-2，各减少2针，织成4行高。肩部针数余下14针，收针断线，分别与前片的肩部对应缝合。再将侧缝对应缝合。

4.袖片的编织：袖口起织，深咖啡色线起42针，编织花样A。织2行后换浅咖啡色线，不加减针，织12行，在最后一行里分散加4针，加成46针，下一行起织下针，并在两侧袖侧缝上加针，4-1-11，各加11针，织成44行高，再平织14行，下一行两侧袖山减针，两边各收4针，然后4-2-9，织至36行高后，余下24针，收针断线。相同方法编织另一个袖片，并将袖山边线与衣身袖窿边线进行缝合。

5.衣襟和领片的编织：先编织衣襟，浅咖啡色线起织，沿衣襟衣领边挑108针，沿后衣领挑36针，另一边衣领衣襟挑108针，起织花样A，织10行后换深咖啡色线织3行，收针。右衣襟编织3个扣眼。在第5行的位置编织。扣眼相隔针数见结构图所示。左衣襟在扣眼对应的位置，钉上大纽扣。

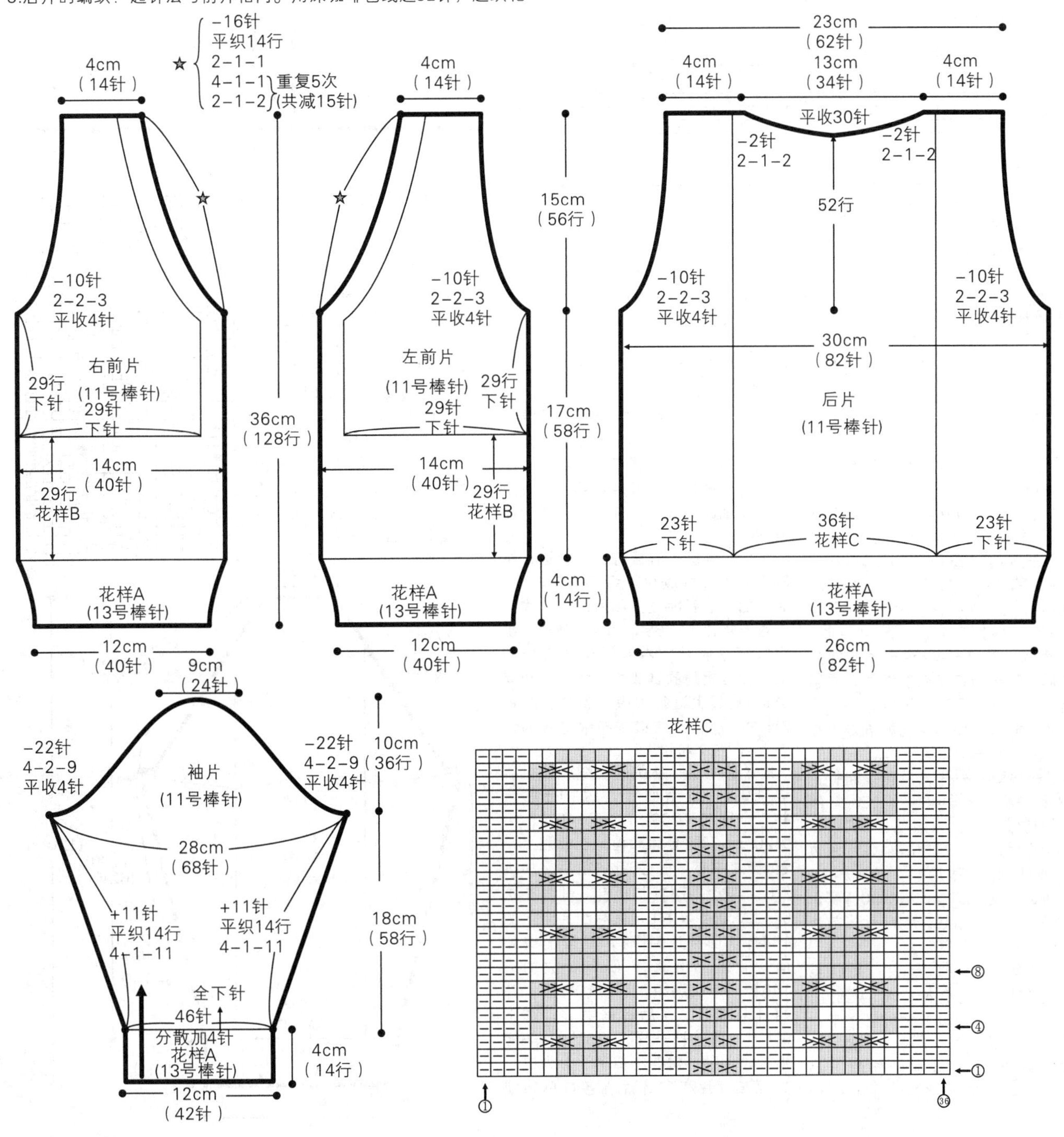

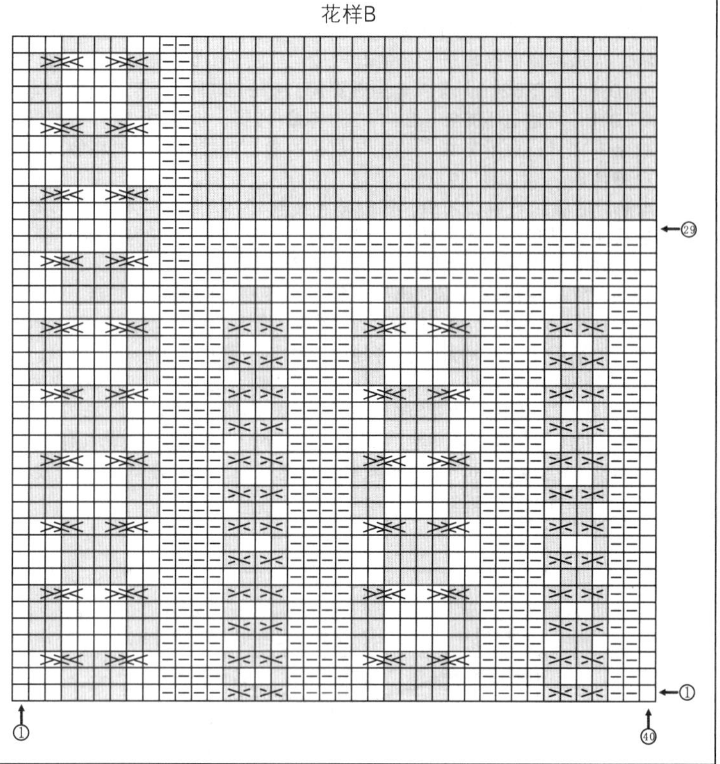

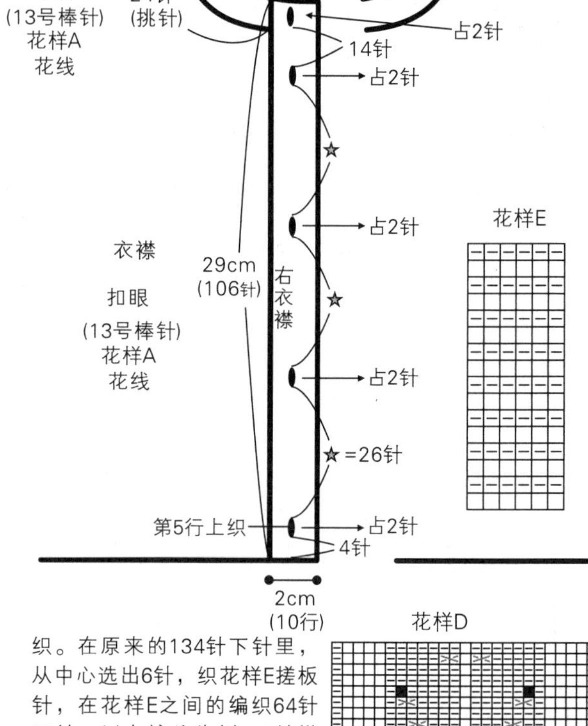

作品166

【成品规格】衣长32cm，胸宽27cm，袖长34cm，裤长40cm

【编织密度】30针×38行=10cm^2

【工　　具】11、13号棒针

【材　　料】绿色羊毛线300g，花线100g，纽扣5枚

【编织要点】

1.使用棒针编织法。分左右前片、后片和两个袖片编织。衣边用13号针，衣身用11号棒针。

2.前片的编织：分左右前片，以右前片为例说明。下摆起织，使用花色线。双罗纹起针法起47针，编织花样A，不加减针平织12行，然后换用绿色线编织，并依照花样B编织。平织60行后，至袖窿减针，两边平收4针，然后2-1-23，当织至袖窿算起32行后，下一行起减前衣领边，衣领减针2-1-12，平织2行后，余下1针，收针断线。使用相同的方法，相反的减针方向去编织另一边。

3.后片的编织：后片先用花线起针，起79针，编织花样A，平织12行，然后换绿色线编织，依照花样C编织，平织60行后，下一行起减袖窿，两边各自收针4针，然后4-1-2，2-1-21，两边各减少27针，织成50行高，余下25针，收针断线，完成后将前片与后片的侧缝对应缝合。

4.袖片的编织：袖口起织，用花色线，起40针，起织花样A，平织12行，在最后一行里分散加13针，下一行两边各选14针编织下针，中间25针依照花样D编织，并在袖侧缝上加针，6-1-9，平织8行后，加成71针，下一行起袖山减针，各收针4针，2-1-23，依次减针，最后余下17针，收针断线。使用相同的方法编织另一个袖片。完成后将袖山边线对应衣身袖窿边线进行缝合，再将袖侧缝缝合。

5.领片的编织：沿着前后衣领边，挑84针，用花线编织，织10行花样A，完成后，收针断线。然后编织衣襟，沿着衣襟边挑106针，起织花样A，平织10行后收针，右衣襟制作五个扣眼，扣眼相隔的针数如图所示，在第5行的位置上进行编织，每个扣眼占2针的大小，左衣襟在扣眼对应的位置上钉上5个纽扣。

6.裤子的编织：从腰间起织，起机器边160针，织空心针，织10行后合并，一圈减少20针，余下140针，平织20行，开始分后裤裆，在裤裆上，选6针为中心，在这6针的前后叠加挑织6针，起织花样E搓板针。即先在这6针上，起织花样E，然后织完余下的134针，回到这6针时，在里面或外面，重新挑出6针，所有针数加成146针，来回编织，平织10行后，开始分前裤裆。在后裤裆中心，选出6针，与前裤裆一样，织6针花样E搓板针，此时，需要将裤子一分为二，分为左裤片和右裤片，各自单独编织。在原来的134针下针里，从中心选出6针，织花样E搓板针，在花样E之间的编织64针下针，以左裤片为例，6针搓板针+64针下针+6针搓板针，共76针，来回编织，平织56行后，花样E编织结束，将两边的6针搓板针合并在一起，形成裤管，圈织，并在6针的中心2针上进行减针，4-1-1，6-1-5，织成34行后，平织4行结束下针的编织，下一行起织花样A，平织16行后，收针断线。使用相同方法编织另一边裤片，裤子完成。

花样D

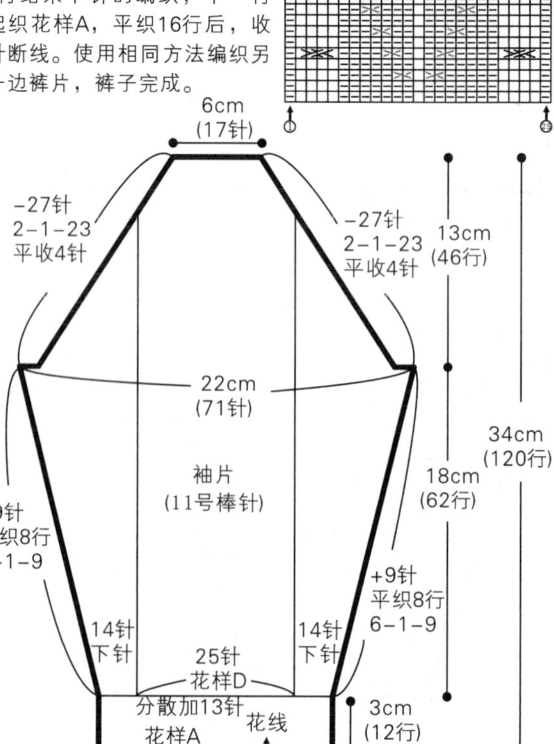

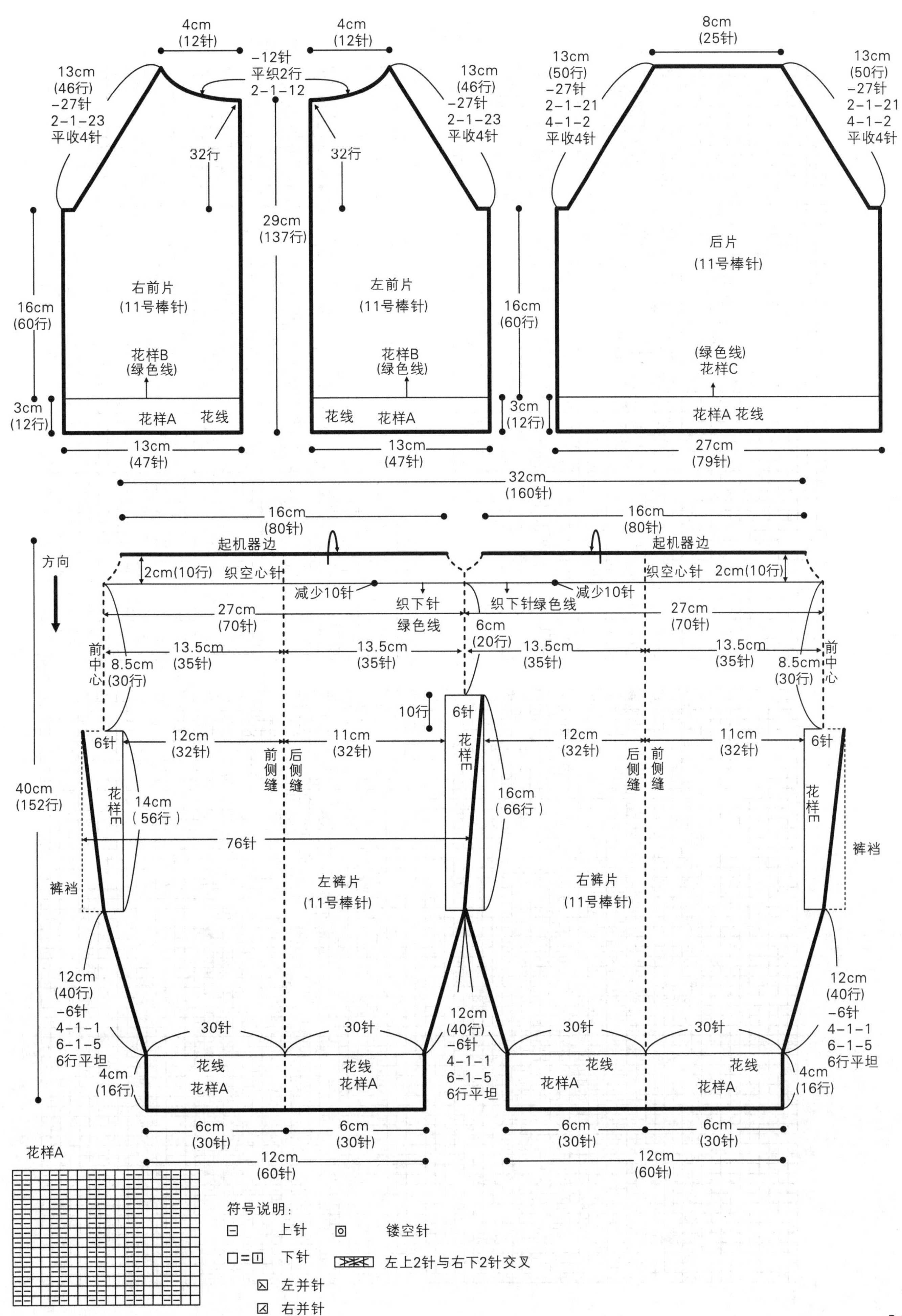

4cm
(12针)
-12针
平织2行
2-1-12
13cm
(46行)
-27针
2-1-23
平收4针
32行
29cm
(137行)
8cm
(25针)
13cm
(50行)
-27针
2-1-21
4-1-2
平收4针
右前片
(11号棒针)
左前片
(11号棒针)
后片
(11号棒针)
16cm
(60行)
花样B
(绿色线)
(绿色线)
花样C
3cm
(12行)
花样A
花线
花样A 花线
13cm
(47针)
27cm
(79针)
32cm
(160针)
16cm
(80针)
起机器边
方向
2cm(10行)
织空心针
减少10针
织下针
绿色线
织下针绿色线
27cm
(70针)
6cm
(20行)
13.5cm
(35针)
前中心
8.5cm
(30行)
10行
6针
12cm
(32针)
11cm
(32针)
前侧缝
后侧缝
花样E
14cm
(56行)
16cm
(66行)
40cm
(152行)
76针
裤裆
左裤片
(11号棒针)
右裤片
(11号棒针)
12cm
(40行)
-6针
4-1-1
6-1-5
6行平坦
30针
4cm
(16行)
6cm
(30针)
12cm
(60针)
花样A
符号说明:
上针
镂空针
下针
左上2针与右下2针交叉
左并针
右并针

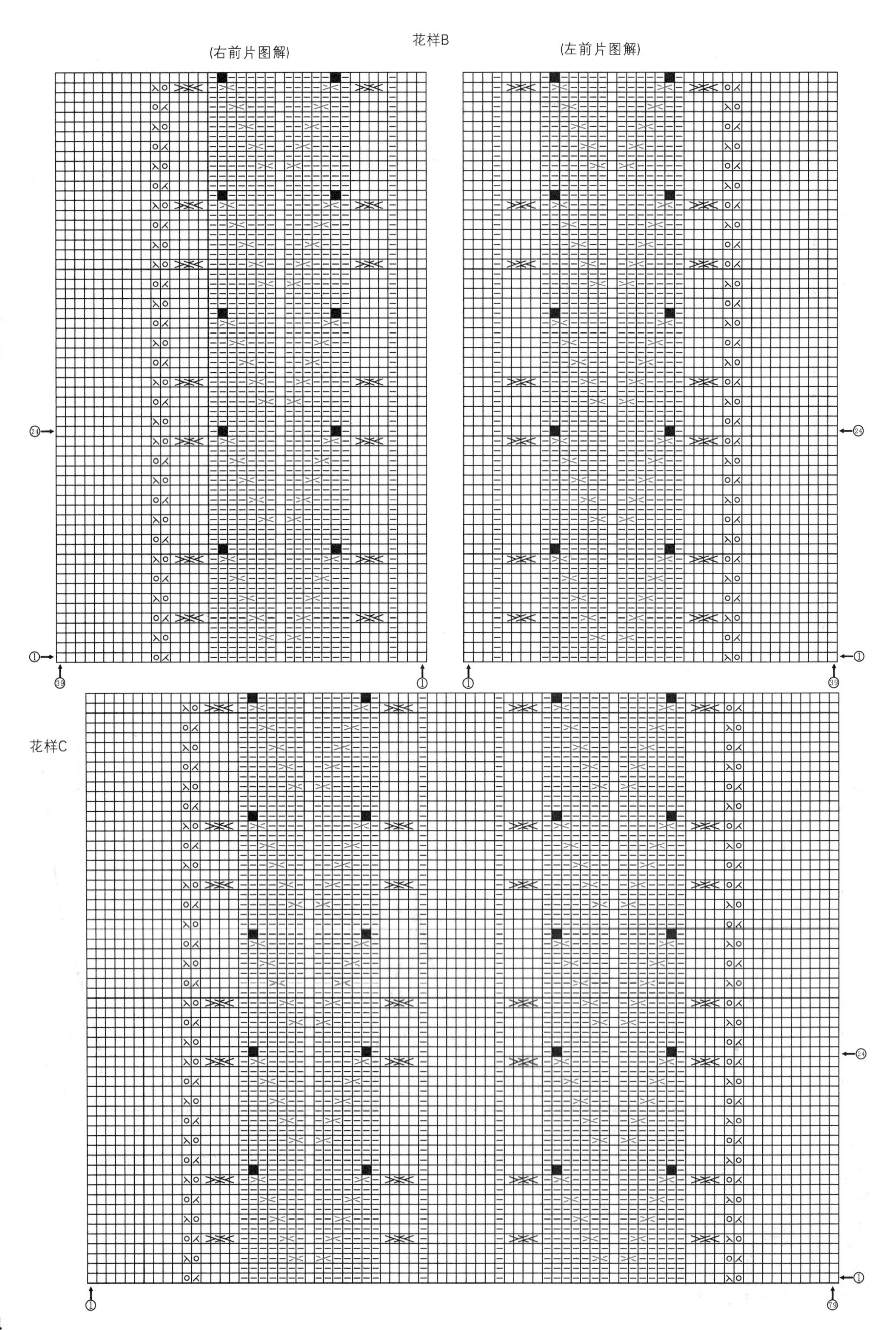
花样B
(右前片图解)
(左前片图解)
24
1
39
1
1
39
24
1
花样C
24
1
1
79

作品167

【成品规格】衣长39cm，胸宽32cm，袖长38cm

【编织密度】25针×36行=10cm²

【工　　具】11、13号棒针

【材　　料】手编羊绒黑灰色3股330g

【编织要点】

1.使用棒针编织法。分前片、后片和两个袖片编织。

2.前片的编织：从下摆起织双罗纹，用黑灰色线起81针，平织20行，下一行两边各选17针编织下针，中间47针，依照花样B编织。平织68行至袖窿减针，两边收针4针，2-2-10，当织至袖窿算起34行的高度时，开始减衣领，中间平收13针，两边各自减针，2-2-3，各余下4针，收针断线。

3.后片的编织：后片编织与前片完全相同，不同的是袖窿起减针，两边各收针4针后，4-2-11，织成44行，余下29针，收针断线。完成后将前后片的侧缝对应缝合。

4.袖片的编织：起46针，织20行花样A后，在最后一行里分散加针，加6针成52针，下一行起全织下针，并在两侧袖侧缝上加针，6-1-9，各加9针，平织6行后，织成60行高，加成70针，下一行两侧袖山减针，两边各收4针，然后4-2-11，织成44行高后，余下18针，收针断线。使用相同的方法编织另一个袖片，并将袖山边线与衣身袖窿边线进行缝合。

5.领片的编织：沿着前后衣领边挑出100针，起织花样A，平织8行后。衣服完成。

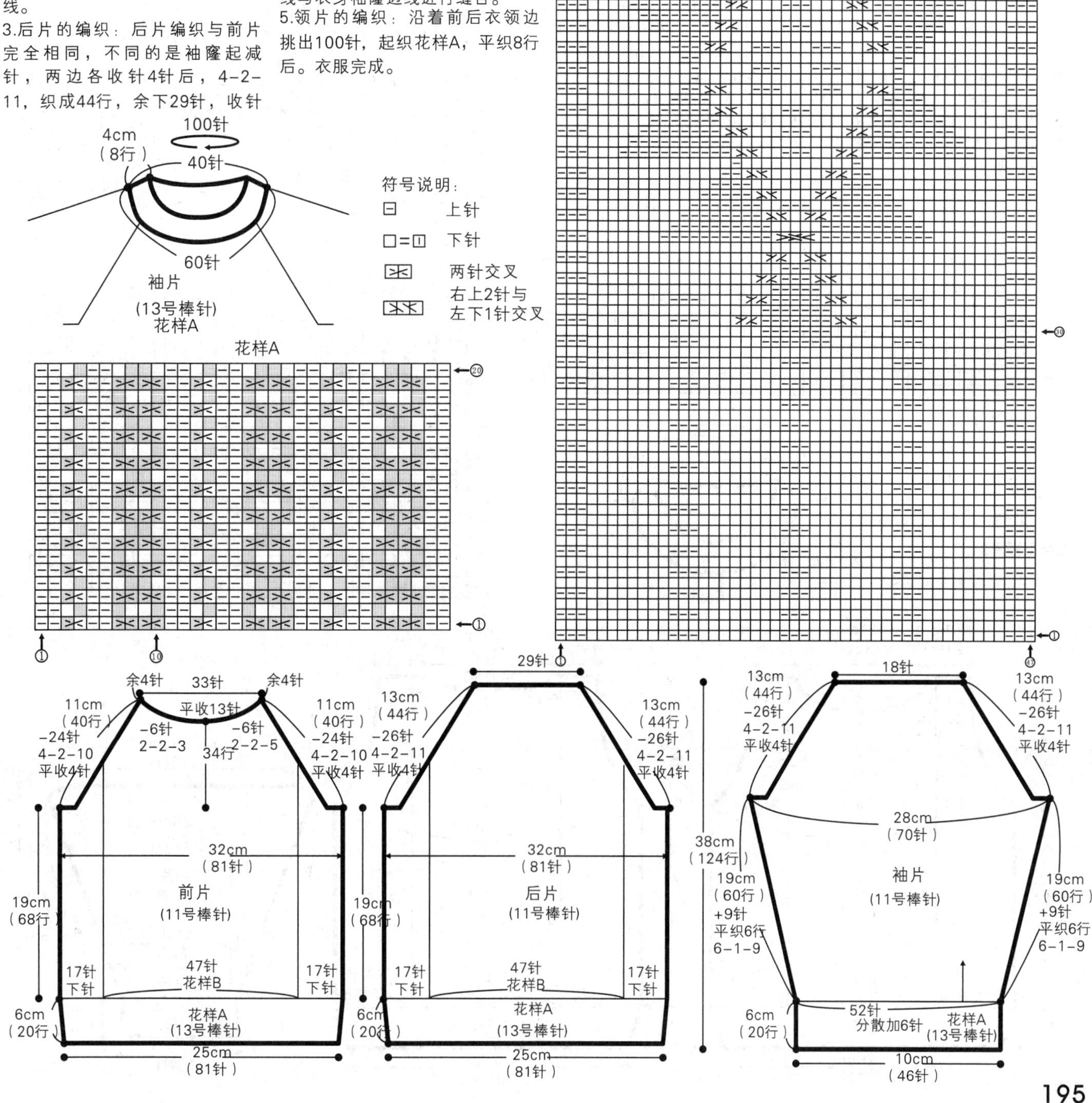

作品168

【成品规格】衣长34cm，胸宽29cm，袖长28cm

【编织密度】28针×37行=10cm²

【工　　具】11、13号棒针

【材　　料】蓝绿色8股羊毛线330g

【编织要点】

1.使用棒针编织法。分为前片、后片和两个袖片编织。衣边用13号棒针，衣身用11号棒针。

2.前片的编织：从下摆起织双罗纹82针，编织花样A，不加减针平织14行，下一行两边各选19针织花样B，中间44针编织花样C，平织60行后，至袖窿减针，两边平收4针，当织至袖窿算起34行后，下一行起减前衣领边，中间选12针收针，然后织片分为两半各自编织。衣领减针方法依次为2-3-1，2-2-2，2-1-3，平织6行后至肩部，余下21针，收针断线。使用相同的方法，相反的减针方向去编织另一边。

3.后片的编织：后片起针，花样编织均与前片相同，不同之处是当织至袖窿算起48行时，下一行中间收30针，两边各自减针，2-1-1，平织2行。两边肩部余下21针，收针断线，完成后将前片与后片的侧缝对应缝合，再将前后片的肩部对应缝合。

4.袖片的编织：袖口起46针，编织花样A，平织14行。在最后一行里，分散加6针，加成52针，下一行中间44针编织花样C，两边4针编织花样B，并在袖侧缝上加针，6-1-13，加成78针，下一行起袖山减针平收4针后，余下70针，收针断线。使用相同的方法编织另一个袖片。完成后将袖山边线对应衣身袖窿边线进行缝合，再将袖侧缝缝合。

5.领片的编织：沿着前后衣领边挑106针，先织一行上针，然后起织花样A，共织7行，完成后收针断线，衣服完成。

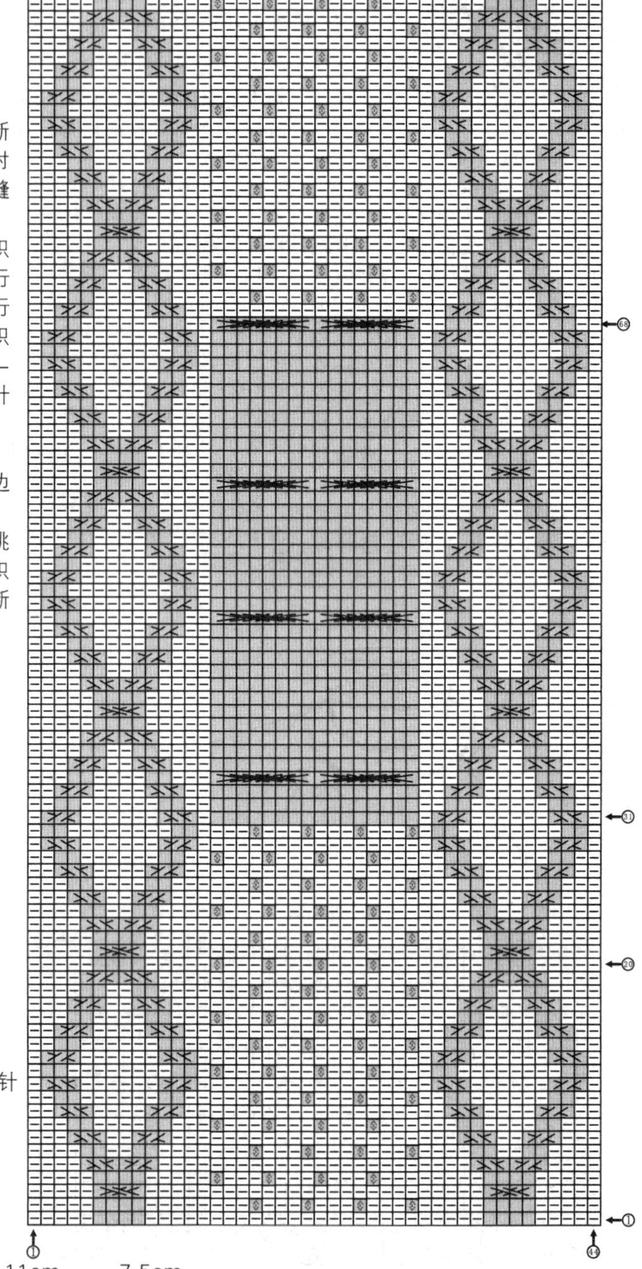

花样A

花样B

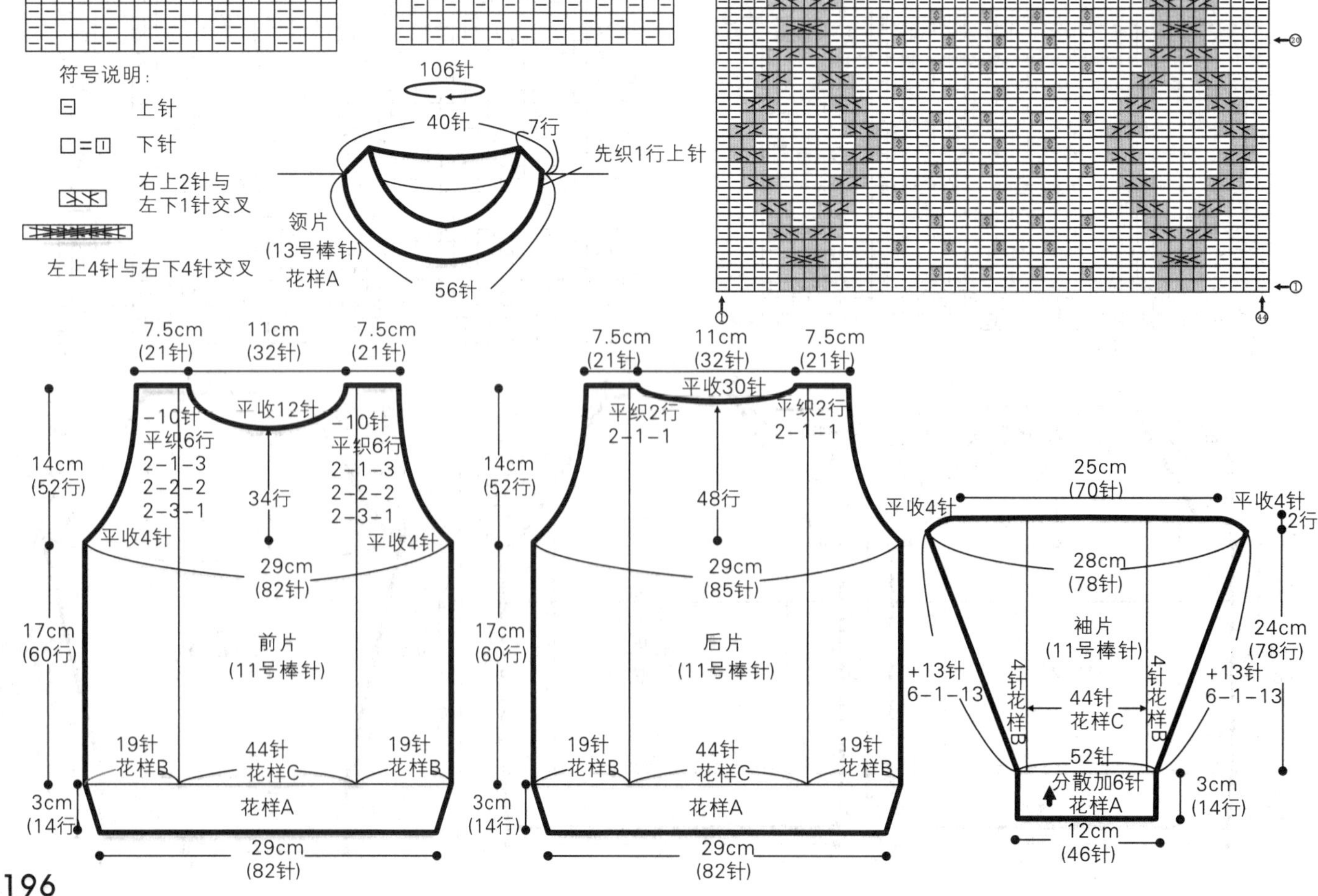

作品169

【成品规格】衣长31cm，胸宽26cm，袖长25cm

【编织密度】37针×49行=10cm²

【工　　具】11、13号棒针

【材　　料】米白色毛线200g，同色纽扣4颗

花样A（扭针单罗纹）

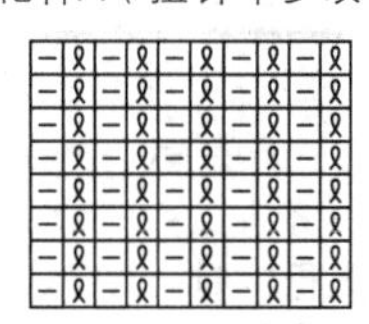

【编织要点】

1.使用棒针编织法。分为前片、后片和两片袖片编织。全用米色线编织。

2.前片的编织：分为左前片和右前片，以右前片为例说明。下摆起织单罗纹，起48针，平织14行，然后下一行依照花样B编织，平织72行，至袖窿减针，左侧收针4针，然后依次2-2-3，并同时减前衣领，从右往左，依次减针，2-1-20，平织26行后，肩部余下18针，收针断线。使用相同的方法，相反的减针方向去编织左前片。

3.后片的编织：起针法与前片相同。起96针，起织花样A，平织14行，下一行起平织72行至袖窿减针。两边袖窿同时收针，各收4针，2-2-3，两边袖窿减少的针数为10针。余下76针。当织至袖窿算起62行的高度时，下一行中间收针36针，两边进行减针，2-1-2，各减少2针，织成4行高。肩部针数余下18针，收针断线，分别与前片的肩部对应缝合。再将侧缝对应缝合。

4.袖片的编织：袖口起47针花样A，平织14行，在最后一行里分散加13针，加成60针，下一行起织花样B，并在两侧袖侧缝上加针，6-1-10，各加10针，织成60行高，再平织6行，下一行两侧袖山减针，两边各收4针，然后4-2-9，织成36行高后，余下36针，收针断线。使用相同的方法去编织另一个袖片，并将袖山边线与衣身袖窿边线进行缝合，再将袖侧缝对应缝合。

5.衣襟和领片的编织：先编织衣襟，沿衣襟衣领边挑136针，沿后衣领挑46针，另一边衣领衣襟挑136针，起织花样A，平织10行后收针。右衣襟编织4个扣眼。在第5行的位置编织。扣眼相隔针数如图所示。左衣襟在扣眼对应的位置，钉上纽扣。衣服完成。

花样B

46针　72针　衣襟（13号棒针）花样A　64针　2针　20针　2针　20针　2针　10针　2针　6针　10行

符号说明：

⊟　上针

□=□　下针

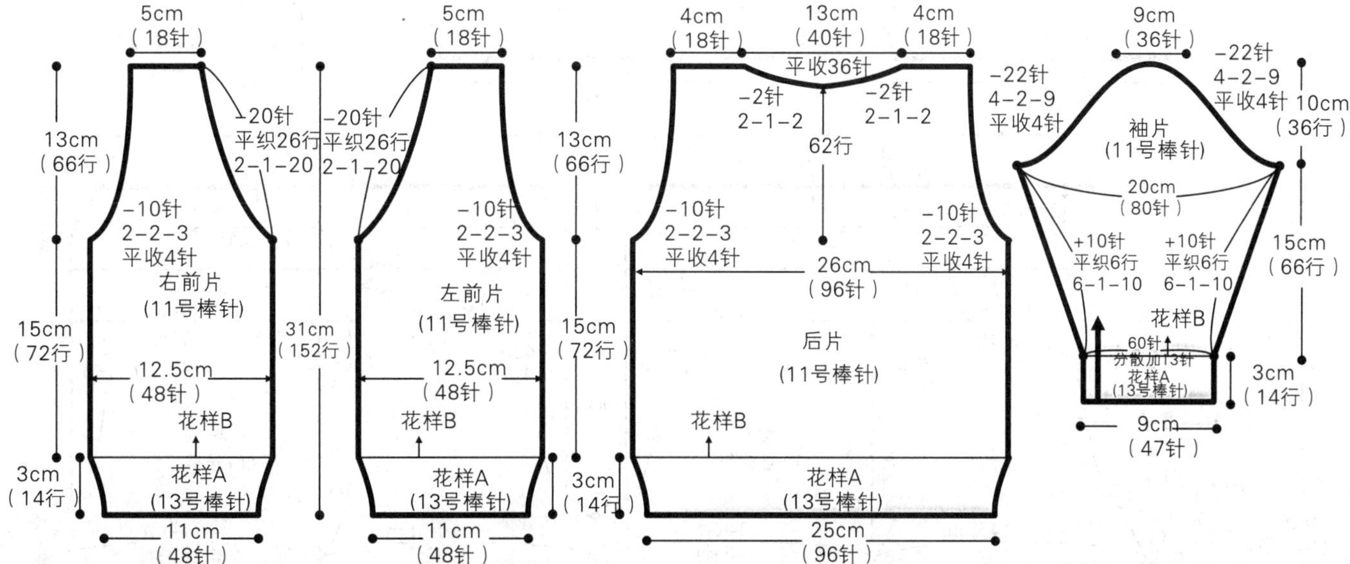

作品170

【成品规格】衣长31.5cm，胸宽26cm，肩宽19cm，下摆宽22cm，袖长24.5cm，裤长44.5cm

【编织密度】34.6针×48行=10cm²

【工　　具】12、13号棒针

【材　　料】米色棉线上衣160g，裤子140g

【编织要点】

1.使用棒针编织法。分为前片、后片和两个袖片。

2.前片的编织：从下摆起编织。双罗纹起针法起90针，起织花样A，不加减针织14行，然后改织下针，平织22行，然后依照花样B编织，平织50行后至袖窿减针，下一行起两边各收5针，然后2-2-4，当织至袖窿算起22行后，下一行起减前衣领边，中间选12针收针，然后织片分为两半各自编织。衣领减针方法依次为2-3-1，2-2-2，2-1-4，平织20行后，至肩部余下15针，收针断线。使用相同的方法，使用相反的减针方向去编织另一边。

3.后片的编织：后片起针与前片相同，编织花样A后全织下针，平织72行下针至袖窿减针，袖窿减针与前片相同，当织至袖窿算起50行时，下一行中间收30针，两边各自减针，2-1-2，两边肩部余下15针，收针断线，完成后将前片与后片的侧缝对应缝合，再将肩部对应缝合。

4.袖片的编织：袖口起44针，编织花样A。不加减针织14行，在最后一行里分散加14针，下一行起织下针，并在袖侧缝上加针，6-1-10，平织10行后，加成78针，下一行起两边开始减针，先各自收针5针，然后4-2-10依次减针，最后余下28针，收针断线。使用相同的方法编织另一个袖片。完成后将袖山边线对应衣身袖窿边线进行缝合，再将袖侧缝缝合。

5.领片的编织：沿着前后衣领边，挑116针，先织一行上针，再改织花样A，平织10行后，收针断线，上衣完成。

6.裤子的编织：从腰间起织机器边186针，织空心针，织10行后合并，一圈减少20针，余下166针，平织66行，在裤裆分2针加针，2-1-7，前后同时加针，再以裤裆中心为边缘，将裤子一分为二进行编织，圈织，并在裤两边的中心位置进行减针，依次减，2-1-7，8-1-7，织成78行后，余下69针，改织花样A，平织16行后，收针，断线。使用相同的方法编织另一边裤片，裤子完成。

花样A（双罗纹）

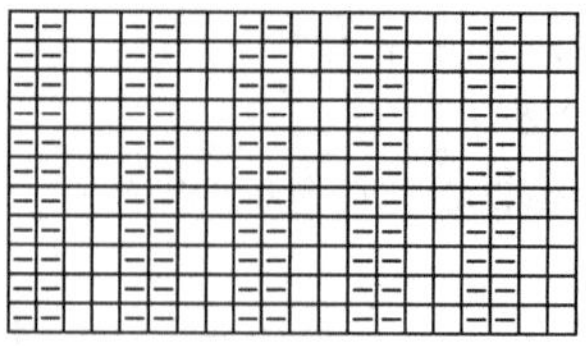

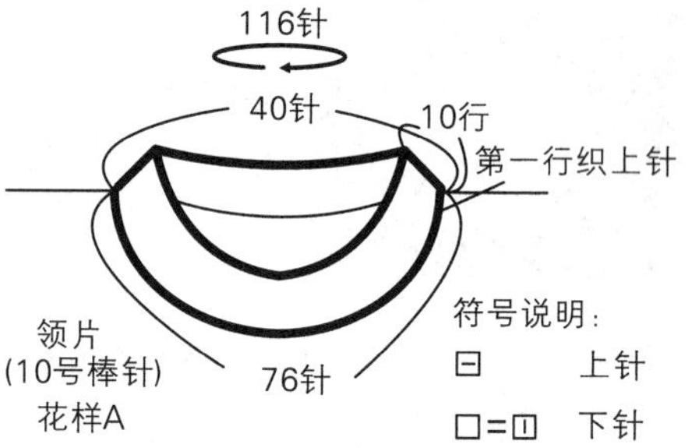

116针
40针
10行
第一行织上针
领片
(10号棒针)
花样A
76针

符号说明：

⊟ 上针

□=⊡ 下针

⧅ 左并针

⧄ 右并针

⊙ 镂空针

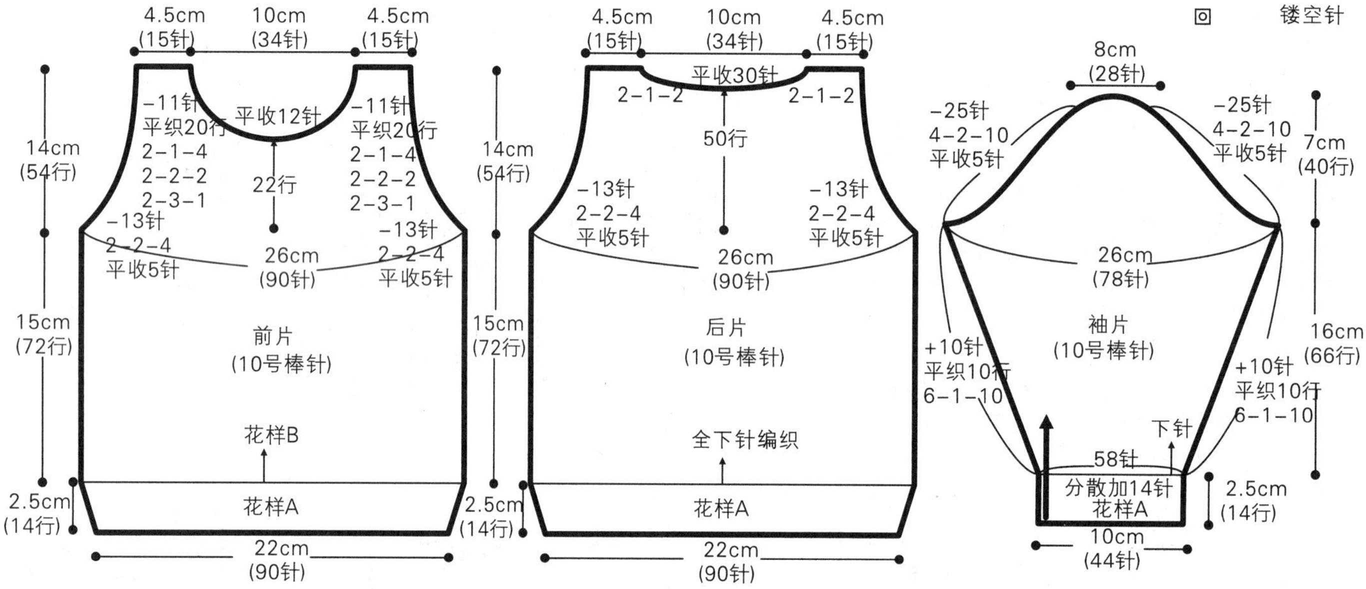

4.5cm (15针)
10cm (34针)
4.5cm (15针)
14cm (54行)
-11针
平织20行
2-1-4
2-2-2
2-3-1
平收12针
22行
-11针
平织20行
2-1-4
2-2-2
2-3-1
-13针
2-2-4
平收5针
26cm (90针)
-13针
2-2-4
平收5针
15cm (72行)
前片
(10号棒针)
花样B
2.5cm (14行)
花样A
22cm (90针)

4.5cm (15针)
10cm (34针)
4.5cm (15针)
平收30针
2-1-2
2-1-2
50行
14cm (54行)
-13针
2-2-4
平收5针
-13针
2-2-4
平收5针
26cm (90针)
15cm (72行)
后片
(10号棒针)
全下针编织
2.5cm (14行)
花样A
22cm (90针)

8cm (28针)
-25针
4-2-10
平收5针
-25针
4-2-10
平收5针
7cm (40行)
26cm (78针)
袖片
(10号棒针)
16cm (66行)
+10针
平织10行
6-1-10
+10针
平织10行
6-1-10
下针
58针
分散加14针
花样A
2.5cm (14行)
10cm (44针)

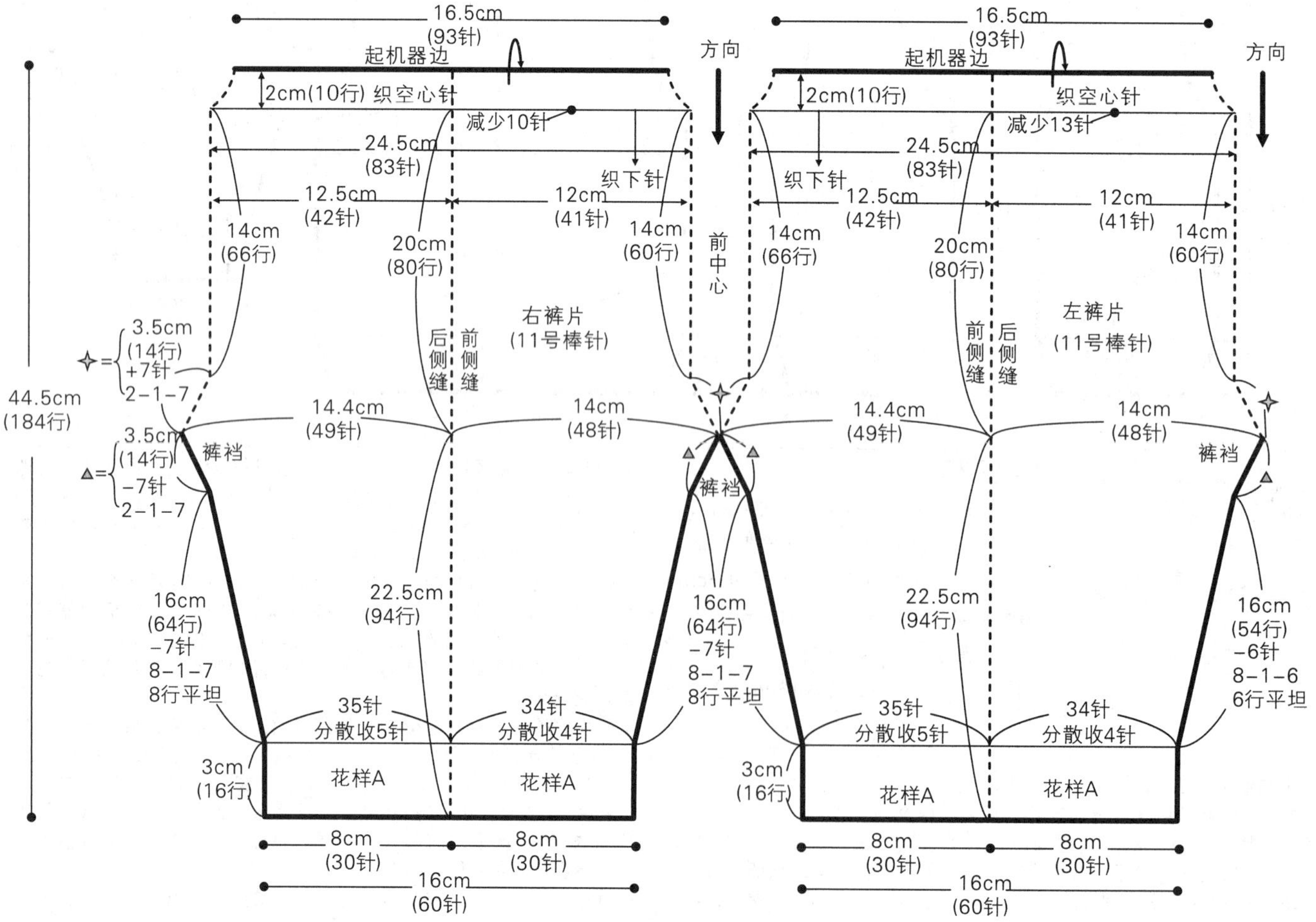

16.5cm (93针)
起机器边
方向
2cm(10行) 织空心针
减少10针
24.5cm (83针)
织下针
12.5cm (42针)
12cm (41针)
14cm (66行)
20cm (80行)
14cm (60行)
前中心
右裤片
(11号棒针)
后侧缝
前侧缝
3.5cm (14行) +7针 2-1-7
44.5cm (184行)
14.4cm (49针)
14cm (48针)
3.5cm (14行) -7针 2-1-7
裤裆
裤裆
22.5cm (94行)
16cm (64行) -7针 8-1-7 8行平坦
16cm (64行) -7针 8-1-7 8行平坦
35针 分散收5针
34针 分散收4针
3cm (16行)
花样A
花样A
8cm (30针)
8cm (30针)
16cm (60针)

16.5cm (93针)
起机器边
方向
2cm(10行)
织空心针
减少13针
24.5cm (83针)
织下针
12.5cm (42针)
12cm (41针)
14cm (66行)
20cm (80行)
14cm (60行)
左裤片
(11号棒针)
前侧缝
后侧缝
14.4cm (49针)
14cm (48针)
裤裆
22.5cm (94行)
16cm (54行) -6针 8-1-6 6行平坦
35针 分散收5针
34针 分散收4针
3cm (16行)
花样A
花样A
8cm (30针)
8cm (30针)
16cm (60针)

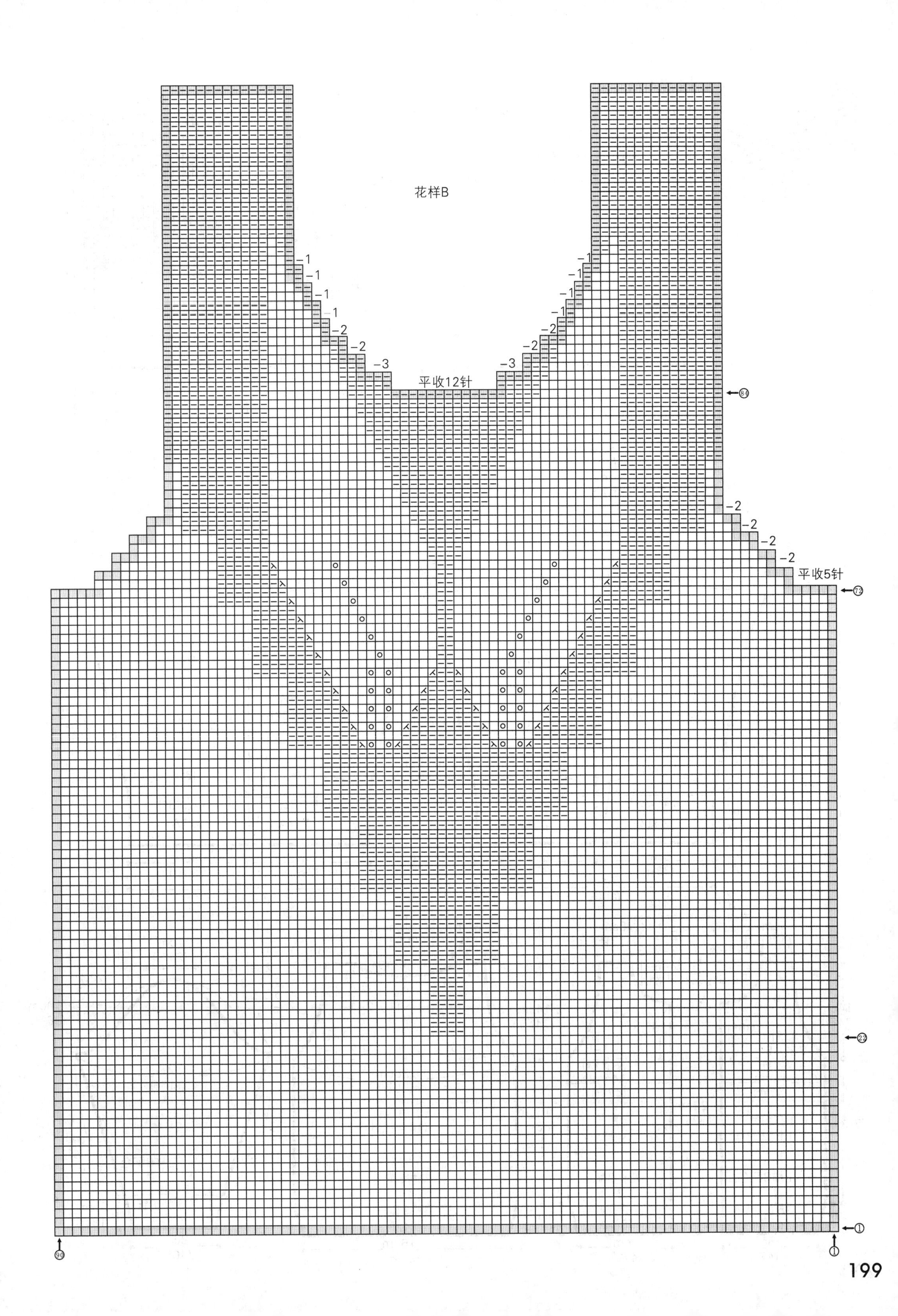

花样B
-1
-1
-1
-1
-2
-2
-3
平收12针
-3
-2
-2
-1
-1
-1
-1
84
-2
-2
-2
-2
平收5针
72
22
1
90
1

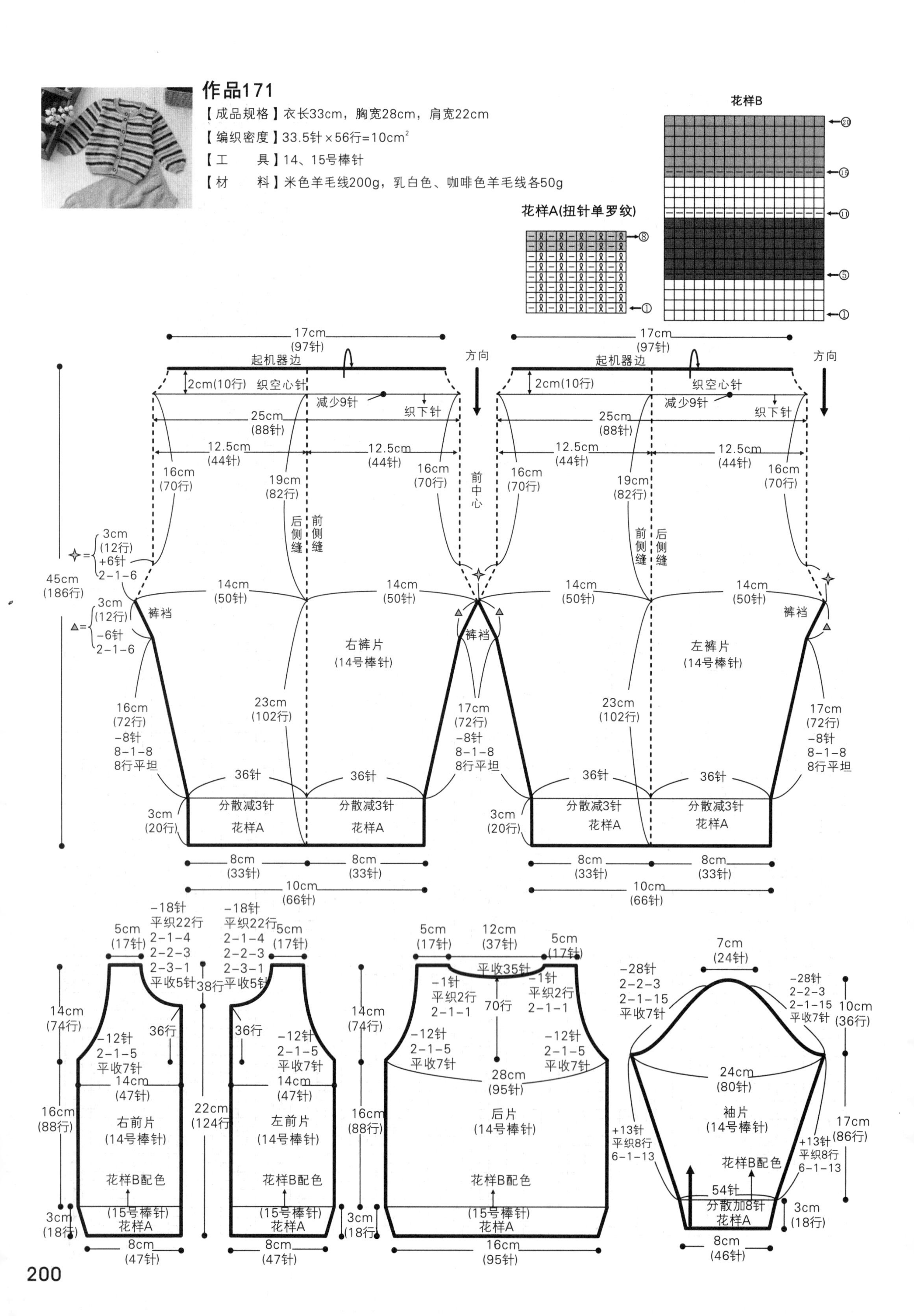
作品171
【成品规格】衣长33cm，胸宽28cm，肩宽22cm
【编织密度】33.5针×56行=10cm²
【工　　具】14、15号棒针
【材　　料】米色羊毛线200g，乳白色、咖啡色羊毛线各50g
花样B
花样A(扭针单罗纹)
起机器边
织空心针
减少9针
织下针
方向
前中心
后侧缝
前侧缝
裤裆
右裤片
(14号棒针)
左裤片
(14号棒针)
分散减3针
花样A
右前片
(14号棒针)
左前片
(14号棒针)
后片
(14号棒针)
袖片
(14号棒针)
花样B配色
(15号棒针)
平收35针
54针
分散加8针

【编织要点】

1.使用棒针编织法。分为前片、后片和两个袖片编织。

2.前片的编织：分为左前片和右前片，以右前片为例说明。下摆起织，使用浅咖啡色线。单罗纹起针法起47针，编织花样A，不加减针织18行，然后依照花样B配色编织，平织88行至袖窿减针，左侧收针7针，然后2-1-5，当织至袖窿算起36行的高度时，开始减衣领，从右往左，依次减针，先平收5针，2-3-1，2-2-3，2-1-4，平织22行后，肩部余下17针，收针断线。使用相同的方法，相反的减针方向去编织左前片。

3.后片的编织：起针法与前片相同。用浅咖啡色线起95针，起织花样A，不加减针，织18行后改织花样B，平织88行至袖窿减针。两边袖窿同时收针，各收7针，2-1-5，两边袖窿减少的针数为12针，余下71针。当织至袖窿算起70行的高度时，下一行中间收针35针，两边进行减针，2-1-1，各减少1针，平织2行后，织成4行高。肩部针数余下17针，收针断线，分别与前片的肩部对应缝合。再将侧缝对应缝合。

4.袖片的编织。袖口起织，使用浅咖色线起46针花样A。不加减针织18行，在最后一行里分散加8针，下一行起织花样B，并在两侧袖侧缝上加针，6-1-13，各加13针，平织8行后织成86行高，下一行两侧袖山减针，两边各收7针，然后2-1-15，2-2-3，织成36行高后，余下24针，收针断线。使用相同的方法去编织另一个袖片，并将袖山边线与衣身袖窿边线进行缝合。

5.衣襟和领片的编织：先编织衣襟，使用浅咖啡色线，沿衣襟边挑130针，起织花样A，织10行的高度后收针。右衣襟编织5个扣眼。在第5行的位置编织。扣眼相隔针数如图所示。再编织衣领，前衣领各挑48针，后衣领挑42针，起织花样A，织8行后收针。在右衣襟上侧的衣领侧边，第4针第4行的位置，织一个扣眼。

6.裤子的编织：用浅咖啡色线，从腰间起织，起机器边194针，织空心针，织10行后合并，一圈减少18针，余下176针，平织70行，在裤裆中间分2针加针，2-1-6，前后同时加针，再以裤裆中心为边缘，将裤子一分为二进行编织，圈织，并在裤裆加减针那一针的位置上进行减针，依次减2-1-6，8-1-6，平织8行，织成84行后，余下72针，改织花样A，一圈减少6针，平织20行后收针断线。使用相同的方法去编织另一只裤管，裤子完成。

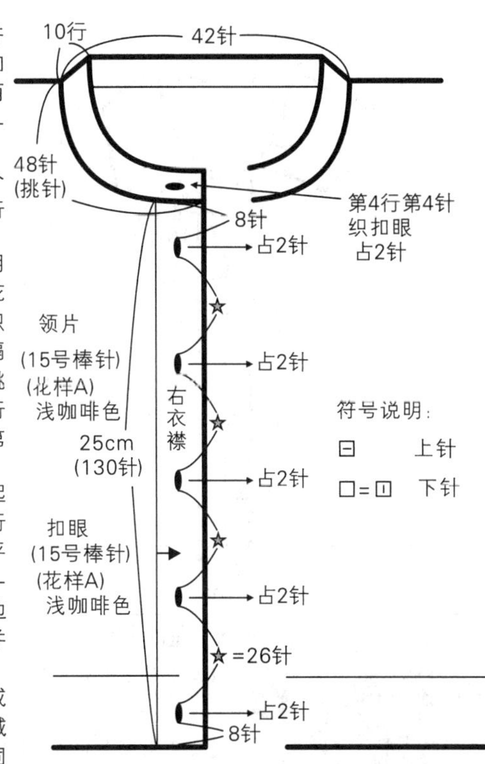

作品172

【成品规格】衣长34cm，胸宽33cm，肩宽26cm，袖长230cm

【编织密度】$10cm^2$=24针×39行

【工　　具】10、11号棒针

【材　　料】九色鹿9209黑灰色-330g，钮扣3颗

【编织要点】

1.使用棒针编织法。分为前片、后片和两个袖片编织。

2.前片的编织：分为左前片和右前片，以右前片为例说明。下摆起织，下针起针法起40针，起织花样A搓板针，不加减针，织20行，然后改织花样B，平织14行，然后改织下针，平织44行，至袖窿减针，左侧收针3针，然后2-2-3，平织2行后，改织10行花样C，然后全织下针，平织14行后，袖窿边减少2针，衣襟开始减衣领，从右往左，依次减针，平收5针后，2-4-1，2-3-1，2-2-1，2-1-1，平织12行后，肩部余下14针，收针断线。使用相同的方法，相反的减针方向去编织左前片。

3.后片的编织：起针法与前片相同。起80针花样A，不加减针，织20行后，改织花样B，平织14行，然后全织下针，平织44行至袖窿减针。两边袖窿同时收针，各收3针，2-2-3，平织2行后，改织10行花样C，然后全织下针，平织32行后，下一行中间收针28针，两边进行减针，2-1-1，各减少1针，织成2行高。肩部针数余下14针，收针断线，分别与前片的肩部对应缝合。再将侧缝对应缝合。

4.袖片的编织：袖口起织40针，起织花样A。不加减针织20行，在最后一行里分散加6针，下一行起织花样B，并在两侧袖侧缝上加针，6-1-10，各加10针，平织10行后，织成70行，加成66针，下一行两侧袖山减针，两边各收3针，然后4-2-8，织成32行高后，余下28针，收针断线。使用相同的方法去编织另一个袖片，并将袖山边线与衣身袖窿边线进行缝合。

5.衣襟和领片的编织：先编织衣襟，沿衣襟边挑94针，起织花样C，织10行的高度后收针。右衣襟编织3个扣眼。在第4行的位置编织。扣眼相隔针数如图所示。再编织衣领，前衣领加衣襟侧边的一半位置宽度，各挑32针，后衣领挑38针，起织花样C，织30行后收针，衣服完成。

右前片(10号棒针)　左前片(10号棒针)　后片(10号棒针)　袖片(11号棒针)

-15针 平织12行 2-1-1 2-2-1 2-3-1 2-4-1 平收5针；6cm(14针)；14cm(52行)；-2针 平织20行 14-2-1；10行花样C；-9针 平织2行 2-2-3 平收3针；44行；29cm(120行)；16cm(58行)；下针；14行 花样B；4cm(20行)；花样A；17cm(40针)

26cm(62针)；14cm(30针)；平收28针；2-1-1；32行；33cm(80针)

12cm(28针)；-19针 4-2-8 平收3针；8cm(32行)；26cm(66针)；+10针 平织10行 6-1-10；18cm(70行)；46针 分散加6针；4cm(20行)；12cm(40针)

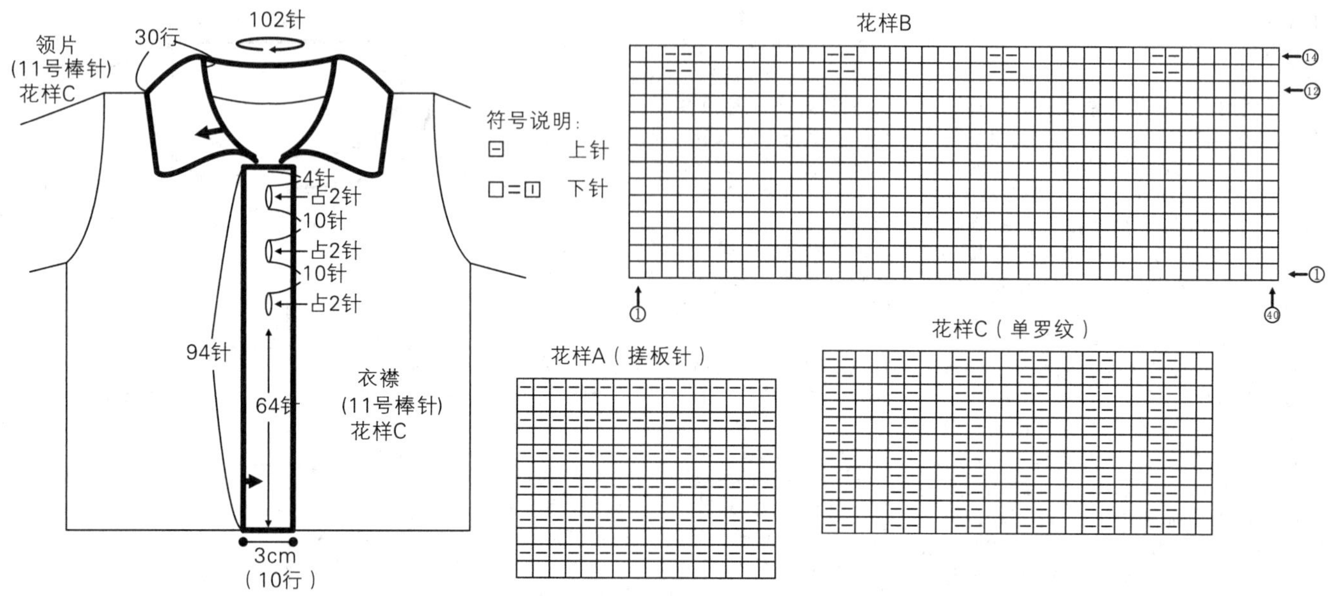

作品173

【成品规格】衣长35cm，胸宽30cm，袖长32cm

【编织密度】34针×43行=10cm²

【工　　具】11、13号棒针

【材　　料】九色鹿9189(色号9603)280g，墨绿、紫红色线各少许，纽扣5颗

【编织要点】

1.使用棒针编织法。分为前片、后片和两个袖片编织。衣身用灰色线编织，衣领用紫红和墨绿色线搭配编织。

2.前片的编织：分为左前片和右前片，以右前片为例说明。下摆起织，单罗纹起针法起44针，编织花样A，平织10行，最后一行织上针，然后下一行全织下针，平织40行，衣襟平收针5针，余下39针，继续织下针，平织30行至袖窿减针，左侧收针5针，然后依次2-2-3，并同时减前衣领，从右往左，4并2，依次减针，4-2-4，4-1-10，平织4行后，肩部余下10针，收针断线。使用相同的方法，相反的减针方向去编织左前片。在下摆第11行上针处挑针，在距离衣襟10针的第11针上开始挑25针，起织下针，制作口袋，边织边与衣身合并，平织20行后，织1行上针，然后织4行花样A单罗纹针，完成后收针。另一边前片织法相同。

3.后片的编织：起针法与前片相同。起101针花样A，平织11行，下一行起全织下针，平织70行至袖窿减针。两边袖窿同时收针，各收5针，2-2-3，两边袖窿减少的针数为11针。余下79针。当织至袖窿算起56行的高度时，下一行中间收针55针，两边进行减针，2-1-2，各减少2针，织成4行高。肩部针数余下10针，收针断线，分别与前片的肩部对应缝合，再将侧缝对应缝合。

4.袖片的编织：袖口起织，起49针，起织花样A。平织11行，在最后一行里，分散加9针，加成58针，下一行起织下针，并在两侧袖侧缝上加针，8-1-11，各加11针，织成88行高，再平织8行，下一行两侧袖山减针，两边各收5针，然后4-2-10，织成40行高后，余下30针，收针断线。使用相同的方法编织另一个袖片，并将袖山边线与衣身袖窿边线进行缝合，再将袖侧缝对应缝合。

5.衣襟和领片的编织：如图所示，先编织衣襟，使用墨绿色线，衣襟挑30针，然后前衣领挑60针，后衣领边挑56针，另一边衣领挑60针，最后是衣襟挑30针，起织花样A单罗纹针，平织6行后，将所有的边改用紫红色线，起织花样A，平织6行后收针。左衣襟编织5个扣眼。在紫红色线第2行的位置编织。扣眼相隔针数如图所示。右衣襟在扣眼对应的位置，钉上钮扣，衣服完成。

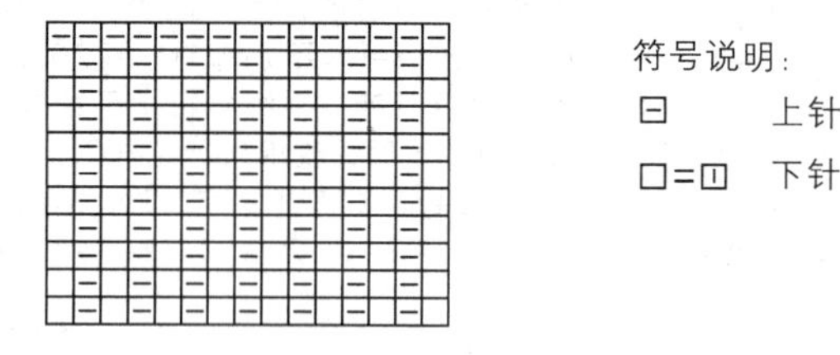

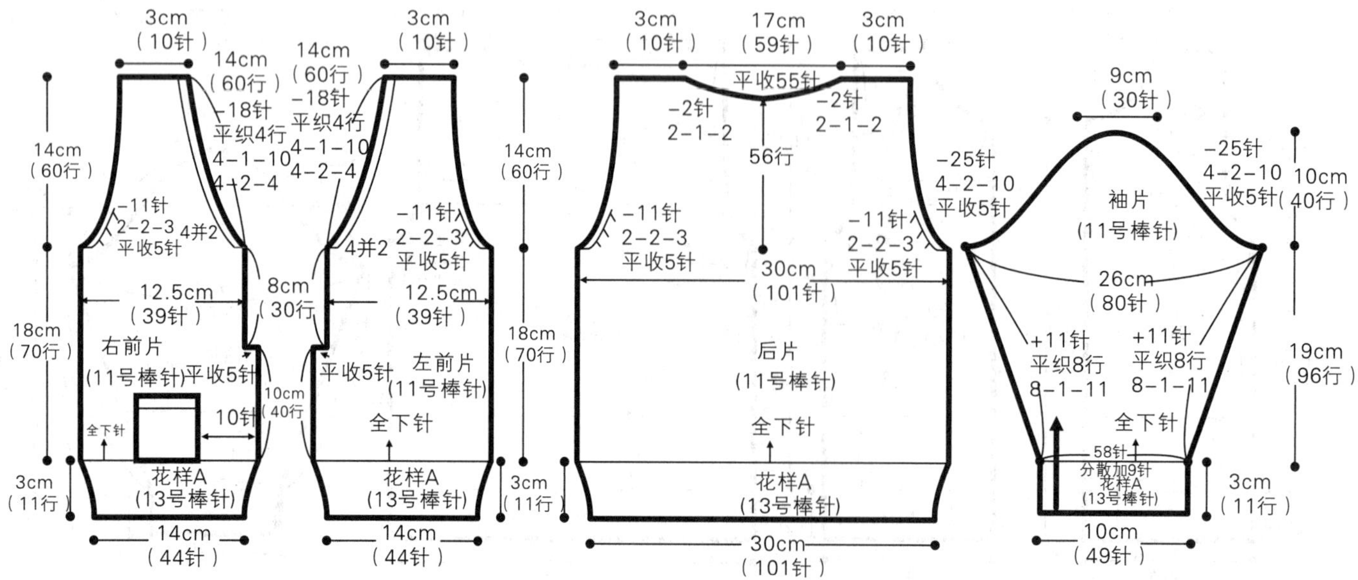

作品174

【成品规格】衣长33cm，胸宽26cm，肩宽23cm，下摆宽20cm，袖长27cm，裤长41cm

【编织密度】30针×39行=10cm²

【工　　具】11、13号棒针

【材　　料】橙色棉线270g，蓝色棉线少许，上衣重160g，裤子重110g，纽扣1颗

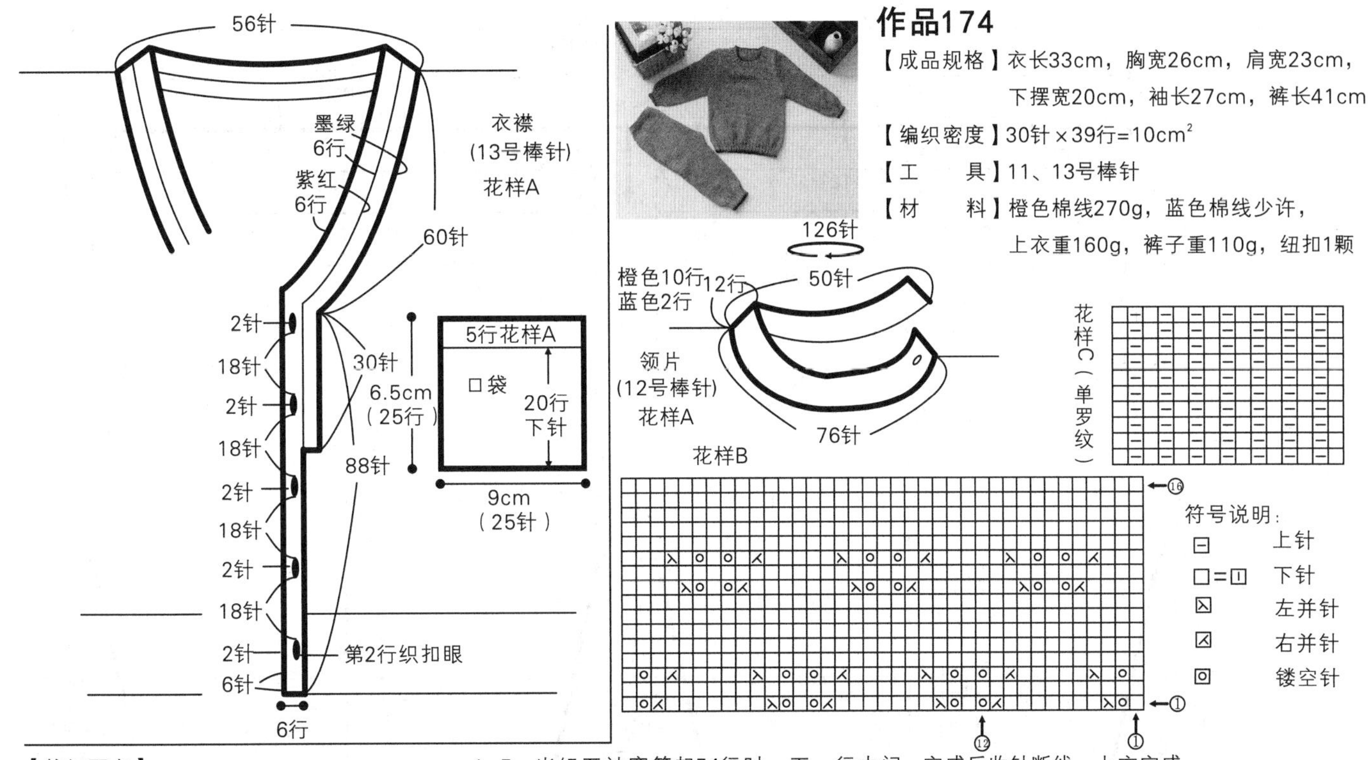

【编织要点】

1.使用棒针编织法。分为前片、后片和两个袖片编织。衣边用12号棒针，衣身用11号棒针。

2.前片的编织：下摆用蓝色线起织。双罗纹起针法起90针，起织花样A，不加减针织2行，换橙色线织14行，然后改织下针，全用橙色线，平织82行，至袖窿减针，依照花样B编织。两边平收7针，然后2-1-5，当织至袖窿算起34行后，下一行起减前衣领边，中间选10针收针，然后将织片分为两半各自编织。衣领减针方法依次为2-4-1，2-3-1，2-2-1，2-1-4，平织10行后，肩部余下15针，收针断线。使用相同的方法，相反的减针方向编织另一边。左肩部最后10行改织花样C单罗纹针，并在第4行中间位置织一个扣眼，扣眼收2针再在下一行起2针。

3.后片的编织：后片起针与前片相同，编织花样A后全织下针，平织82行下针至袖窿减针，袖窿编织花样B，两边平收7针，然后2-1-5，当织至袖窿算起54行时，下一行中间收34针，两边各自减针，2-1-1，平织2行。两边肩部余下15针，收针断线，与前片左肩对应的后片肩部，加织10行花样C单罗纹针，完成后再收针断线。将前片与后片的侧缝对应缝合，再将一侧没有扣眼的肩部对应缝合。

4.袖片的编织：袖口起起44针，编织花样A。先用蓝色线织2行，然后用橙色线织14行。在最后一行里分散加12针，下一行起织下针，并在袖侧缝上加针，6-1-10平织10行后，加成80针，下一行起改织花样B，并在两边开始减针，平收7针，2-1-10，2-2-6，依次减针，最后余下22针，收针断线。用相同的方法编织另一个袖片。完成后将袖山边线对应衣身袖窿边线进行缝合，再将袖侧缝缝合。

5.领片的编织：沿着前后衣领边挑126针，后片加织肩部侧边亦要挑针，先用橙色线织10行花样A，再换织2行蓝色线。共织12行，完成后收针断线。上衣完成。

6.裤子的编织：从腰间起织机器边，起180针，织空心针，织10行后合并，一圈减少20针，余下160针，平织66行，在裤裆分2针加针，2-1-6，前后同时加针，再以裤裆中心为边缘，将裤子一分为二进行编织，圈织，并在裤裆中心2针上进行减针，2-1-6，再继续减针，8-1-8，平织8行，织成84行后，余下64针，一圈分散减少4针，余下60针，改织花样A，橙色线平织14行后换蓝色线织2行，收针，断线。用相同的方法编织另一边裤片，裤子完成。

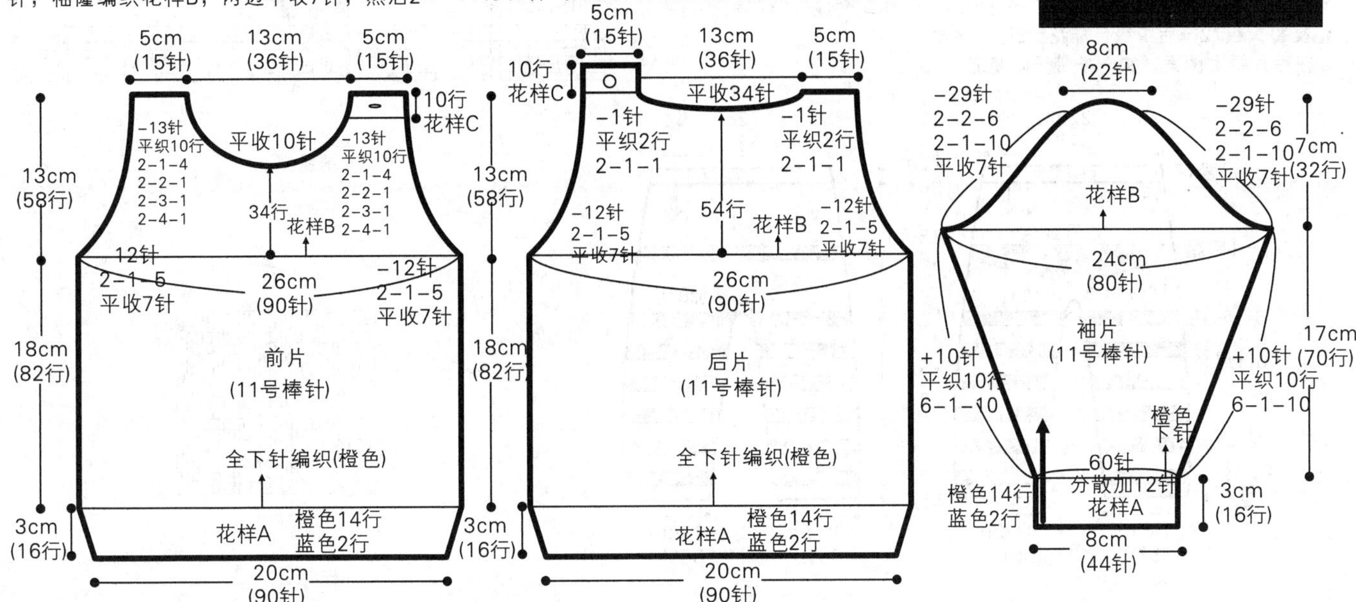

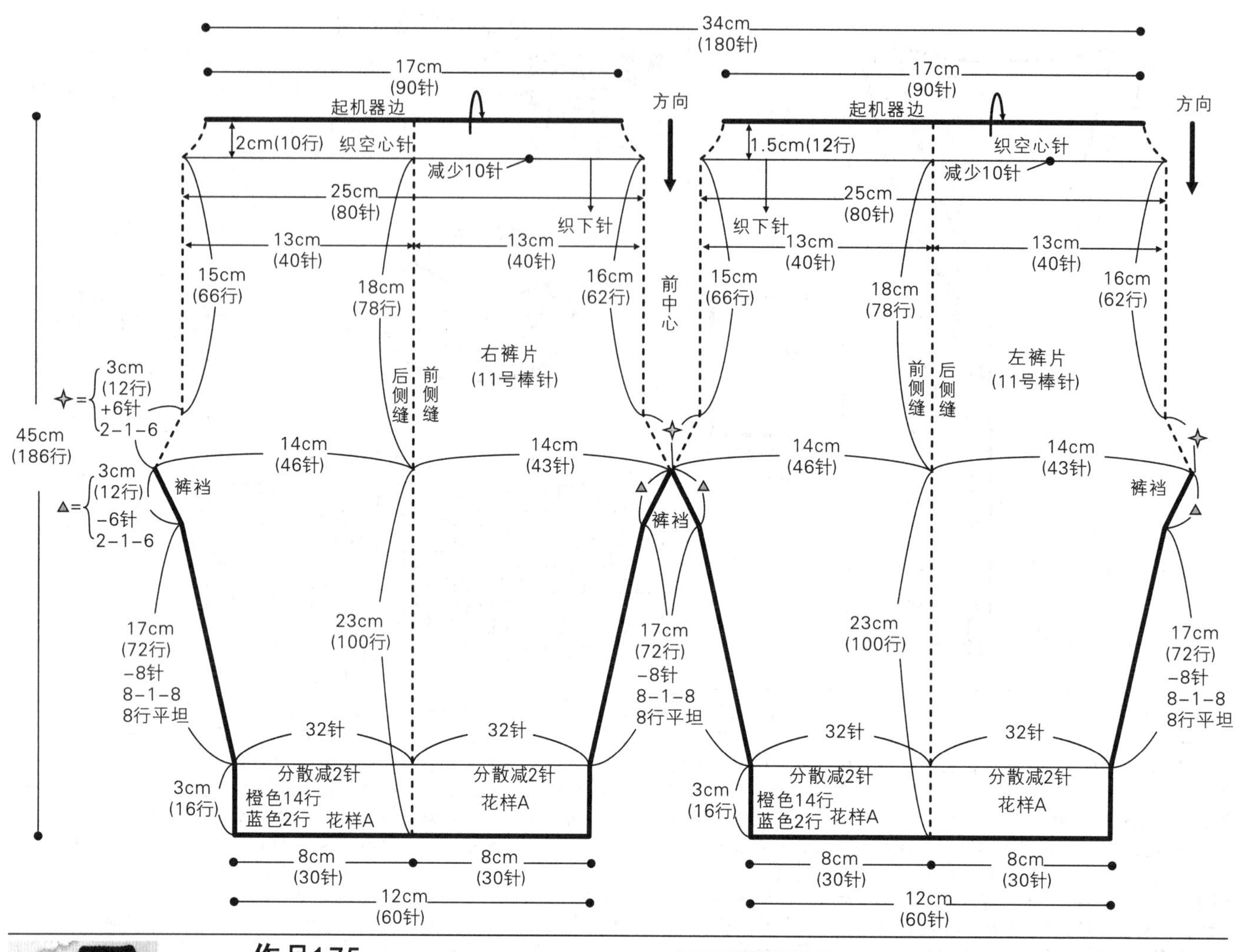

作品175

【成品规格】裤长45cm，腰围44cm

【编织密度】22针×30行=10cm²

【工　　具】10号棒针

【材　　料】绿色和赭色毛线共200g，其他色少许，松紧带若干

【编织要点】

1.从裤腰往下织，用绿色线起124针织双罗纹16行，穿上松紧带，下面织双色彩条。织32行绿色，织6行赭色。后片用引退针织后翘，并绣图案；织46行后在裆部加8针，另一边挑出。开始织裤腿，6行赭色6行绿色交替；织72行后织绿色桂花针6行，平收。

2.在后片绣上图案，钩一条带子做装饰。

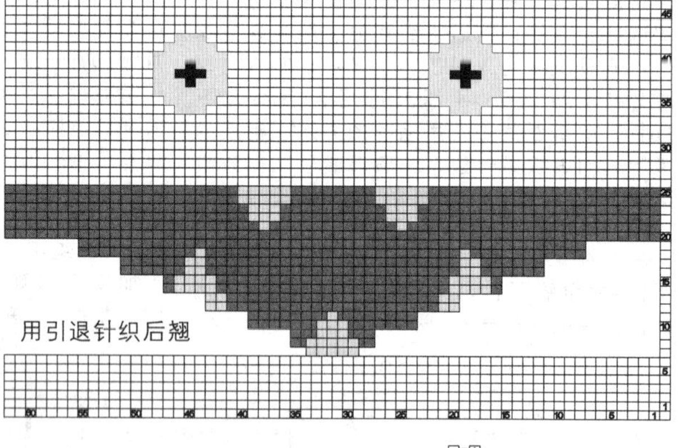

绣图案

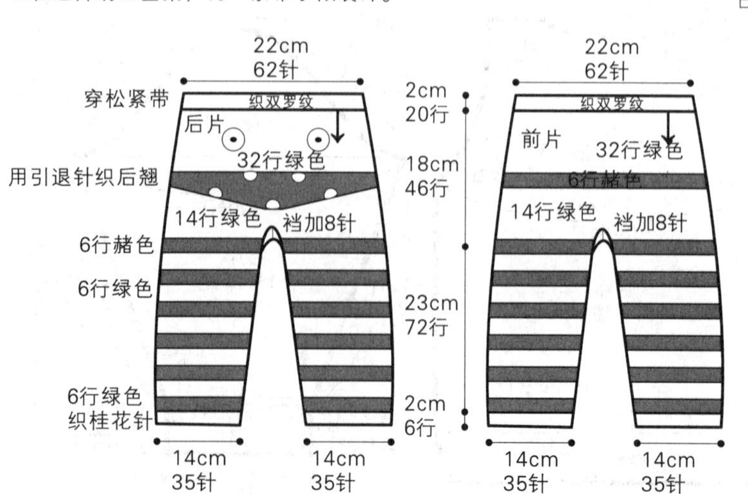

桂花针

作品176

【成品规格】裤长46cm，腰围52cm

【编织密度】20针×30行=10cm²

【工　　具】10号棒针

【材　　料】咖啡色毛线200g，红色、白色毛线各50g，松紧带若干

【编织要点】

1.从裤腰往下织，用咖啡色线起54针织双罗纹20行，穿上松紧带重合。

2.下面织平针，按图示间色，后片用间色的方式织出后翘，裆部加4针，裤腿平织，裤脚织桂花针平收。绣上图案，完成。

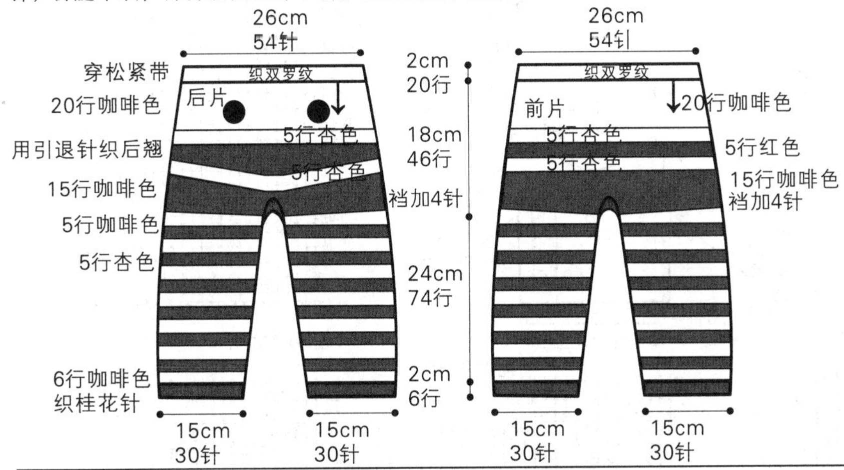

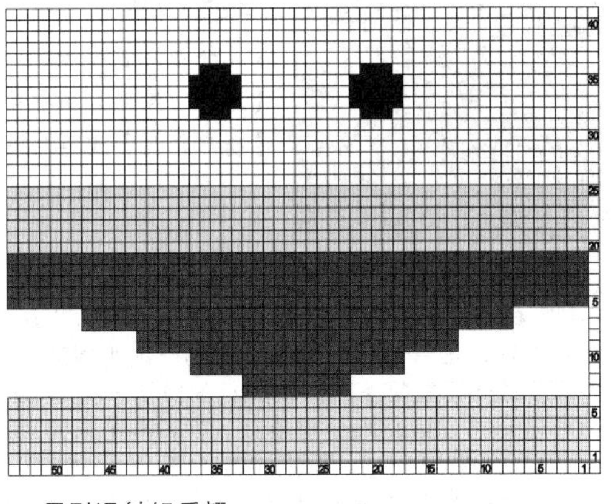

用引退针织后翘　□=⊟

绣图案

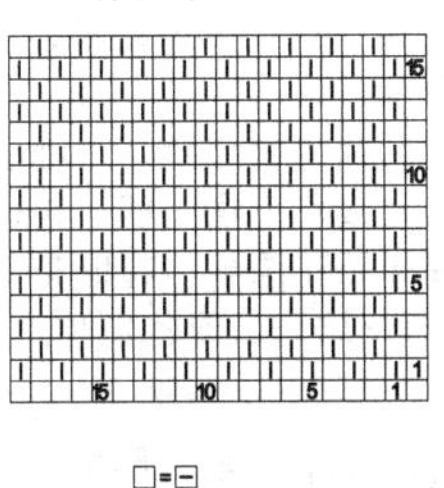

□=⊟

桂花针

作品177

【成品规格】裤长42cm，腰围40cm

【编织密度】22针×30行=10cm²

【工　　具】10号棒针

【材　　料】红色毛线200g，松紧带若干

【编织要点】

1.从裤腰往下织，起120针织16行平针，将松紧带穿入其中后两层重合，将针数分成两部分，裤子两侧各织22针花样，中间织平针，前后片中心线分别加针，后片织12行后开裆，从后片中心线分开织，裆线织5针全平针，前片织24行开始织裆，织法同后片。

2.裆部分完成后织裤腿，最后织10行单罗纹，完成。

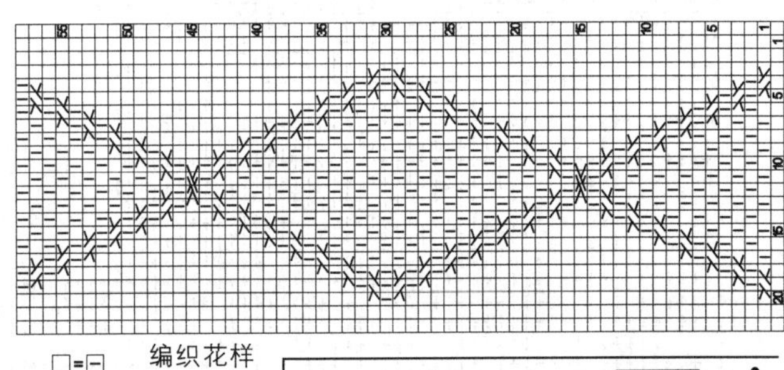

编织花样

□=⊟

=3针左上2针交叉

=4针左上交叉

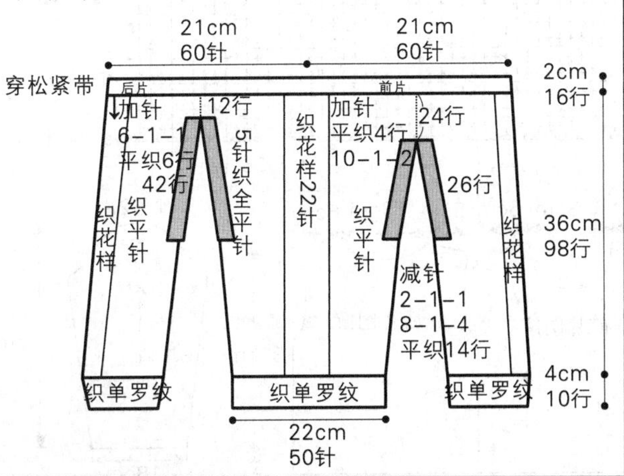

作品178

【成品规格】裤长38cm，腰围44cm

【编织密度】21针×40行=10cm²

【工　　具】10号棒针

【材　　料】深蓝和淡蓝色毛线各130g，松紧带若干，五彩小纽扣6粒

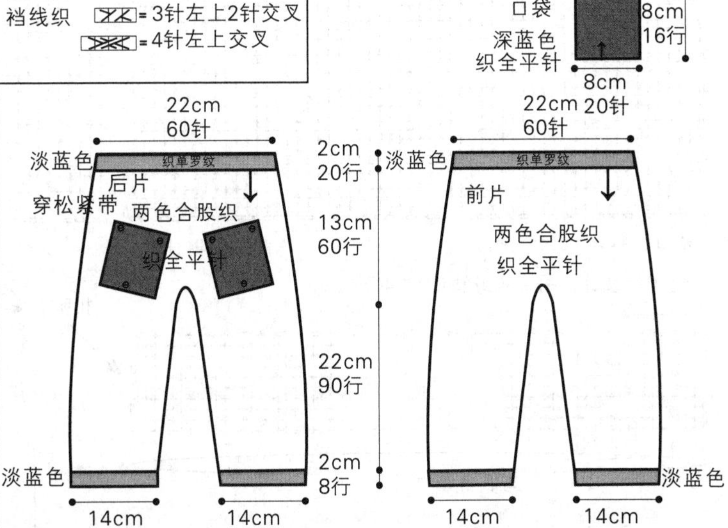

【编织要点】

1.从裤腰往下织，用淡蓝色起120针织20行单罗纹，将松紧带穿入其中后两层重合。

2.将两色线合股织全平针织裤身，织60行后分针各一半织裤腿，各织90行，换淡蓝色织8行平收。另用深蓝色织两小块方形，贴在后片，缝上纽扣点缀，完成。

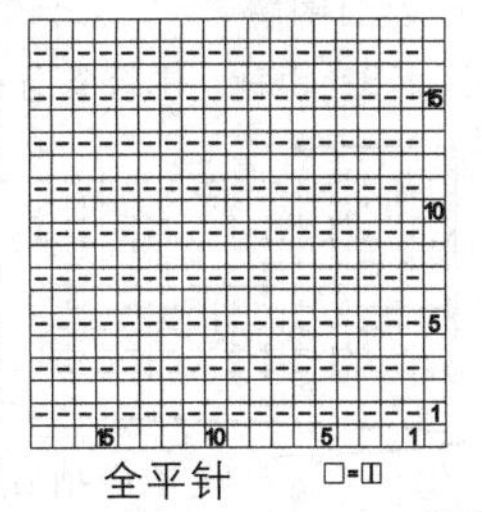

全平针　□=⊟

作品179

【成品规格】长39cm，胸围60cm

【工　　具】3.0mm可乐钩针

【材　　料】灰色毛线200克，白色毛线少许，扣子4颗

【编织要点】

1.参照结构图，衣身分前片和后片钩编。前片从下摆起56针锁针，第2行钩56针短针。第3行挑边钩56针短针。第4行和第5行重复第2行和第3行的做法一直到19行。第20行起分袖，第33行分前领口。第39行结束前片。后片从下摆起56针锁针，第2行钩56针短针。第3行挑边钩56针短针。第4行和第5行重复第2行和第3行的做法一直到19行。第20行起分袖，第37行分后领口。第39行结束后片。

2.参照袖子图解，从袖口起16针，加针到第27行，袖笼减针到第39行结束。

3.拼合前片和后片的侧缝线，上袖子。

4.参照领口、袖口和下摆图解，钩领口、袖口和下摆。

5.参照白色装饰贴花图解，将贴花缝合在前片上。

6.缝合4颗纽扣，结束上衣的制作。

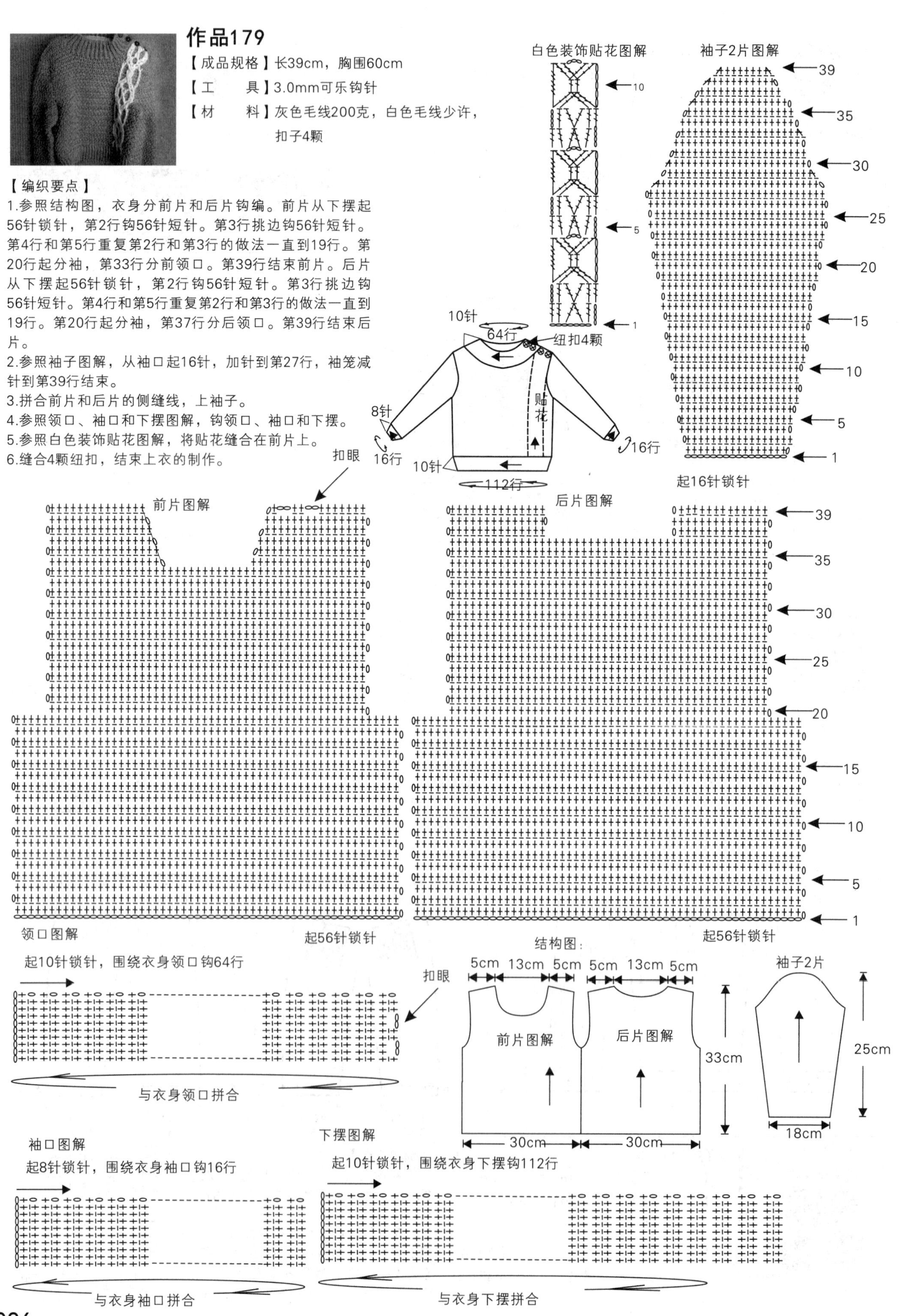

棒针起针法

1. 手指挂线起针法

❶采用比棒针粗两倍的针起针，短线端留出约编织尺寸的 3 倍的线。

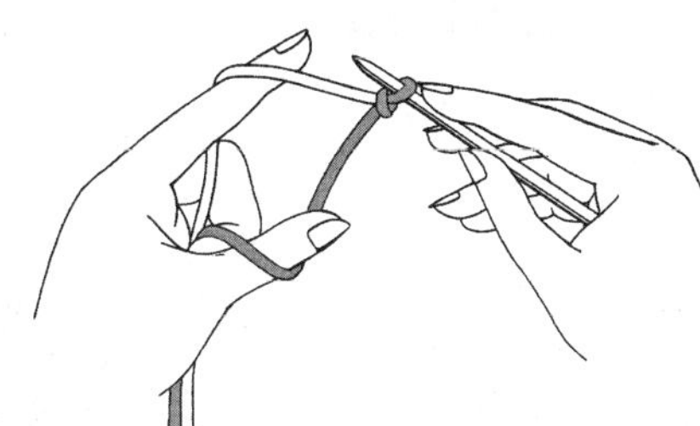

❷如图所示将线挂在手指上，短线绕在大拇指上。

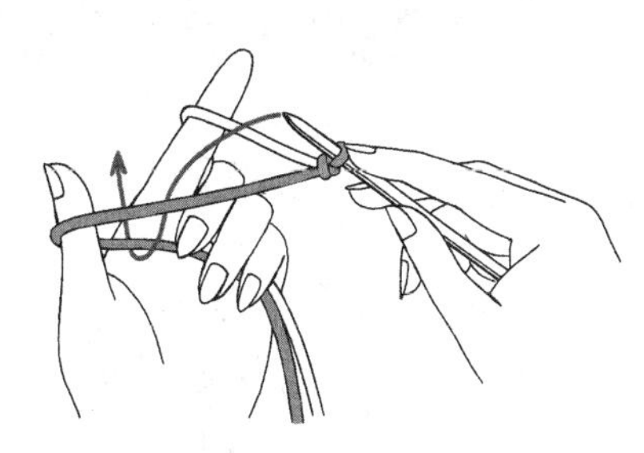

❸如箭头所示方向先从拇指上挑线。

❹然后如箭头所示穿过食指线。

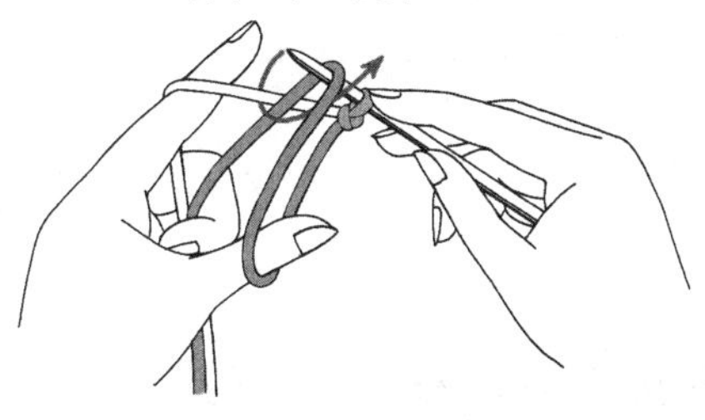

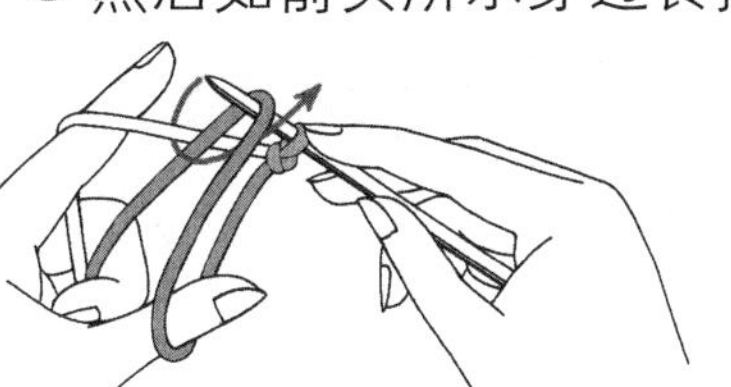

❺将挂在拇指上的线暂时放掉，将线圈拉紧。

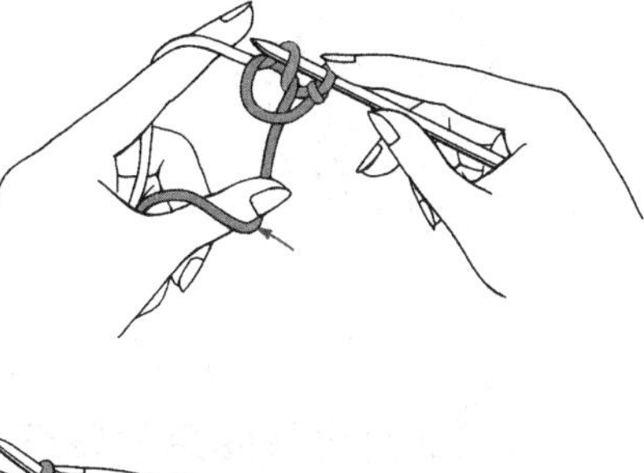

❻完成第 2 针。

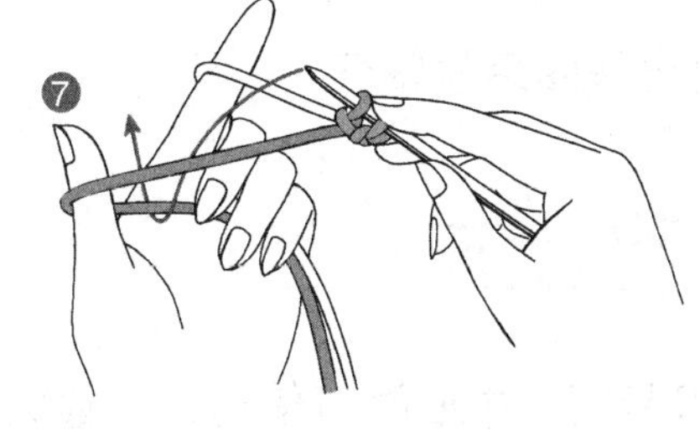

❼

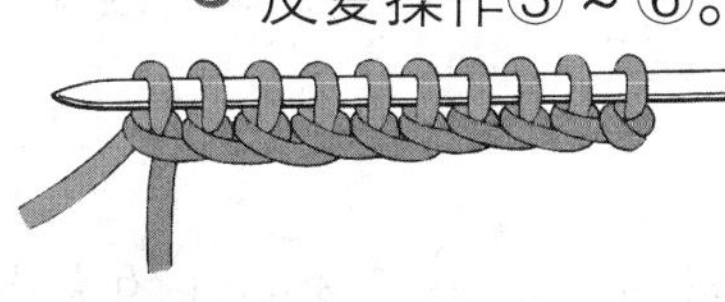

❽反复操作③～⑥。

2. 使用钩针起针法

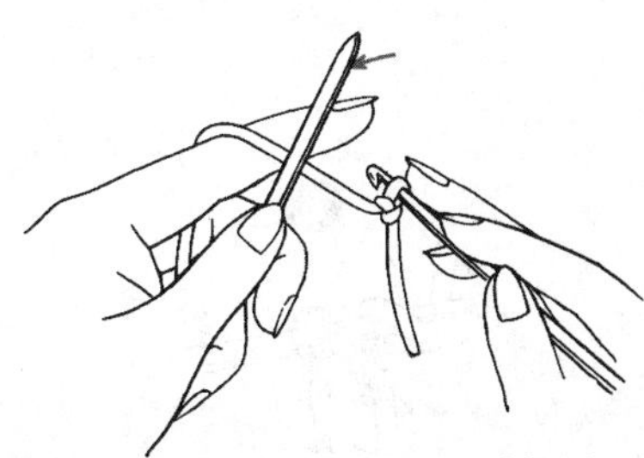

❶先钩 1 针锁针，拿 1 根棒针压住线。

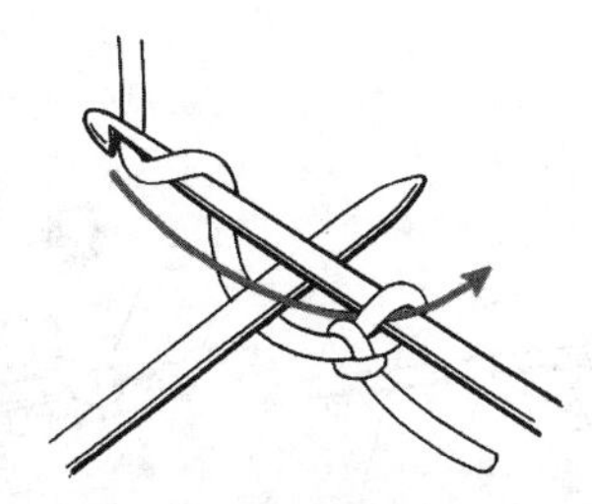

❷隔着棒针钩 1 针锁针。

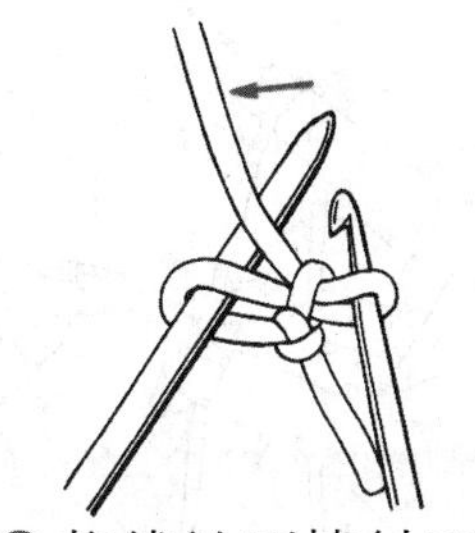

❸将线放到棒针下面。

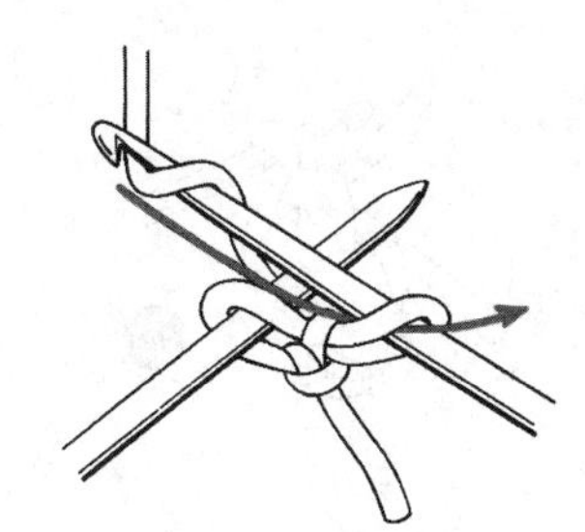

❹接着再钩 1 针锁针。

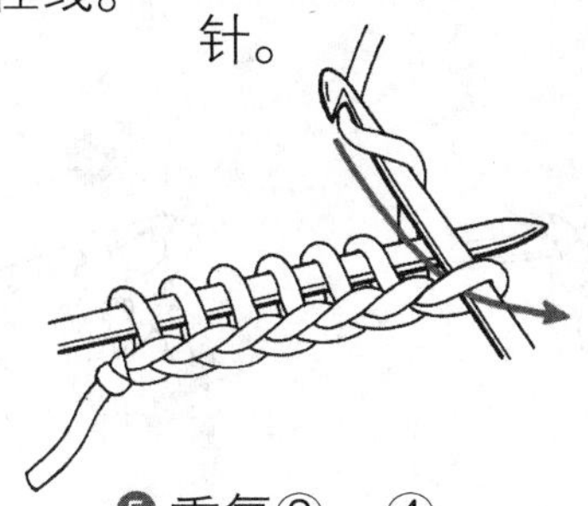

❺重复③～④。

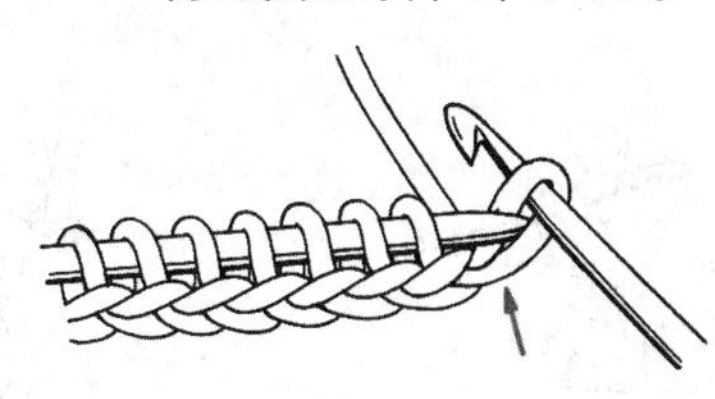

❻完成时将钩针上的针圈如图所示穿在棒针上。

钩针起针法

1. 锁针（辫子针）起针法

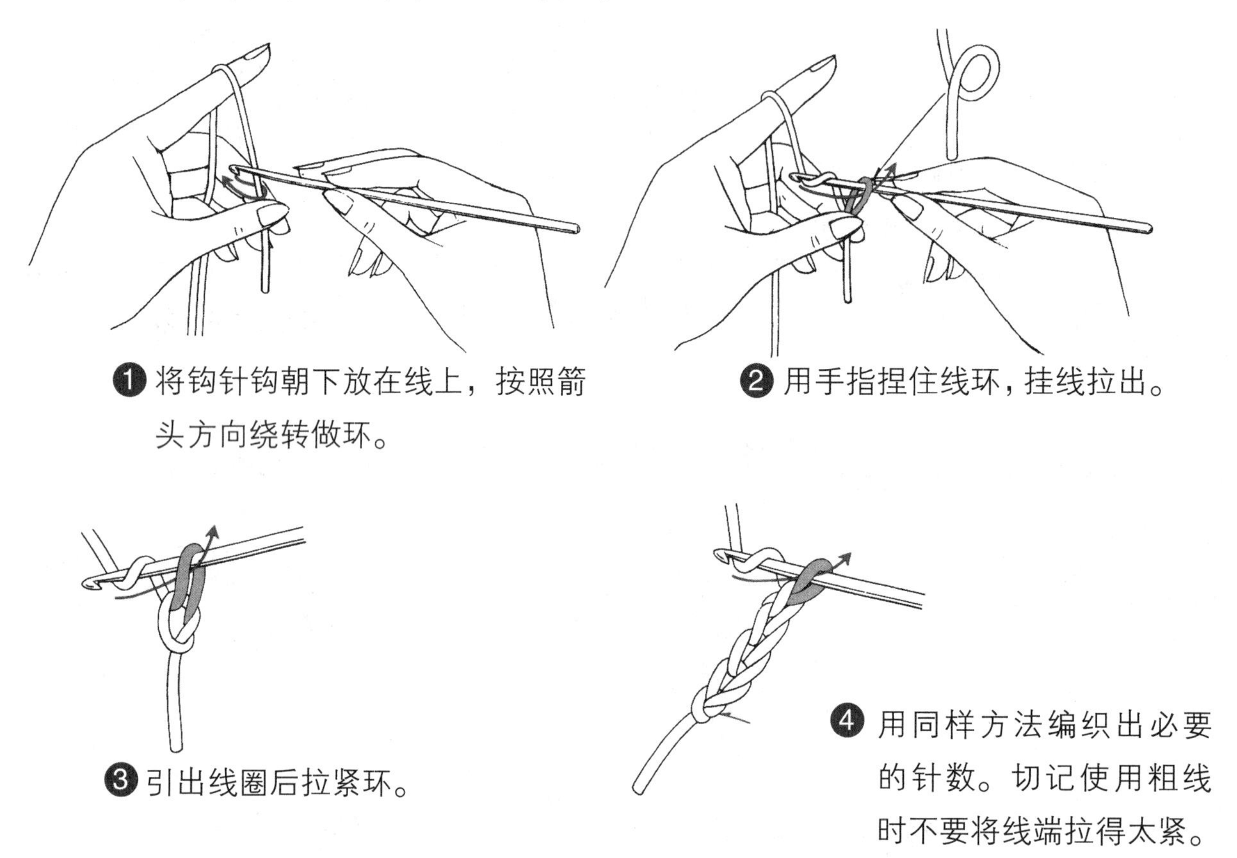

❶ 将钩针钩朝下放在线上，按照箭头方向绕转做环。

❷ 用手指捏住线环，挂线拉出。

❸ 引出线圈后拉紧环。

❹ 用同样方法编织出必要的针数。切记使用粗线时不要将线端拉得太紧。

2. 环形起针法

想编织紧实的中心时可使用这种最为简单的起针方法。最开始的环的大小很关键。抽紧线端后移至下行时要注意，不能将线端编入一针，否则很容易松散。

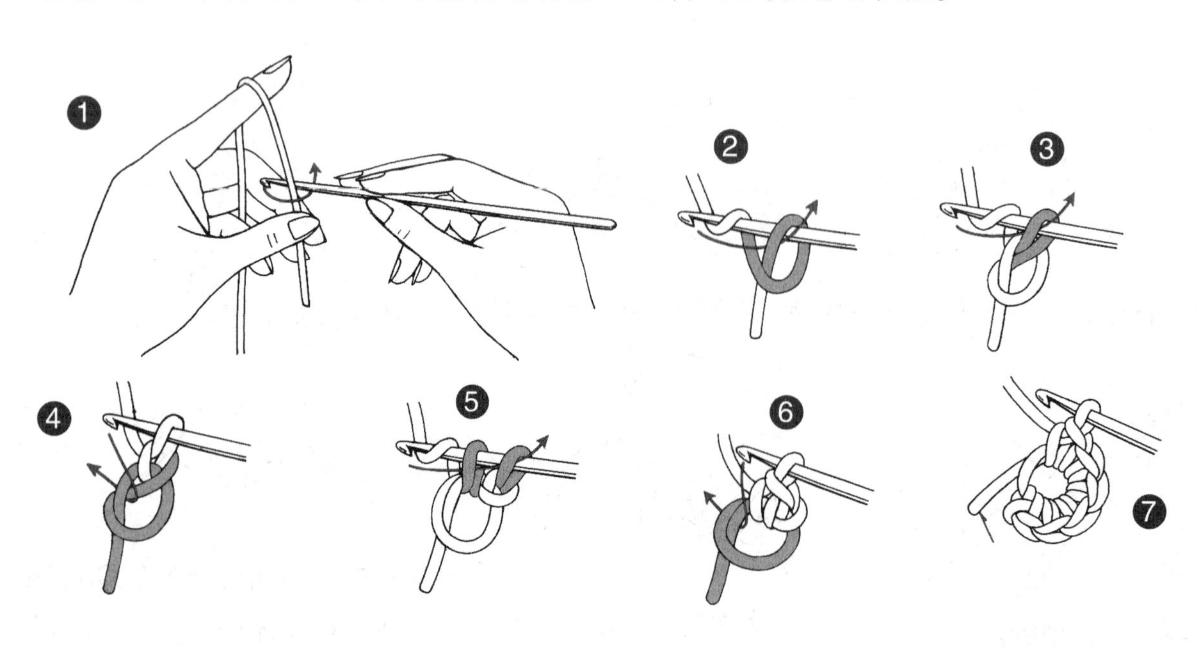